Michael Stegemann

Großversuche zum Leckageverhalten von gerissenen Stahlbetonwänden

Karlsruher Reihe

**Massivbau
Baustofftechnologie
Materialprüfung**

Heft 72

Institut für Massivbau und Baustofftechnologie
Materialprüfungs- und Forschungsanstalt, MPA Karlsruhe

Univ.-Prof. Dr.-Ing. Harald S. Müller
Univ.-Prof. Dr.-Ing. Lothar Stempniewski

Großversuche zum Leckageverhalten von gerissenen Stahlbetonwänden

von
Michael Stegemann

Dissertation

Karlsruher Institut für Technologie
Fakultät für Bauingenieur-, Geo- und Umweltwissenschaften
Tag der mündlichen Prüfung: 5. Dezember 2011
Referent: Prof. Dr.-Ing. L. Stempniewski
Korreferent: Prof. Dr.-Ing. Prof. h.c. Dr.-Ing. E.h. H.-W. Reinhardt

Impressum

Karlsruher Institut für Technologie (KIT)
KIT Scientific Publishing
Straße am Forum 2
D-76131 Karlsruhe
www.ksp.kit.edu

KIT – Universität des Landes Baden-Württemberg und nationales
Forschungszentrum in der Helmholtz-Gemeinschaft

KIT Scientific Publishing 2012
Print on Demand

ISSN 1869-912X
ISBN 978-3-86644-860-5

Kurzfassung

Die Kenntnis der Luft- und Dampfdichtheit sowie des Leckageverhaltens des Containments ist von essentieller Bedeutung zur Beurteilung der Sicherheit kerntechnischer Anlagen. Im Falle eines schweren Unfalls bildet das Containment die äußere Barriere und muss dabei funktionsfähig bleiben. Entsprechende Erkenntnisse zur Leckage von Luft und Dampf-Luft-Gemischen durch reale Risse im Beton fehlen bislang.

Das Ziel der Arbeit ist den thermo-hydraulischen Prozess der Dampf-Luft-Leckage durch bekannte Rissmuster im Beton experimentell zu überprüfen. Bei den Versuchen wird ein Abschnitt einer Containmentwand simuliert und dabei die Rissbreite unabhängig von der Temperatur und vom internen Druck verändert. Dadurch konnten unter Verwendung gleicher Lastszenarien unterschiedliche Rissöffnungen realisiert werden. Ergänzend zu den Versuchen mit Dampf-Luft-Gemischen wurden reine Lufttests durchgeführt, um die Leckage bei dem erzeugten Rissbild vergleichen zu können.

Der mechanische Teil des experimentellen Aufbaus besteht aus einem Lastrahmen und einem Versuchskörper mit einer Druckkammer die oberhalb des Versuchskörpers angeordnet ist und einer Auffangwanne darunter. Das Dampf-Luft-Gemisch fließt auf einer Seite in die Druckkammer ein, streicht über die Oberfläche des Versuchskörpers und verlässt die Kammer auf der anderen Seite. Die gesamte Leckage, die durch den Versuchskörper fließt, wird in einer Auffangwanne aufgefangen. Die Mengen der ausgetretenen Luft und die der Flüssigkeit werden separat gemessen. Das Ziel des Designprozesses der thermo-hydraulischen Anlage waren stetige Luft-Dampfzustände, um komplexe hochgradig zeitabhängige Szenarien fahren zu können. Um die vorgegebenen Szenarien zu erfüllen, war es notwendig jeweils den Druck, das Verhältnis Dampf-Luft und die Temperatur der Mischung zu regulieren.

Während der Lufttests wurden die Risse an der Unterseite des Versuchskörpers bis zur gewünschten durchschnittlichen Rissbreite geöffnet und dann konstant gehalten. Danach konnte der Druck in der Druckkammer auf der Oberseite des Versuchskörpers in sechs Schritten erhöht werden, bei Erfassung des entweichenden Luftflusses auf der Unterseite des Versuchskörpers. Die Lufttests fanden vor, zwischen und nach den Dampftests satt. Bei stationären Verhältnissen erfolgte vor Anfahren der nächsten Rampe eine Durchflussaufzeichnung auf jedem Plateau für ungefähr 5 Minuten.

Während der Dampftests wurde die Zugkraft im Versuchskörper bis zum Erreichen der gewünschten Rissbreite erhöht. Dann wurde das Dampf-Luft-Gemisch in die

Druckkammer geleitet und der Druck erhöht. Nachdem man die gewünschten Verhältnisse von 5,2 bar absolut, einer Temperatur von 141 °C und einem Massenverhältnis von 1,7 von Dampf zu Luft erreicht hatte, wurden diese Bedingungen mindestens 72 Stunden lang gehalten. Danach wurde der Druck wieder auf atmosphärischem Druck verringert und das Dampf-Luft-Gemisch ausgeschaltet.

Die bedeutendste Beobachtung ist, dass die Luftleckage im Laufe der Tests stark abnimmt. Dasselbe ist im Prinzip auch für die Dampftests zutreffend. Am Ende eines ersten Dampftests wurden bei einer Rissbreite $w = 0{,}1$ Millimeter ungefähr 1 Kilogramm Wasser und 1,6 Kilogramm Gas pro Stunde ermittelt. Für den zweiten Dampftest wurde die Rissbreite auf $w = 0{,}2$ Millimeter erhöht. Am Ende des zweiten Dampftests wurden ungefähr 4,7 Kilogramm Wasser und 3,8 Kilogramm Gas pro Stunde ermittelt. Diese Menge ist unerwartet niedrig, da eine viel steilere Zunahme erwartet werden konnte, wenn man die Rissbreite verdoppelt.

Im Lauf der Versuche wurde eine signifikante Verringerung der Leckage während der Tests beobachtet. Dieses führt zu der Schlussfolgerung, dass eine Verschlechterung der Risse auftritt. Doch, anstatt ausgewaschen zu werden verstopfen die Risse und der Durchfluss wird verringert.

Abstract

Information about the leakage behaviour of the containment wall of nuclear power plants is of decisive importance for the verification of nuclear power plant safety. Corresponding knowledge about the leakage of air-steam mixtures through real cracks with condensation inside the cracks is missing so far.

The aim of the project is to examine the thermo-hydraulic process of air-steam leakage with possible condensation through known crack patterns in concrete walls. The tests simulate a section of a containment wall and allow to modify the crack width independent from the temperature and internal pressure. Therefore tests at varying crack openings could be performed while using the same load scenario. Additionally to the tests with air steam mixtures pure air tests were performed before, in between and after steam tests in order to compare the leakage rates for the given crack pattern.

The mechanical part of the experimental facility consists of a load frame, a pressure chamber above the specimen and a collecting basin underneath. The air-steam mixture enters the pressure chamber at one side, passes the surface of the specimen and leaves the chamber at the other side. All flow leaking through the specimen is caught in a collecting basin underneath the specimen. The amount of leakage of gas and fluid is measured separately. The aim of the design process of the thermo-hydraulic set-up was to achieve stable air-steam conditions matching complex, highly time dependent scenarios. To fulfil the predefined scenarios it is necessary to regulate the pressure, the ratio of steam and air and the temperature of the mixture.

During Air tests cracks at the bottom of the specimen are opened and kept constant to the desired average crack width. After that the pressure in the pressure chamber on the top surface of the specimen is increased in six steps while the escaping air flow at the bottom of the specimen is monitored. The air tests were performed before, in between and after the steam tests. When reaching steady conditions at each plateau the flow was recorded for approximately 5 minutes and then the next ramp was executed.

During Steam tests the tension force in the specimen is adjusted until reaching the desired crack width. Then the air-steam mixture is released to the pressure chamber and the pressure is increased. After reaching the desired status of 5,2 bar abs. and 141 °C temperature with a mass ratio of 1,7 steam versus air these conditions are kept for at least 72 hours. After that, the pressure is reduced to atmospheric pressure again and the air-steam mixture is switched off.

The most significant observation is that the leakage of air is getting less during the course of the tests. The same is true for the steam tests. At the end of a first steam test with w = 0,1 millimetre approximately 1 kilogram water and 1,6 kilogram gas were detected per hour. For the second steam test the crack width was doubled to 0,2 millimetre. At the end of the second steam test approximately 4,7 kilogram water and 3,8 kilogram gas were detected per hour. This flow is unexpectedly low since a much steeper increase could be expected by doubling the crack width.

A significant reduction of leakage was observed during the course of the tests. This leads to the conclusion that a deterioration of the cracks is occurring. But instead of washing out, the cracks actually get clogged and the flow is reduced.

Vorwort

Die vorliegende Arbeit entstand während meiner Tätigkeit als wissenschaftlicher Mitarbeiter in der Abteilung Massivbau am Institut für Massivbau und Baustofftechnologie der Universität Karlsruhe (TH).

Das Thema der Arbeit ergab sich aus der Bearbeitung des Forschungsprojekts „Leakage in reinforced concrete walls", welches von der EDF (Electricité de France) finanziell gefördert wurde.

Mein besonderer Dank gilt Herrn Prof. Dr.-Ing. Lothar Stempniewski für das in mich gesetzte Vertrauen, die kritischen Anmerkungen und wertvollen Diskussionen, seine langjährige Unterstützung, Beharrlichkeit und die Übernahme des Hauptreferates.

Herrn Prof. Dr.-Ing. Prof. h.c. Dr.-Ing. E.h. Hans-Wolf Reinhardt danke ich für sein stetes Interesse, die Übernahme des Korreferates, sowie die wertvollen fachlichen Hinweise, die diese Arbeit bereichert haben.

Insbesondere sei allen Kolleginnen und Kollegen des Instituts für die gute Zusammenarbeit und Unterstützung gedankt. Meinen besonderen Dank möchte ich allen Mitarbeitern in der Versuchshalle des Instituts und der Abteilung Messtechnik aussprechen, die mich stets zuverlässig und tatkräftig unterstützt haben.

Meinen Eltern Gerda und Josef Stegemann und meiner Freundin Cathrin Hüntemann danke ich für die stete Unterstützung von familiärer Seite, ohne die diese Arbeit nicht möglich gewesen wäre.

Die Arbeit ist meinem Sohn Kevin gewidmet.

Düsseldorf, Juni 2012

Michael Stegemann

Inhalt

Kapitel 3
Versuchsaufbau   47

Kapitel 4
Mess- und Regelungstechnik   69

Kapitel 5
Experimentelle Untersuchungen zur Durchflussmessung 95

Kapitel 6
Nachrechnung der Durchflussmengen 169

Kapitel 7
Zusammenfassung und Ausblick 183

Literatur 187

Anhang

Kapitel 1
Problemstellung

1.1 Allgemeines

Die Hüllen aktueller Kernkraftwerke werden so ausgelegt, dass selbst schwere Unfälle beherrscht werden sollen und das Containment als letzte äußere Barriere den Austritt radioaktiver Substanzen verhindert. Französische Kraftwerke mit Druckwasserreaktoren der 1300 MW Serie wurden dazu mit einem zweiwandigen Containment versehen. Die Weiterentwicklung dieser Bauart ist der Europäische Druckwasserreaktor (EPR). Ein solcher EPR wird derzeit in Finnland gebaut. Ein weiterer ist bei der EDF (Electricité de France) für den Standort Flamanville 3 in Planung.

Druckwasserreaktoren doppelwandigen Bautyps (Abb. 1-1) verfügen über eine Außenwand, einen belüfteten Zwischenraum und eine Innenwand. Die Außenwand muss äußeren Einflüssen wie Wind- und Schneelasten, sowie außergewöhnlichen Belastungen wie z. B einem Flugzeugabsturz standhalten. Die innere Wand dient als Sicherheitsbehälter und muss Lasten die aus einem schweren Unfall resultieren könnten widerstehen. Beide Wände sind durch den belüfteten Zwischenraum voneinander getrennt.

Typische Innenwanddicken sind:

1300 MW Klasse: 90 cm bis 120 cm Spannbetoninnenwand

1450 MW Klasse: 120 cm Spannbetoninnenwand (N4-Civeaux)

1600 MW Klasse: 120 cm Spannbetoninnenwand (EPR)

Geht man bei einem Kernkraftwerk mit Druckwasserreaktor vom Unfallszenario einer Kernschmelze mit anschließendem Versagen des Reaktordruckbehälters aus, so kann es zu einem starken Druck- und Temperaturanstieg im Containment kommen. Durch austretendes Kühlmittel und das zusätzliche Wasser vom Abkühlen der Kernschmelze entstehen große Mengen an Wasserdampf. Wird eine Schädigung einer inneren Containmentwand ohne Liner durch Risse in Folge Überlastung im Ablauf des Unfalls unterstellt, dann wird die maximal mögliche Leckage, die durch die Innenwand in den Zwischenraum entweichen kann von Interesse. Das Dampf-Luft-Gemisch soll dort gefangen und gefiltert werden.

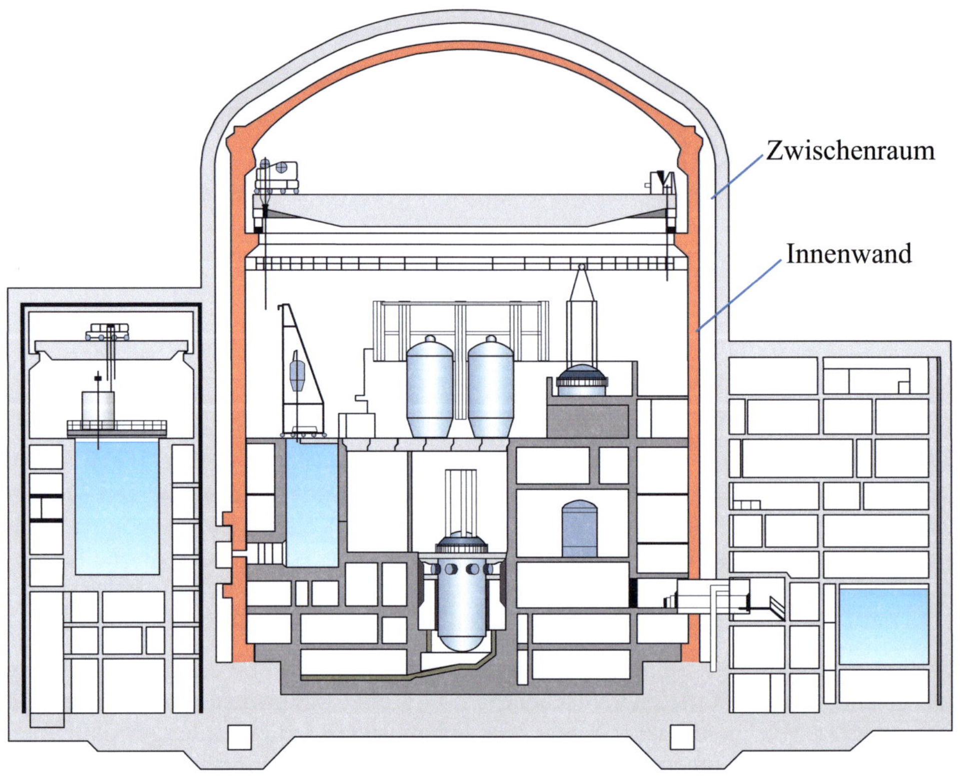

Kapitel 1

Abb. 1-1 Schnitt des doppelwandigen Containment des EPR

Während der Wartung bei bestehenden Kraftwerken werden Lufttests zur Überprüfung der Dichtheit der inneren Wand durchgeführt. Dazu wird im Innenraum ein Überdruck erzeugt und die Leckagemenge ermittelt. Als oberer Grenzwert für den Betrieb wurde eine Leckrate von 1,5% des freien Volumens pro Tag festgelegt (Granger et al. [20] und FIB [14] [15]). Zerstörungsfreie Tests mit Dampf oder Dampf-Luftgemischen sind nicht möglich.

In der Literatur gibt es schon allgemeine Untersuchungen zur Bestimmung der Leckage von reiner Luft durch Betonrisse, bei denen auch Berechnungsansätze für den Durchfluss aufgezeigt werden. Tests mit Wasser wurden ebenfalls durchgeführt. Entsprechende Kenntnisse für Dampf-Luft-Gemische bei größeren Versuchskörpern mit Kondensation im Riss fehlten bislang.

1.2 Ziele

Die Untersuchung der Leckage von Dampf-Luft-Gemischen bei größeren Versuchskörpern mit Kondensation im Riss ist weitgehend unerforscht. Es wurden bislang wenige Kleinversuche und ein Großversuch als 1:3 Modell eines realen Containments unternommen.

Hauptgrund für die wenigen Untersuchungen ist der große Aufwand zur Durchführung der Versuche. Kleinere kostengünstige Versuche sind auf der anderen Seite ggf. weniger repräsentativ. Bei Großversuchen sind meist nur wenige Versuche möglich. Es fehlen entsprechende Anlagen zur Bereitstellung der Gemische für Großversuche.

Erste Versuche an 1:1 Wandausschnitten wurden zuvor auch schon am Institut für Massivbau und Baustofftechnologie (IfMB) der Universität Karlsruhe durchgeführt. Es gab jedoch noch starke Einschränkungen bezüglich der Mischung von Dampf, der Messung der Leckage und der Messtechnik rund um den Versuchskörper.

Ziel war die Neukonzeption einer Anlage zur Bereitstellung beliebiger Dampf-Luft-Gemische. Die Nachbildung eines Wandausschnitts aus einem Containment im Maßstab 1:1 sollte mit frei steuerbaren Luft- Dampfgemischen beaufschlagt werden können.

Aufgrund des zuvor genannten Aufwands ist die Anzahl der Versuche begrenzt. Daher wurde besonderes Augenmerk auf die Bereitstellung von Daten zur Beschreibung der Zustände innerhalb des Versuchskörpers gelegt. Diese können dann später zur Kalibrierung von numerischen Programmen genutzt werden.

Kapitel 2
Stand der Erkenntnis

In der Vergangenheit wurden einige Untersuchungen zum Durchfluss von Wasser und Gasen durch Spalten und Risse durchgeführt. Die Ansätze reichen von den allgemeinen Lösungen aus der Strömungsmechanik zu sehr spezifischen empirischen Lösungen für konkrete komplexe Probleme.

Es geht in dieser Arbeit um die Bestimmung des Durchflusses von Luft, Wasser oder Dampf-Luft-Gemischen durch Risse in der inneren Containmentwand eines Kernkraftwerks. Dabei ist einerseits die Luftleckage bei Routinekontrollen, als auch die Leckage von Dampf, Luft und Wasser im Falle eines schweren Unfalls von Interesse. Physikalisch handelt es sich um ein äußerst komplexes Problem einer Zweiphasenströmung mit Kondensation im Riss. Lösungsansätze reichen dabei von der analytischen Lösung über empirische Ansätze bis zur rechnergestützten Simulation der Vorgänge. Im Folgenden wird ein Überblick über die vorhandenen Ansätze gegeben.

2.1 Navier-Stokes

Die Navier-Stokes-Gleichungen (1827) beschreiben in der Strömungslehre das Verhalten von Strömungen in Flüssigkeiten und Gasgemischen. Es ist ein System nichtlinearer partieller Differentialgleichungen 2. Ordnung. Sie bestehen aus dem Impuls-, Energie- und Massenerhaltungssatz.

Die Gleichungen lassen sich nicht in allgemeiner Form lösen. Für einige Sonderfälle gibt es jedoch einfache Lösungen. Die Navier-Stokesschen Bewegungsgleichungen für die ebene Strömung eines homogenen Fluids (unveränderliche Dichte ρ und Viskosität η) in der x,y-Ebene zur Berechnung von $v_x = u(t,x,y)$, $v_y = v(t,x,y)$, $p = p(t,x,y)$ lauten zum Beispiel:

$$\frac{\partial u}{\partial x} + \frac{\partial v}{\partial y} = 0 \qquad \text{(a)}$$

$$\frac{\partial u}{\partial t} + u\frac{\partial u}{\partial x} + v\frac{\partial u}{\partial y} = -\frac{\partial u_B}{\partial x} - \frac{1}{\rho}\frac{\partial p}{\partial x} + \frac{\eta}{\partial}\left(\frac{\partial^2 u}{\partial x^2} + \frac{\partial^2 u}{\partial y^2}\right) \qquad \text{(b)}$$

$$\frac{\partial v}{\partial t} + u\frac{\partial v}{\partial x} + v\frac{\partial v}{\partial y} = -\frac{\partial u_B}{\partial y} - \frac{1}{\rho}\frac{\partial p}{\partial y} + \frac{\eta}{\partial}\left(\frac{\partial^2 v}{\partial x^2} + \frac{\partial^2 v}{\partial y^2}\right) \qquad \text{(c)} \qquad \text{(2)-(1)}$$

Die halbe Spaltöffnung wird bei diesem Ansatz als a definiert. Im Sonderfall des ebenen Spalts der Breite $w = 2a$ (Abb. 2-1), in dem bei mittlerer Reynolds-Zahl eine stationäre Schichtenströmung herrsche, gilt:

$\dfrac{\partial}{\partial t} = 0$; $u = u(x, y)$, $v = 0$, $p = p(x, y)$ mit der Randbedingung $u = 0$ für

$y = \pm a$ wodurch sich das Gleichungssystem vereinfacht:

$$\frac{\partial u}{\partial x} = 0, \tag{a}$$

$$u \frac{\partial u}{\partial x} = -u \frac{\partial u_B}{\partial x} - \frac{1}{\rho} \frac{\partial p}{\partial x} + \frac{\eta}{\rho} \left(\frac{\partial^2 u}{\partial x^2} + \frac{\partial^2 u}{\partial y^2} \right) \tag{b}$$

$$0 = -\frac{\partial p}{\partial y} \tag{c} \tag{2)-(2}$$

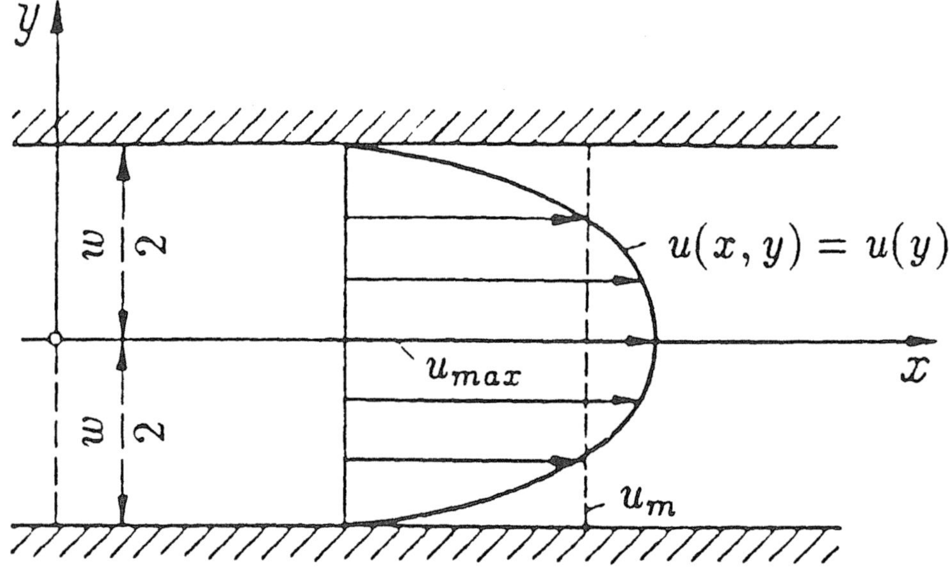

Abb. 2-1   Laminare Spaltströmung (Poiseuille) [68]

Dabei stellt man fest, dass die Geschwindigkeit von x unabhängig also $u = u(y)$ ist. Umgekehrt hängt der Druck nur von der Lauflänge x ab, also ist $p = p(x)$. Wenn die Massenkraft der Schwerkraft entspricht, gilt $u_B(x, y) = gx$ mit g als Erdbeschleunigung. Durch Einsetzen ergibt sich:

$$\frac{dp}{dx} - \rho g = \eta \frac{d^2 u}{dy^2} = const. \tag{2)-(3}$$

$$\frac{d^2 u}{dy^2} = \frac{1}{\eta} \left(\frac{dp}{dx} - \rho g \right) \tag{2)-(4}$$

Nach zweimaliger Integration erhält man die Strömungsgeschwindigkeit:

$$u(y) = \frac{1}{2\eta}\left(\frac{dp}{dx} - \rho g\right) y^2 + c_1 y + c_2 \qquad \text{(2)-(5)}$$

Bei Anwendung der Randbedingungen bekommt man die Geschwindigkeitsverteilung über den Durchflussquerschnitt:

$$u(y) = \frac{1}{2\eta}\left(\frac{dp}{dx} - \rho g\right)\left(y^2 - \left(\frac{w}{2}\right)^2\right) \text{ mit } \left(\frac{dp}{dx} - \rho g\right) = const. \qquad \text{(2)-(6)}$$

Nach Integration und Einsetzen der Randbedingungen erhält man die mittlere Geschwindigkeit:

$$u(y) = \frac{1}{w}\int_{-\frac{w}{2}}^{\frac{w}{2}} u(y)dy = \frac{w^2}{12\eta}\left(-\frac{dp}{dx} + \rho g\right) = \frac{(\Delta p + \rho g d)w^2}{12\eta d} \qquad \text{(2)-(7)}$$

Unter Vernachlässigung der Schwerkraft, weil zum Beispiel $\Delta p >> \rho g d$ ist, vereinfacht sich die Gleichung zu:

$$u(y) = \frac{\Delta p w^2}{12\eta d} \qquad \text{(2)-(8)}$$

daraus folgt:

$$q = \frac{\Delta p l w^3}{12\eta d} \qquad \text{mit } q = u\, l\, w \qquad \text{(2)-(9)}$$

Diese Gleichung ist auch als Gesetz von Hagen-Poiseuille bekannt.

2.2 Lösung nach Hagen-Poiseuille

Poiseuille [49] untersuchte den Fluss in Rohren. Dazu färbte er die Flüssigkeit und erhielt einen parabolischen Strömungsverlauf (Abb. 2-1). 1840 formulierte er das Gesetz für den Volumenstrom bei laminarer Strömung viskoser Flüssigkeiten durch ein Rohr. Gotthilf Hagen entdeckte diese unabhängig im Jahre 1849. Neben der Lösung für Rohre wurde auch der Spalt zwischen zwei parallelen Platten untersucht.

Für ein inkompressibles Medium (Wasser) und einen Spalt zwischen parallelen Platten gilt:

$$q_{poi,inkom} = (p_2 - p_1)w^3 \frac{l}{d\,12\eta} \qquad \text{(2)-(10)}$$

Für ein kompressibles Medium (Luft) und einen Spalt zwischen parallelen Platten gilt:

$$q_{poi,kom} = (p_2^2 - p_1^2)\, w^3\, \frac{l}{d\, 12\eta}\, \frac{M}{2RT} \tag{2)-(11}$$

mit   q   Durchfluss

       η dynamische Viskosität

       l   Risslänge

       d   Dicke des Körpers

       w   Spaltbreite bzw. Rissbreite

       p_1 Innendruck

       p_2 Atmosphärendruck

       M   Molar Masse

       R   Gas Konstante

       T   Temperatur

Der Abstand zwischen den Platten (bzw. die Rissbreite) geht in der 3. Potenz ein. Insofern ist die Spaltbreite ein sehr empfindlicher Parameter hinsichtlich des Durchflusses. Unter Annahme kleiner Durchströmgeschwindigkeiten wird bei Gasen auch näherungsweise mit der Formel für inkompressible Medien (2)-(10) gerechnet (z. B. Suzuki [63]).

2.3   Empirische Lösung

Zur empirischen Ermittlung der Leckage durch Betonrisse wurden schon einige Versuche durchgeführt. Da die Risse aber nicht glatt und gleichmäßig sind, werden die gemessenen Durchflüsse vielfach mit dem rechnerischen Durchfluss nach Poiseuille verglichen. Dabei wird ein Durchflussbeiwert ermittelt. Dieser Durchflussbeiwert soll die im Allgemeinen geringer ausfallenden gemessenen Durchflüsse anpassen und wird oft auch als Reibungsbeiwert interpretiert.

$$q_{gemessen} = \xi\; q_{poiseuille} \tag{2)-(12}$$

mit ξ als   Durchflussbeiwert

Haupteinflussfaktor für Abweichungen der Durchflüsse ist die oft ungenaue Beschreibung der Rissbreite, die mit der dritten Potenz in die Durchflussberechnung (Poiseuille Gleichung) eingeht.

2.4 Versuche mit Luft

Um die folgenden Ansätze besser vergleichen zu können, wurden die Bezeichnungen vereinheitlicht. Entgegen der jeweiligen Benennung in den zitierten Originalveröffentlichungen gilt hier:

w   Rissbreite $\cong 2\,a$

a   halbe Spaltbreite

l   Risslänge

d   Dicke des Körpers (Durchströmungslänge)

2.4.1 Lösung nach Rizkalla

Rizkalla (1984) [55] [66] führte Lufttests an bewehrten, gerissenen Proben durch und ermittelte eine eigene empirische Gleichung zur Bestimmung der Durchflussmenge. Seine Versuchskörper waren 76 cm x 30,5 cm und 12,7 cm bis 25,4 cm dick.

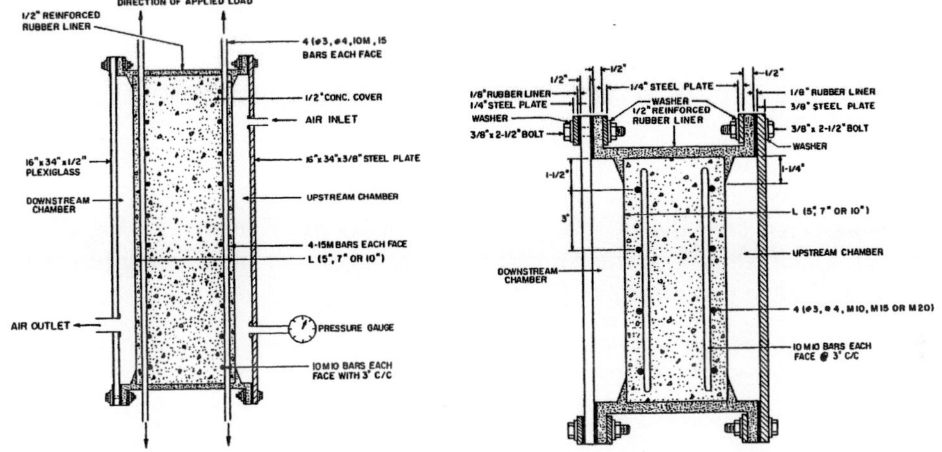

Abb. 2-2   Ansicht der Probe und Versuchsanordnung Rizkalla [55]

Zur Simulation des Membranspannungszustandes eines zylindrischen Containments unter Innendruck konnte die Last durch zentrischen Zug an der eingelegten Bewehrung nachgebildet und Risse erzeugt werden. Die Last wurde stufenweise bis zur Streckgrenze der eingelegten Bewehrung erhöht. Bei jeder Laststufe wurden wiederum mehrere Druckstufen hinsichtlich des Luftdrucks bis maximal 2,1 bar (30 psi) untersucht.

Zur Herleitung seiner Formel nutzte er den Impulserhaltungssatz. Er untersuchte das Kräftegleichgewicht an einem idealisierten Spalt zwischen zwei Platten (Abb. 2-3).

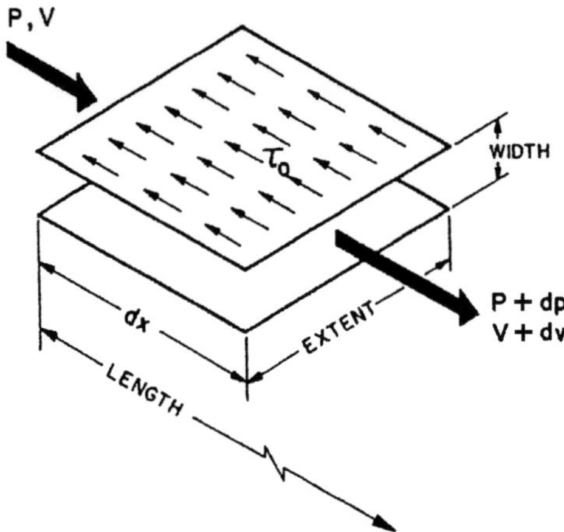

Abb. 2-3   Idealisierung des Risses als Spalt zwischen parallelen Platten [55]

$$PA - (P + dP)A - 2\tau_0 l\, dx = +\rho Av(v + dv) - \rho Av(v) \quad \textbf{mit } A = d\,w \qquad \textbf{(2-13)}$$

bzw.

$$dP + \rho v dv + 2\tau_0 \frac{l}{A} dx = 0 \quad \textbf{mit } A = d\,w \qquad \textbf{(2-14)}$$

Nach Integration über die Fließlänge, Vernachlässigung kleinerer Terme, Einführung der Wandrauheit k sowie des experimentell zu ermittelnden Durchflusskoeffizienten n kommt er zu folgender Gleichung:

$$\frac{(p_1^2 - p_2^2)}{d} = \left(\frac{k^n}{2}\right)\left(\frac{\eta}{2}\right)^n (RT)^{n-1} \left|\frac{p_2 q_2}{l}\right|^{(2-n)} \frac{1}{w^3} \qquad \textbf{(2-15)}$$

mit

$$k = 2{,}907 \times 10^7 \left(\sum w_i^3\right)^{0{,}428} \qquad \text{Wandrauheit} \qquad \textbf{(2-16)}$$

und

$$n = \frac{0{,}133}{\left(\sum w_i^3\right)^{0{,}081}} \qquad \text{Durchflusskoeffizient} \qquad \textbf{(2-17)}$$

Löst man diese Formel zur Durchflussberechnung nach q auf erhält man:

$$q_{Riz} = \frac{l}{p_2} \sqrt[\,(2-n)]{\frac{(p_2^2 - p_1^2)}{d} w^3 (RT)^{1-n} \left(\frac{2}{k^n}\right)\left(\frac{2}{\eta}\right)^n} \qquad \textbf{(2-18)}$$

Die Formel ist dimensionsgebunden mit:

q_{Riz} Durchfluss [ft³/s]

η Dynamische Viskosität [lb/ft²]

l   Risslänge [ft]

w   Rissbreite [ft]

d   Dicke des Körpers [ft]

p_1 Innendruck Abs. [lb/ft²]

p_2 Atmosphärendruck Abs. [lb/ft²]

R   Gas Konstante [ft/K]

T   Temperatur [K]

Die Formel erscheint im Vergleich zu anderen Ansätzen im Hinblick auf die Verwendung des Durchflusskoeffizienten im Exponenten recht komplex. Rizkalla erzielt mit seiner empirischen Formel eine gute Übereinstimmung zwischen Rechnung und Versuchen, beschränkt sich jedoch auf Druckunterschiede bis 2 bar und konstante Rissbreiten über die gesamte Risslänge.

2.4.2 Lösung nach Suzuki

Suzuki [63] [64] [65] untersuchte ab 1985 in mehreren Probenserien die Gasdurchlässigkeit an Proben mit einer Dicke von 15 cm bis 60 cm. Neben verschiedenen Gasen experimentierte er mit unterschiedlichen Betonzuschlägen.

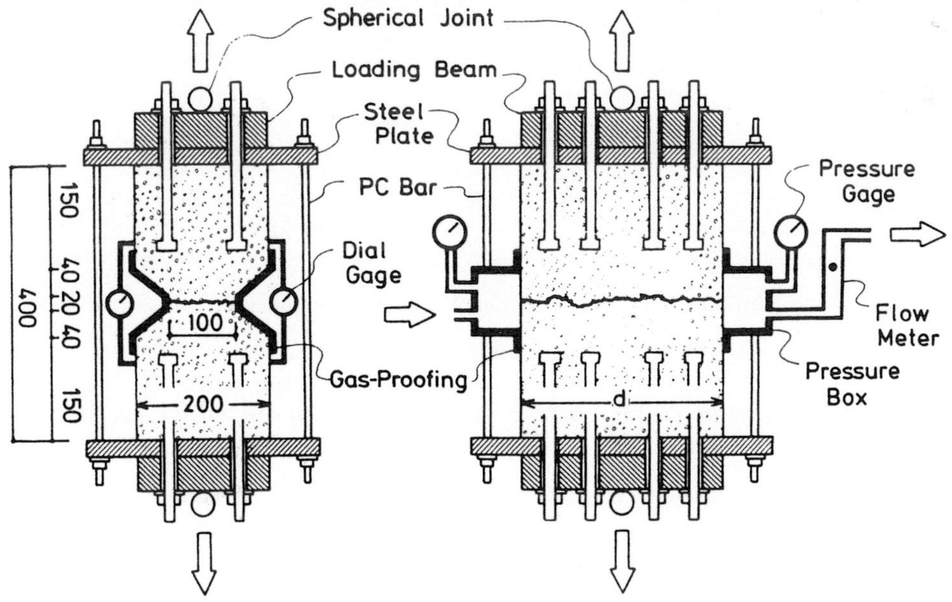

Abb. 2-4   Ansicht der Probe in der Versuchsanordnung Suzuki [63]

Bei der ersten Versuchsserie [64] rechnete Suzuki die gemessene Leckage, unter Annahme kleiner Durchströmungsgeschwindigkeiten, näherungsweise mit der Formel von Poiseuille. Zur Anpassung der rechnerischen Werte an die gemessenen Leckagen wird von ihm für jede Betonrezeptur eine Funktion des Durchflussbeiwerts α in Abhängigkeit der Rissbreite bestimmt.

$$q_{Suz} = \alpha\,(p_2 - p_1)\,w^3\,\frac{l}{d\,\eta} \qquad\qquad (2\text{-}19)$$

Für seinen Standardbeton der Sorte A gilt [64]:

$$\alpha_A = 2{,}04x10^{-2}w + 3{,}06x10^{-3} \text{ mit w in [mm]} \qquad (2\text{-}20)$$

Der Durchflussbeiwert α entspricht dabei dem 12-fachen des Durchflussbeiwertes ξ für die Poiseuille-Gleichung.

$$q_{Suz} = \xi\; q_{poiseuille} \qquad\qquad \text{mit } \xi = \frac{\alpha}{12} \qquad (2\text{-}21)$$

Suzuki verwendete insgesamt fünf verschiedene Betonrezepturen. Es gab sechs Tests mit der Standardbetonsorte (Sorte A) und vier mit speziellen Mischungen, die Aluminiumwürfel oder Aluminiumkugeln als Zuschlag zur Erzielung ungleichmäßiger Bruchflächen enthielten. Als Referenz führte er auch einen Test an ebenen Glasplatten durch.

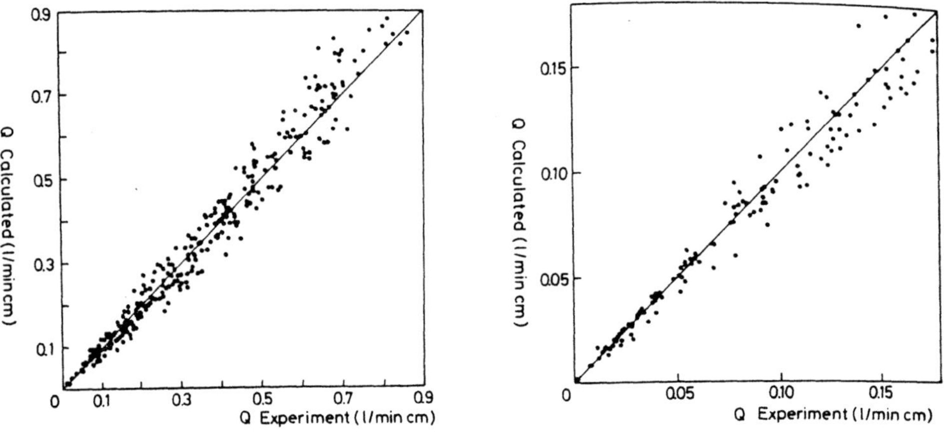

Abb. 2-5 Verhältnis der rechnerischen und gemessenen Leckage für Beton A [64]

Wie aus Abb. 2-5 ersichtlich wird, ergibt sich ein linearer Zusammenhang des Durchflusses zur Druckdifferenz. Jedoch sind die getesteten Differenzdrücke sehr gering. Suzuki gibt als Gültigkeitsbereich einen maximalen Differenzdruck von 0,2 bar ($0{,}2x10^5$ Pa) vor.

Später schlug Suzuki [65] zur Erweiterung des gültigen Bereichs eine neue Gleichung, basierend auf der isothermen, kompressiblen Strömung zwischen zwei parallelen Platten, vor. Diese Gleichung soll für Differenzdrücke bis 2,5 bar (0,25 MPa) gelten.

Ausgehend vom Impulserhaltungssatz betrachtete er das Kräftegleichgewicht an einem idealisierten Rechteckrohr.

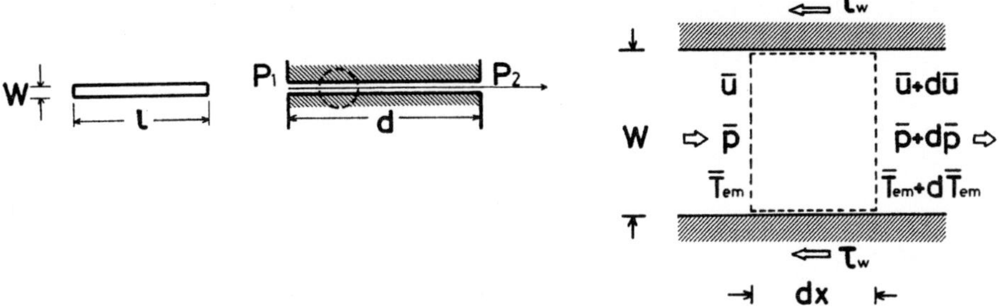

Abb. 2-6   Eindimensionaler Fluss durch ein Rechteckrohr [65]

$$\overline{\rho}\ u\ d\overline{u} = d\overline{p} - \frac{2\tau_w}{w}\,dx \qquad\qquad (2\text{-}22)$$

Er definierte einen Reibungskoeffizienten zu

$$f \equiv \frac{\tau_w}{\dfrac{1}{2}\overline{\rho}\ \overline{u}^2} \qquad\qquad (2\text{-}23)$$

durch Einsetzen und Integrieren über die Fließlänge erhielt er folgende Gleichung

$$f\frac{d}{w} = \frac{(p_1^2 - p_2^2)\ w^2}{2\rho_0\ p_0\ q^2} + \ln\frac{p_2}{p_1} \qquad\qquad (2\text{-}24)$$

und vernachlässigte $\ln\dfrac{p_2}{p_1}$ unter Annahme relativ geringer Geschwindigkeiten

$$f = \frac{(p_1^2 - p_2^2)\ w^3}{2\rho_0\ p_0\ dq^2} \qquad\qquad (2\text{-}25)$$

Die Formel ist dimensionsgebunden.

η_0	Dynamische Viskosität [Pa sec]
w	Rissbreite [m]
d	Dicke des Körpers [m]
p_0	Atmosphärendruck Abs. [Pa]
p_1	Innendruck Abs. [Pa]
p_2	Aussendruck Abs. [Pa]
ρ_0	Dichte [kg/m^3]
q	Durchfluss [m^3/sec/m]

$$f\,q = b\,q + a \tag{2-26}$$

Suzukis Gleichung mit empirischen Durchflussbeiwerten lautet [65]:

$$q_{Suz} = \frac{\sqrt{\left(\dfrac{(p_1^2 - p_2^2)\,w^3}{2\rho_0 p_0 d}\right) 4b(w) + a(w)^2} - a(w)}{2b(w)} \tag{a}$$

$$a(w) = \bar{a}(w)\,\frac{12\eta_0}{\rho_0} \tag{b}$$

$$\bar{a}_{H,I,J}(w) = \frac{4,33\times 10^{-5}}{w^{1,5}} + 1 \tag{c}$$

$$b_{H,I,J}(w) = \frac{3,41\times 10^{-4}}{w} \tag{d} \tag{2-27}$$

Die Umrechnung von $\bar{a}(w)$ auf $a(w)$ wurde vorgenommen, um zu vorangegangen Versuchsreihen konsistent zu bleiben.

Wenn man (2-25) nach q aufgelöst erhält man die Durchflussgleichung vor Einflechtung der Durchflussbeiwerte:

$$q^2 = \frac{(p_1^2 - p_2^2)\,w^3}{2\rho_0 p_0 d}\,\frac{1}{f} \tag{2-28}$$

$$q_{Suz} = \frac{(p_1 - p_2)\,w^3}{d}\,\frac{(p_1 + p_2)}{2p_0}\,\frac{1}{\rho_0 (fq)} \tag{2-29}$$

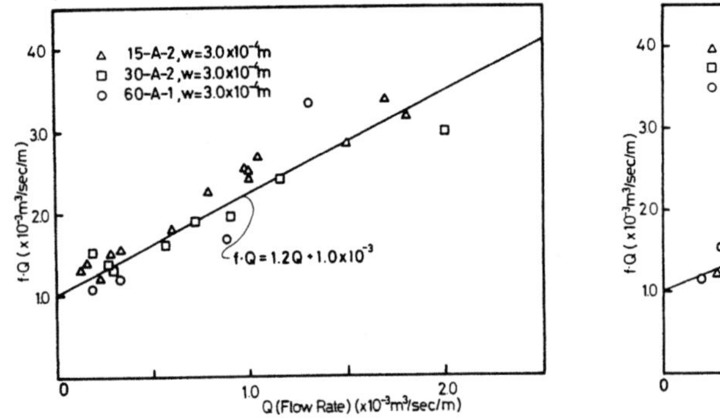

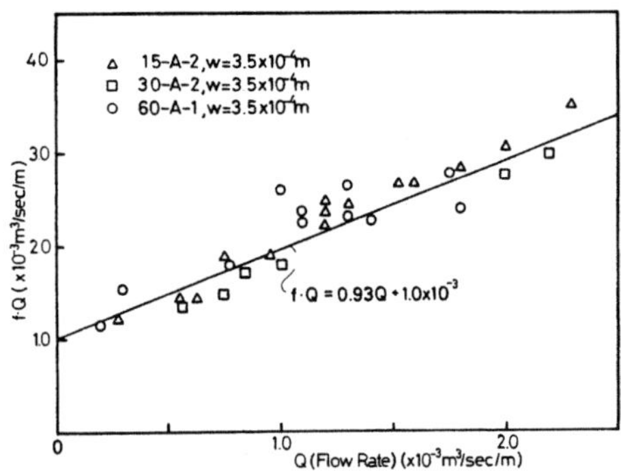

Abb. 2-7 f Q–Q Verhältnis für w = 0,3 mm bzw. w = 0,35 mm für Beton A [65]

In Abb. **2-7** sieht man den Ansatz (2-26) Suzukis zur Bestimmung der Regressionsgeraden für seinen Reibungskoeffizienten f unter Ausnutzung vorangehender Versuche.

2.4.3 Lösung nach Greiner-Ramm

Greiner und Ramm (1995) [16] [17] [18] [19] führten Tests zur Bestimmung der Leckage von Luft sowohl für Einzelrisse (Abb. 2-8) als auch an gerissenen, bewehrten Wandelementen durch. Während Rizkalla [55] [66] und Suzuki [63] [64] [65] bei ihren Versuchen bis maximal 2,0 bar bzw. 2,5 bar testeten, wollten Greiner und Ramm vor allem den Bereich 2,0 bar bis 8,0 bar erforschen. Sie variierten die Rissbreite von 0,2 mm bis 1,3 mm. Die Versuchskörper waren 30 cm bis 45 cm dick.

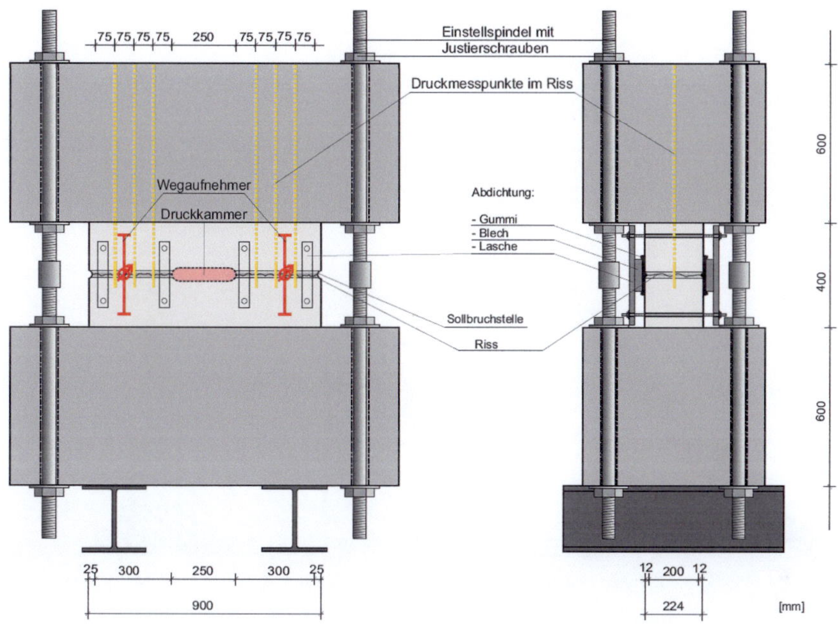

Abb. 2-8   Versuchsaufbau für Versuche am Einzelriss

Da bei den Versuchen im Vergleich zu den nach Rizkalla errechneten Durchflüssen 3-fach höhere Leckagemengen gemessen wurden, entschieden sich Greiner und Ramm für die Bestimmung einer eigenen empirischen Durchflussformel (2-30).

$$q_2 = \sqrt{(p_1^2 - p_2^2)\, l^2\, w^2\, \frac{RT}{p_2^2}\, \frac{2w}{\lambda d}} \tag{2-30}$$

$$\text{mit } \lambda = \left(a\,\frac{k}{2w} \right)^n + b \quad \text{als Reibungskoeffizient} \tag{2-31}$$

bzw.

$$q_{2,Greiner} = \sqrt{\frac{1}{\lambda}(p_1^2 - p_2^2)\, \frac{l^2}{d}\, w^3\, \frac{2RT}{p_2^2}} \tag{2-32}$$

$q_{2Greiner}$	Durchfluss
l	Risslänge [m]
w	Rissbreite [m]
d	Dicke des Körpers [m]
p_1	Innendruck Abs. [Pa]
p_2	Aussendruck Abs. [Pa]
R	Gas Konstante
T	Temperatur [K]
λ	Reibungskoeffizient

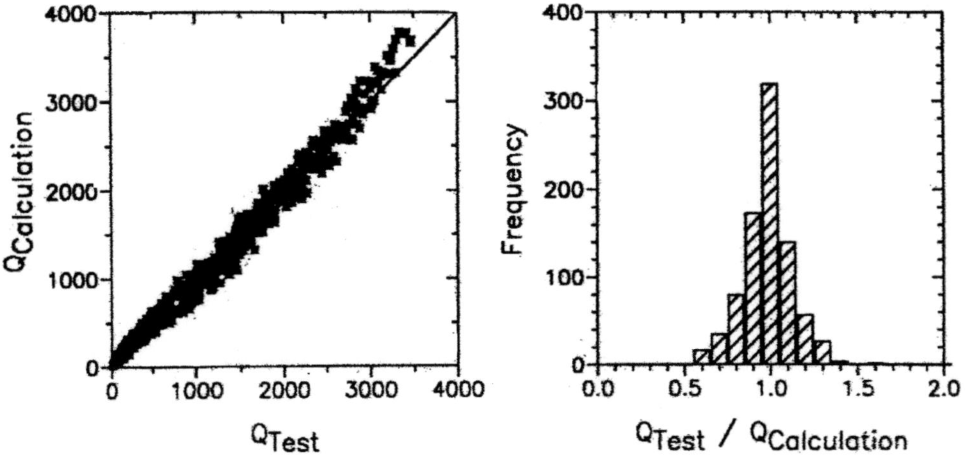

Abb. 2-9 Rechnerischer und experimenteller Durchfluss unbewehrter Proben

In der Gleichung (2-31) ist k die Rauheit und soll als Größtkorn des Zuschlags angenommen werden. Die Werte a, b und n sind empirisch zu bestimmende Werte.

Die empirische Formel basiert auf Versuchen am vordefinierten Einzelriss, welche von der Funktion sehr gut abgebildet werden. Bei der Auswertung von bewehrten Versuchskörpern [19] mit Rissmustern aus einachsiger Belastung wurden die Leckagemengen jedoch überschätzt. Dies wird im Vergleich der Abb. 2-9 und Abb. 2-10 ersichtlich. Als Ursache wird die risseinschnürende Wirkung der dazu eingesetzten Bewehrung gesehen. Als weiteres Ergebnis aus den Versuchen stellen Greiner/Ramm eine deutliche Abnahme der Durchflussrate mit einem zunehmenden Größtkorndurchmesser fest, welche unabhängig von der Risslänge, dem Überdruck und der Rissbreite ist.

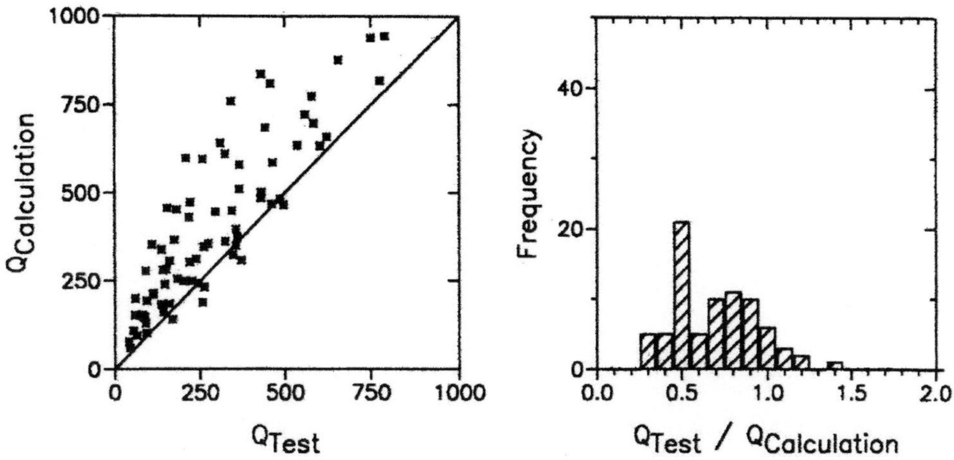

Abb. 2-10 Rechnerischer und experimenteller Durchfluss bewehrter Proben

2.5 Versuche mit Wasser

2.5.1 Lösung nach Wittke

Wittke [73] (1966) ermittelte den Zusammenhang zwischen Spaltbreite und kritischem Druckgradienten I_K, als obere Grenze für das Vorliegen laminarer Strömung (Vgl. Abb. 2-11; Bereich unterhalb der eingezeichneten Gerade).

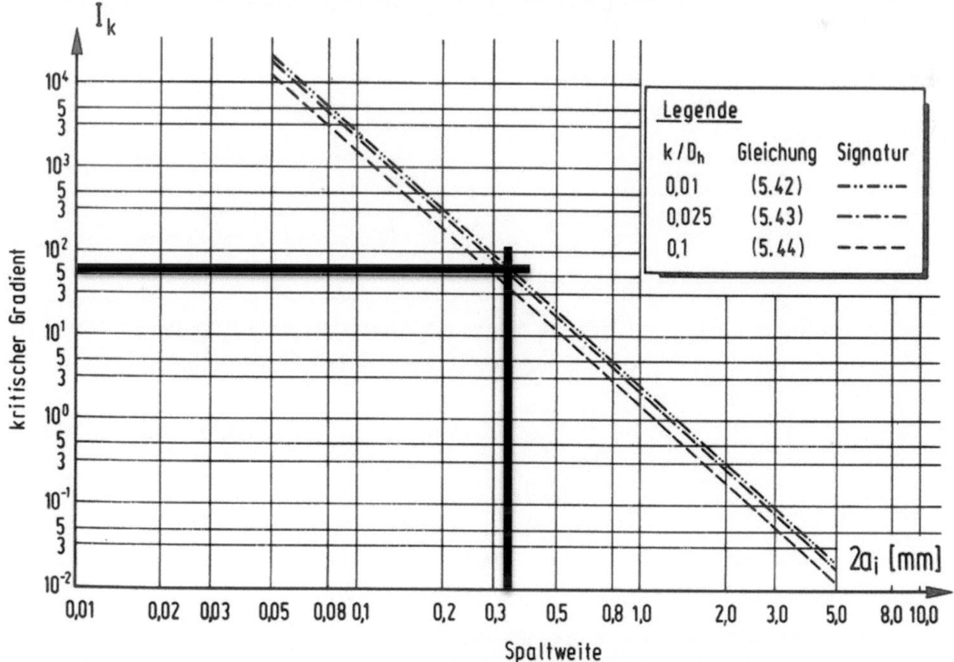

Abb. 2-11 Kritischer Gradient in Abhängigkeit der Spaltweite und relativen Rauheit [73]

Der Druckgradient bei 1,2 m Wanddicke und 4,2 bar Überdruck (42 mWS) ergibt einen kritischen Gradienten von 35. Unter diesen Gegebenheiten wäre gemäß **Abb. 2-11** bis zu einer Rissbreite von 0,35 mm mit laminarer Strömung zu rechnen.

$$I_K = \frac{h}{d} = \frac{42m}{1,2m} = 35 \qquad (2\text{-}33)$$

mit I_K Kritischer Gradient

       h hydraulische Höhe (Höhe der Wassersäule)

       d Dicke des Körpers (Durchströmter Querschnitt)

2.5.2 Lösung nach Louis

Louis [34] (1967) untersuchte Wasserströmungsvorgänge in klüftigem Fels und modellierte eine Einzelkluft bzw. einen Einzelriss durch zwei aufeinander liegende Waschbetonplatten. Dadurch waren die Spaltwandungen in seinem Modell jedoch nicht mehr parallel wie bei Rissen im Beton.

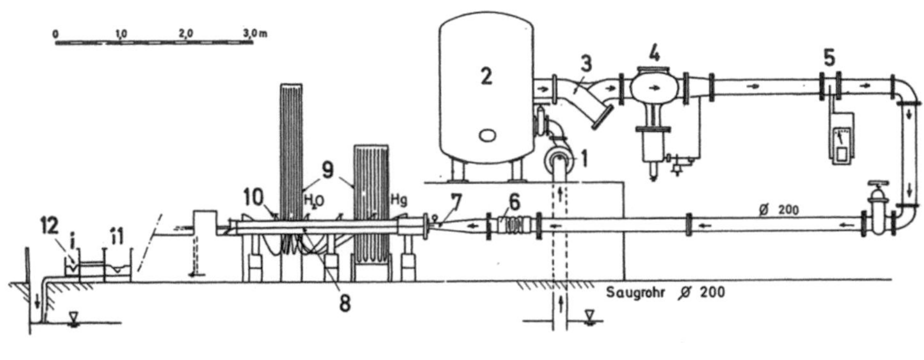

Abb. 2-12 Versuchsanlage (Louis) [34]

Er ermittelte auch eine empirische Formel für den Durchflussbeiwert zur analytischen Lösung von Poiseuille in Abhängigkeit der Rauheit, der Kluftwandung und des hydraulischen Durchmessers.

$$q_{Louis} = \xi_{Louis} \left(p_2 - p_1 \right) w^3 \; \frac{l}{d\,12\eta} \qquad (2\text{-}34)$$

mit $\xi_{Louis} = \dfrac{1}{1 + 8.8\left(k / D_H \right)^{1.5}}$ **für k/D$_H$ > 0,032**   (2-35)

k = absolute Rauheit der Kluftwandung
D_H = hydraulischer Durchmesser

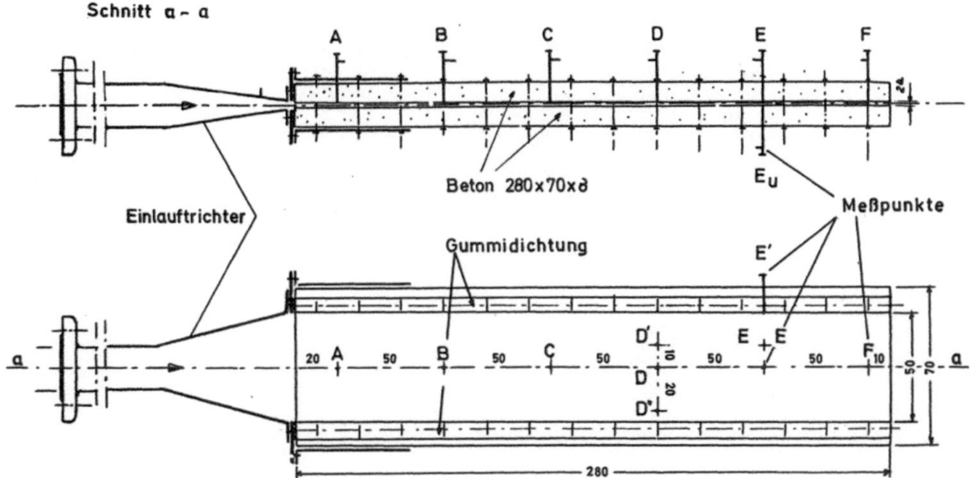

Abb. 2-13 Modellaufbau Versuchsanordnung (Louis) [34]

Der hydraulische Durchmesser D_H entspricht laut (2-36) der doppelten Spalt- bzw. Rissbreite:

$$D_H = \frac{4A}{U} = \frac{4l\,w}{2\,(l+w)} \approx 2w \quad mit\ l >> w\ ist\ l \approx l + w \tag{2-36}$$

Die absolute Rauheit der Kluftwandung bzw. Waschbetonoberfläche k_a wurde von Louis experimentell durch mechanische Abtastung ermittelt. Ein charakteristisches Oberflächenprofil ist in Abb. 2-14 dargestellt:

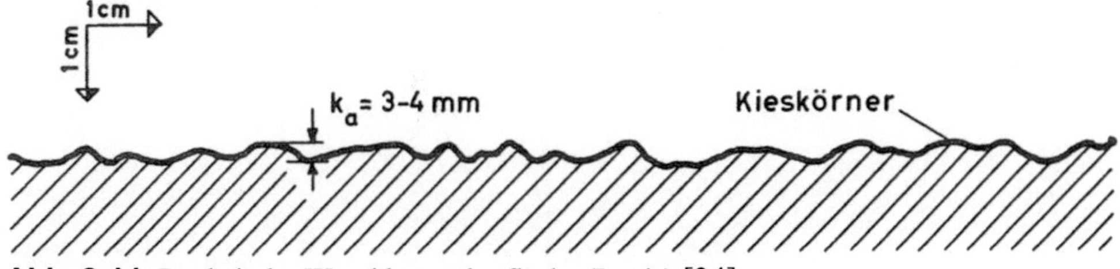

Abb. 2-14 Rauheit der Waschbetonoberfläche (Louis) [34]

Der Wasserdruck bei seinen Tests war sehr gering und entsprach maximal 0,2 bar (2 mWS).

2.5.3 Lösung nach Clear

Ein weiterer Vertreter mit experimentellem Ansatz, der Versuche zur Leckage und zur Selbstheilung von Rissen durchführte, war Clear (1985) [7] [8]. Er nutzte Beton-würfel (Abb. 2-15) mit einer effektiven Risseintrittslänge von 6,7 cm und einer Durchflusslänge von 15 cm.

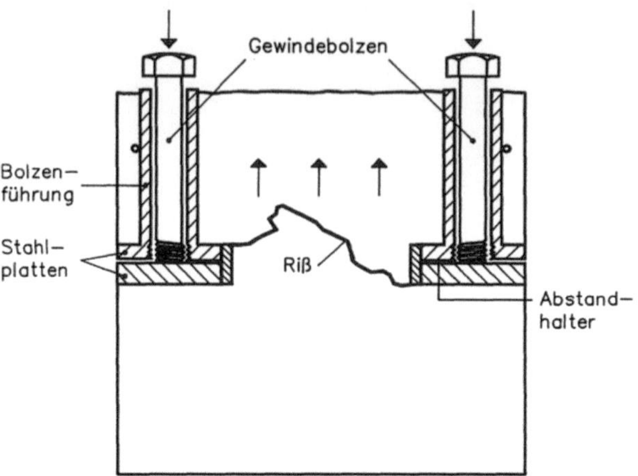

Abb. 2-15 Darstellung des von Clear verwendeten Versuchskörpers [7]

Bei der Auswertung rechnete Clear mit dem Ansatz von Hagen-Poiseuille (2)-(10) und ermittelte dann den Durchflussbeiwert ξ_{Clear} zur Berücksichtigung der Rauheit der Risswandungen und zur Anpassung an seine Versuche.

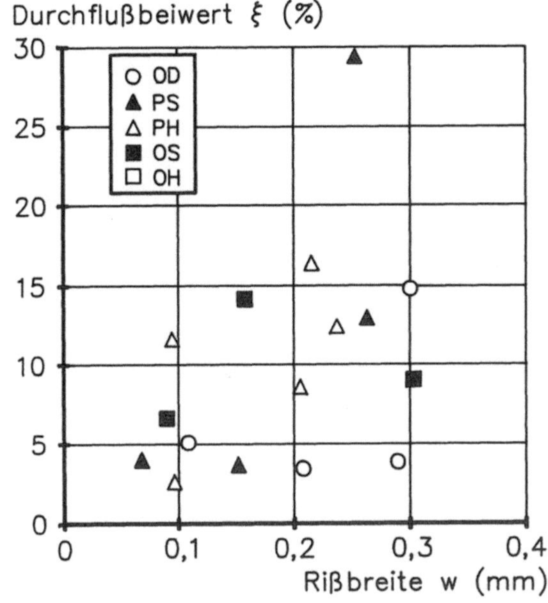

Abb. 2-16 Durchflussbeiwert in Abhängigkeit der Rissbreite (Clear) [7]

Wie aus Abb. 2-16 ersichtlich wird, streute die anfängliche Durchflussrate zwischen circa 4 % und 15 % des gemäß Poiseuille errechneten Durchflusses. Daher schlug er für den Anfangsdurchfluss einen konstanten Durchflussbeiwert (2-37) vor, was jedoch nur als grobe Näherung verstanden werden sollte.

$$\xi_{Clear} = 0,125 \tag{2-37}$$

Dieser Faktor entspricht rechnerisch einer Halbierung der hydraulischen Rissbreite gegenüber der gemessenen Rissbreite ($0,125 = 0,5^3$).

Zur Erfassung der Rissbreitenunterschiede entlang des Versuchskörpers schlug er die Mittelwertbildung über die dritten Potenzen gemäß (2-38) vor.

$$w_m = \sqrt[3]{\sum_{i=1}^{i=n}\left(w_{mi}\right)^3 \frac{\Delta li}{l}} \qquad (2\text{-}38)$$

2.5.4 Lösung nach Ripphausen

Wichtige Erkenntnisse bezüglich der Wasserdurchlässigkeit an Stahlbetonteilen mit Trennrissen lassen sich von den Versuchen Ripphausen (1990) [53] ableiten. Mittels seiner Versuchskörper, die eine Fläche von 250 cm x 60 cm und eine Dicke zwischen 10 cm und 30 cm aufwiesen, konnte er den Durchflussbeiwert in Abhängigkeit von der Rissbreite und dem Zuschlagkorndurchmesser ermitteln. An seinen Versuchskörpern ermittelte er jeweils den Durchfluss von Einzelrissen, wobei mehrere Risse entlang des Versuchskörpers vorlagen. (Abb. 2-17). Ripphausen arbeitete mit einer maximalen hydraulischen Höhe von 30 mWS, was 3 bar entspricht.

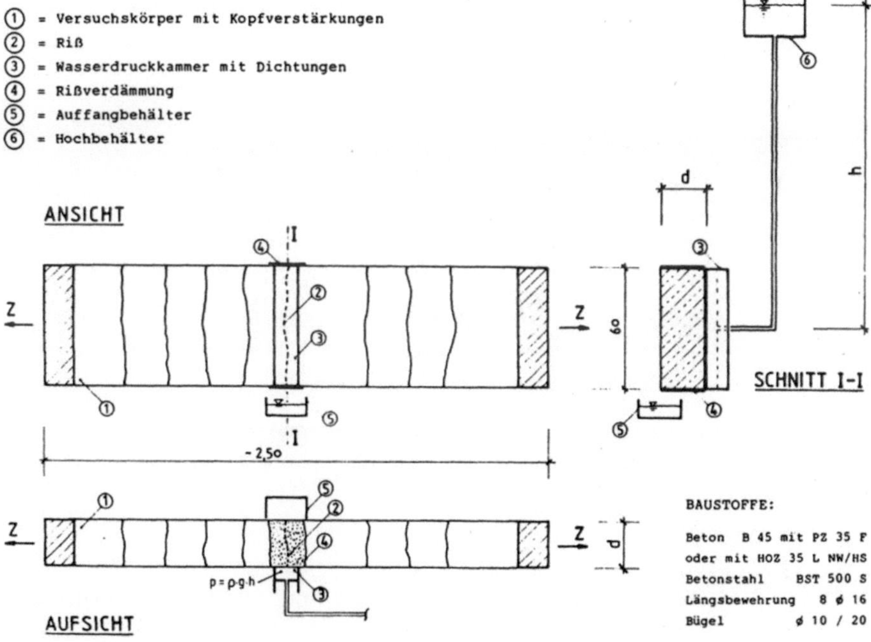

Abb. 2-17 Darstellung von Ripphausens Versuchsaufbau [53]

Wie aus Abb. 2-18 ersichtlich, nimmt die Durchflussrate mit zunehmender Risslänge ab. Liegt die Durchflussrate bei 10 cm Risslänge noch bei über 10 % des Poiseuille Durchflusses, fällt die Durchflussrate bei 22 cm Risslänge unter circa 5 % des Poiseuille Durchflusses ab.

Ripphausen wählt einen eigenen Ansatz (2-39) für den Durchflussbeiwert in Abhängigkeit vom Korndurchmesser d und der Rissbreite w. Zusätzlich ist je nach Sieblinie ein Faktor A für den kurzfristigen bzw. mittleren Durchfluss zu ermitteln.

$$\xi = \frac{1}{1 + A\,(d/w)^{1,5}} \qquad (2\text{-}39)$$

Trotz großer Streuungen kommt Ripphausen zu dem Schluss, dass der Durchfluss durch seinen Ansatz wesentlich besser beschrieben wird, als durch einen konstanten Durchflussbeiwert von 12.5%, den Clear (2-37) als erste Näherung favorisierte. Wie jedoch zuvor erwähnt, muss er dazu für jeden Fall die Anpassungsfaktoren A empirisch ermitteln.

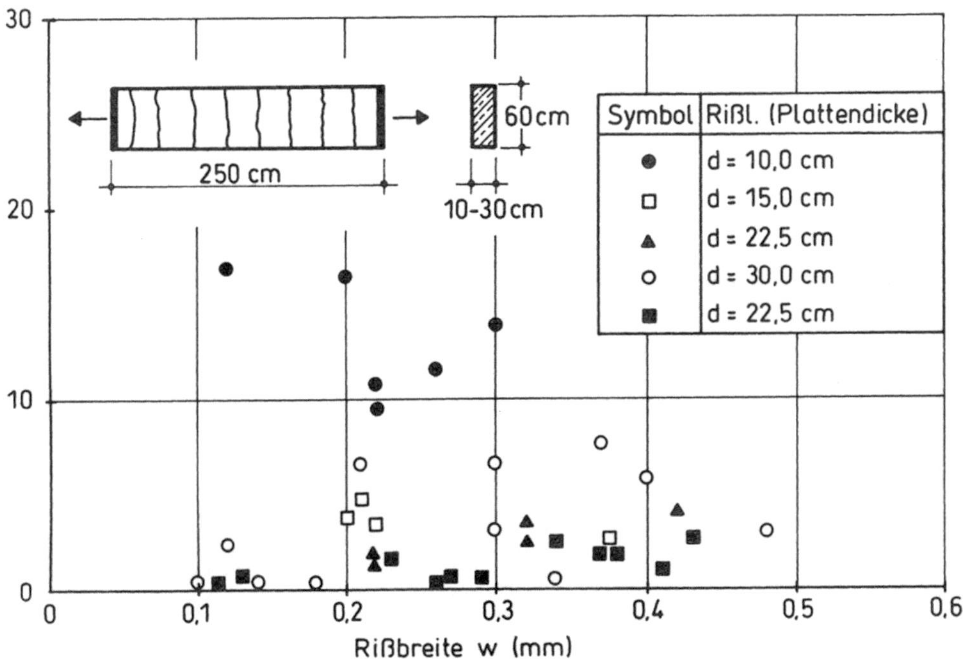

Abb. 2-18 Durchflussbeiwert in Abhängigkeit der Rissbreite (Ripphausen) [53]

2.5.5 Lösung nach Mivelaz

Mivelaz [40] (1996) führte Luft- und Wasserversuche an Balken mit 5 m Länge, 1 m Höhe und 42 cm Dicke durch (siehe Abb. 2-19 und Abb. 2-20). Der Versuchskörper wurde mit zwei Hüllrohren mit einem Durchmesser von jeweils 3 cm versehen, aus denen das Medium mit einem Druck von 0,5 bar in den Riss strömte.

Es wurde mit zwei Betonen (Normalbeton und Hochleistungsbeton), zwei Bewehrungsanordnungen und verschiedenen Bewehrungsgraden (0,57% - 1,15%) getestet. Die Einstellung der Rissbreiten von maximal 0.3 mm erfolgte durch Zugbeanspruchung in Längsrichtung. Die zu durchströmende Querschnittsdicke, vom Rohr zur Wandoberfläche, betrug bei diesem Versuchsaufbau trotz großer Gesamtabmessungen nur ca. 19,5 cm. Durch die Balkengeometrie wurden mehrere Risse auf einer Messstrecke von 3 m erzeugt.

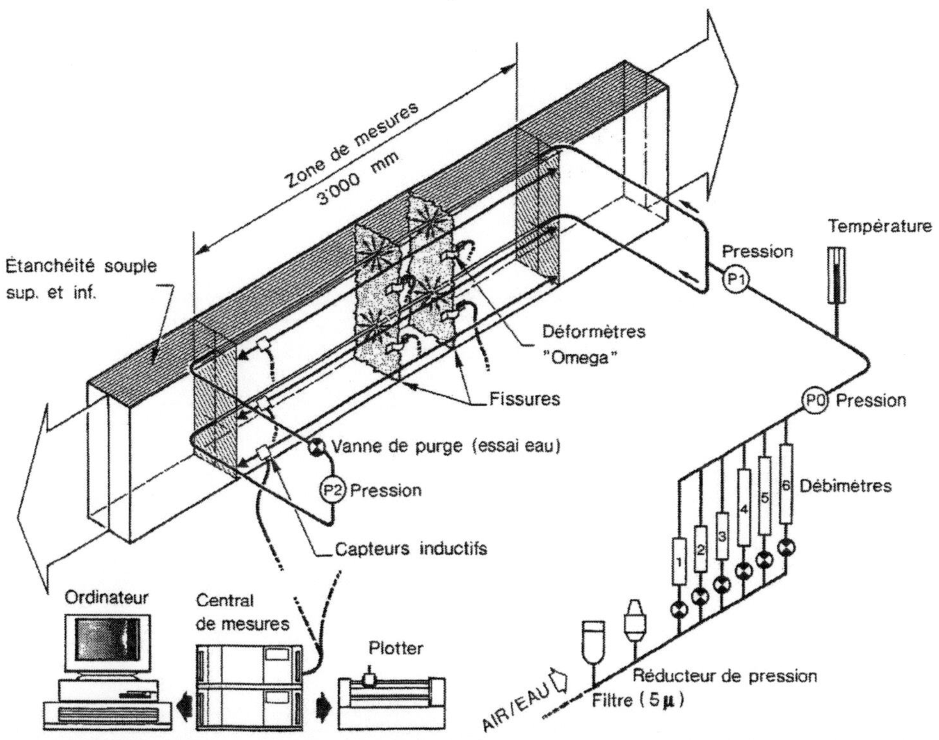

Abb. 2-19 Ansicht der Versuchsanordnung Mivelaz [40]

Abb. 2-20 Ansicht des Versuchsaufbaus von Mivelaz [41]

Der Durchfluss wurde durch Messung des zugeführten Mediums an der Eintrittsseite bestimmt und in Abhängigkeit von der Rissbreite ausgewertet. Die Durchflussrate nahm mit steigendem Bewehrungsgrad ab. Unterhalb einer Mindestrissbreite w < 0,03 mm wurde keine Leckage festgestellt.

In Abb. 2-21 wird der Durchflusskoeffizient im Verhältnis zur Rissbreite für Normalbeton (Béton IBAP) und Hochleistungsbeton HPC (Béton EDF) angegeben. Die Durchflusskoeffizienten des HPC liegen erheblich über denen des Normalbetons.

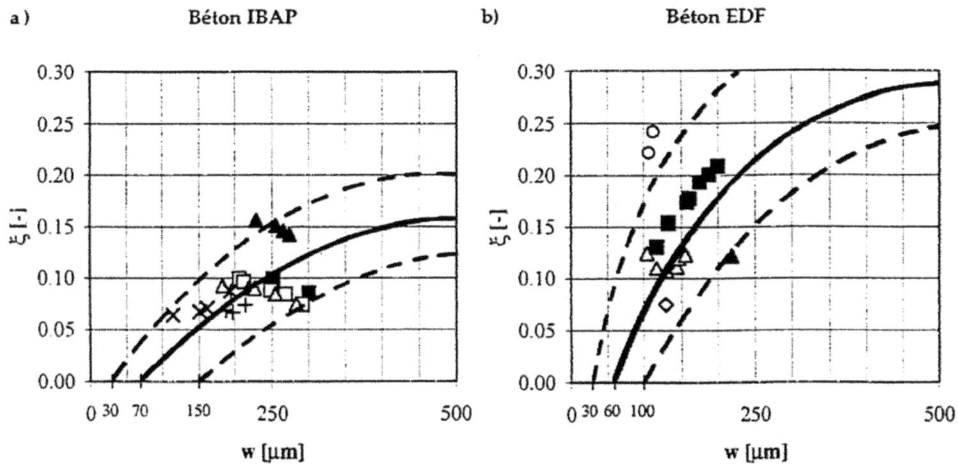

Abb. 2-21 Durchflusskoeffizient zur Rissbreite (Mivelaz) [40]

2.5.6 Lösung nach Edvardsen

Wasserdurchlässigkeit und Selbstheilung von Trennrissen im Beton lagen im Fokus der Versuche von Edvardsen (1996) [10]. Die Kleinkörper maßen 20 cm x 20 cm bei 40 cm Länge. Um an empirisch aussagekräftige Ergebnisse zu gelangen, führte sie 80 Versuche an statischen Einzelrissen und zusätzliche dynamische Versuche durch. Zudem gab es Versuche mit Zusatzstoffen und Großversuche. Der durchströmte Rissquerschnitt von ca. 12 cm Breite und 40 cm Länge (Abb. 2-22) wurde durch Kerben vorgegeben. Es wurden Versuche mit den Rissbreiten 0,1 mm, 0,2 mm und 0,3 mm durchgeführt. Dabei variierte der Überdruck zwischen 0,25 bar und 1,0 bar. Die Versuche dauerten bis zum Verschluss der Risse durch Selbstheilung.

Der Anfangsdurchfluss ist in Abb. 2-23 dargestellt. Trotz Streuung der Ergebnisse, stellt Edvardsen eine potenzielle Zunahme des Durchflusses in Abhängigkeit der Rissbreite $q_0 = f(w^3)$ fest.

In Abb. 2-24 ist der Durchflusskoeffizient über die Rissbreite aufgetragen. Edvardsen konnte keine Abhängigkeit des Durchflusskoeffizienten von der Rissbreite feststellen. Der Grund wurde darin gesehen, dass Edvardsen stets neue Versuchskörper verwendete. Allerdings stellt man auch hier eine sehr große Streuung fest. Edvardsen schlägt daher als Abschätzung für die untersuchten

Rissbreiten einen einheitlichen Durchflussbeiwert von $\xi_{Edvardsen} = 0,25$ und eine obere Abgrenzung $\xi_{Edvardsen} = 0,40$ vor.

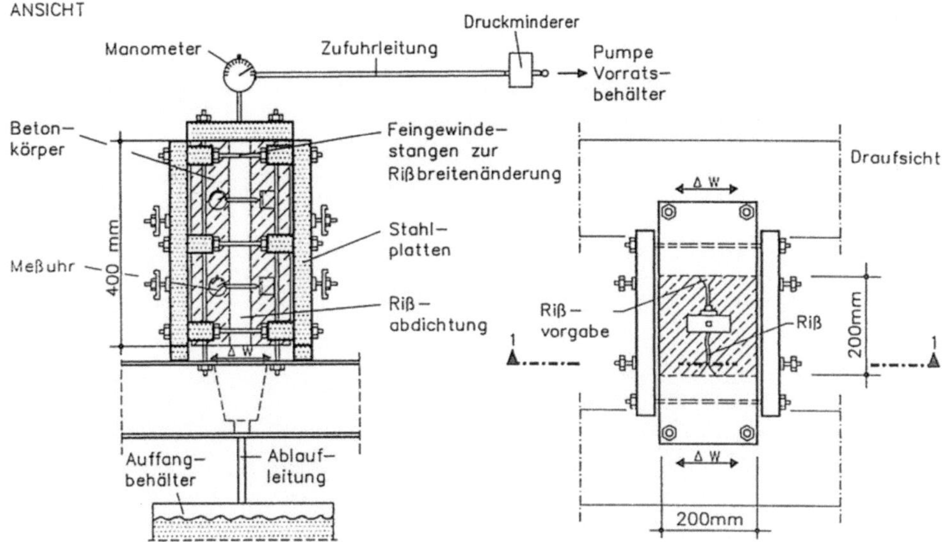

Abb. 2-22 Ansicht der Versuchsanordnung von Edvardsen [10]

Edvardsen beobachtete die Selbstheilung der Risse im Beton und machte die Calcit-bildung für die Abnahme der Durchflüsse nach längerer Versuchsdauer verantwortlich. Selbst bei größeren Rissbreiten von 0,3 mm konnte sie kristallines Calcit als Ursache der Selbstheilung nachweisen. Ein Einfluss der Wasserart, Zementart, Zuschlagart und Mehlkornart konnte nicht beobachtet werden.

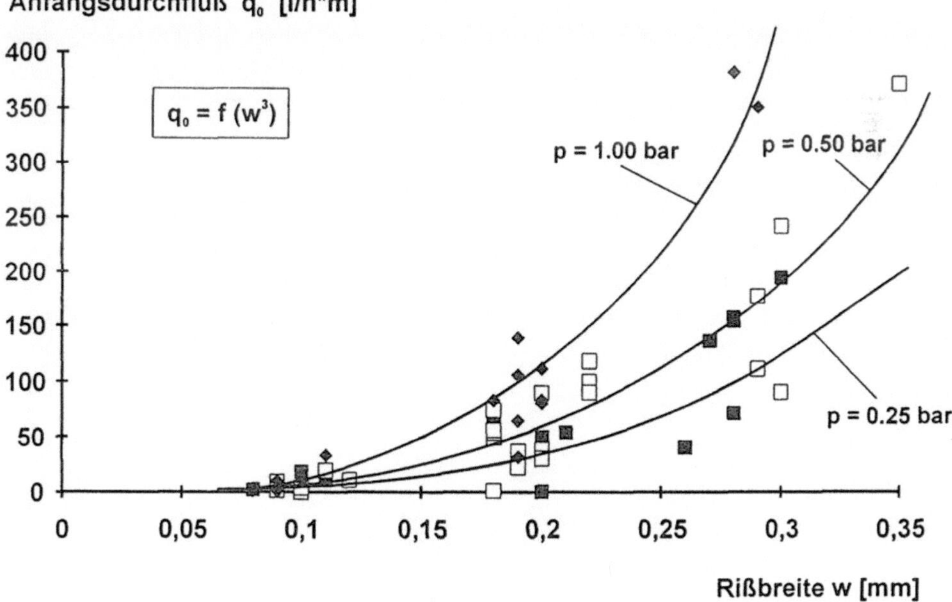

Abb. 2-23 Anfangsdurchfluss in Abhängigkeit der Rissbreite (Edvardsen) [10]

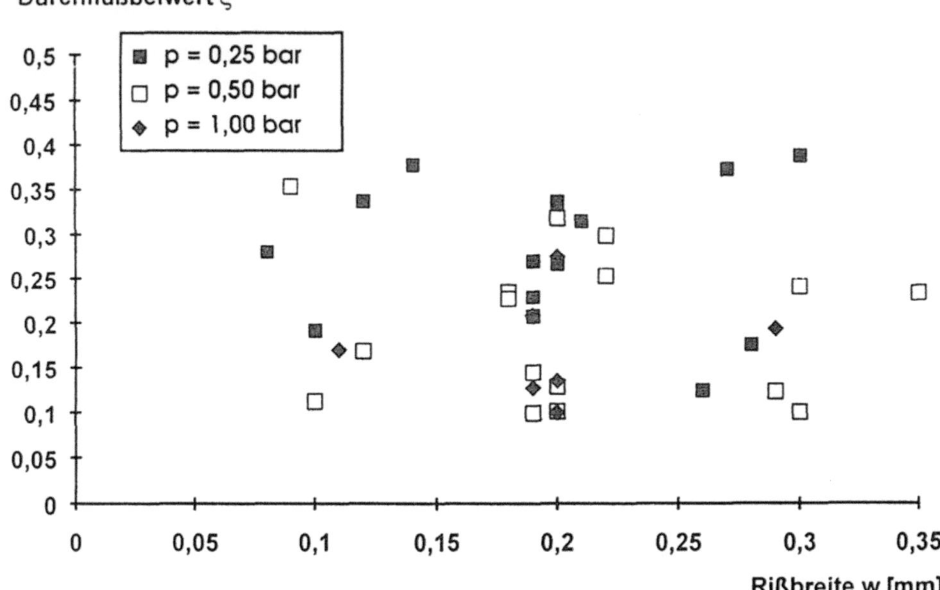

Abb. 2-24 Durchflusskoeffizient in Abhängigkeit der Rissbreite (Edvardsen) [10]

2.5.7 Lösung nach Reinhardt und Jooss

Reinhardt und Jooss [51] [52] untersuchten die Permeabilität und Diffusivität des Betons in Abhängigkeit der Temperatur zunächst an ungerissenen und später auch an gerissenen Proben. Die Untersuchungen fanden mit verschieden dichten Betonen statt (Tab. **2-1**; Tab. **2-2**)

Tab. 2-1 Betonzusammensetzung bei Reinhardt und Jooss [51]

Mix	w/c ratio	Cement [kg/m^3]	Aggregate [kg/m^3]	Additive and admixture
Reference	0.45	330 (CEM I 32.5 R)	1788	FA 30 kg
Copoly-30	0.45	330 (CEM I 32.5 R)	1790	Copolymerisat—dispersion 30 kg, FA 30 kg
Copoly-45	0.45	330 (CEM I 32.5 R)	1788	Copolymerisat—dispersion 45 kg, FA 30 kg
HPC no. 35	0.33	400 (CEM I 32.5 R)	1896	MS 60 kg, FM 30, 2.8%
HPC no. 36	0.33	400 (CEM I 32.5 R)	1895	MS 60 kg, FM 30, 2.6%
HPC no. 37	0.33	400 (CEM I 32.5 NW/HS)	1895	MS 60 kg, FM 30 2.6%
HPC no. 40	0.37	360 (CEM II/A-L 32.5 R)	1948	MS 40 kg, FM 30 2.0%, FA 40 kg
HPC no. 41	0.37	360 (CEM II/A-L 32.5 R)	1956	MS 40 kg, FM 30 2.5%, FA 40 kg
RPC	Premix with: 700 kg of CEM, 225 kg of silica fume, 990 kg of sand, 210 kg of quartz flour, 45 kg of plasticiser + 195 kg of water + 200 kg of steel fibers			
SCC 1	0.45	320 (CEM II/A-L 32.5 R)	1735	4 kg of FM/BV 375, UWC 0.30 kg, FA 180 kg
SCC 2	0.41	370 (CEM II/A-L 32.5 R)	1691	5.5 kg of FM/BV 375, UWC 0.30 kg, FA 170 kg

FM: superplasticiser; BV: plasticiser; MS: microsilica; FA: flyash; UWC: underwater compound.

Als Referenz kam ein Beton B35 zur Anwendung. Des Weiteren wurde mit Hochleistungsbeton (HPC), Copolymerisatbeton, ultrahochfestem Reaktionspulverbeton (RPC) und selbstverdichtendem Beton (SCC) gearbeitet.

Tab. 2-2   Eigenschaften der Betonmischungen bei Reinhardt und Jooss [51]

Mix	Density [kg/m^3]	Air content in fresh concrete [%]	Compressive strength after 28 days [MPa]	Bending strength (four-point) after 28 days [MPa]
Reference	2.41	1.4	45	5.8
Copoly-30	2.34	1.8	44	6.0
Copoly-45	2.34	0.9	51	5.9
HPC no. 35	2.47	1.4	89	9.7
HPC no. 36	2.49	0.7	87	8.8
HPC no. 37	2.51	0.6	87	8.1
HPC no. 40	2.46	1.3	86	7.9
HPC no. 41	2.45	1.0	93	8.1
RPC	2.48	–	190	19.8
SCC 1	2.37	0.7	56	5.9
SCC 2	2.36	1.3	71	7.4

Zur Bestimmung der Permeabilität verwendeten Reinhardt und Jooss Scheiben von 150 mm Durchmesser und 30 mm Dicke. Dazu entwickelten sie einen Aufbau (Abb. 2-25) für Versuche mit höheren Temperaturen bis zu 80 °C.

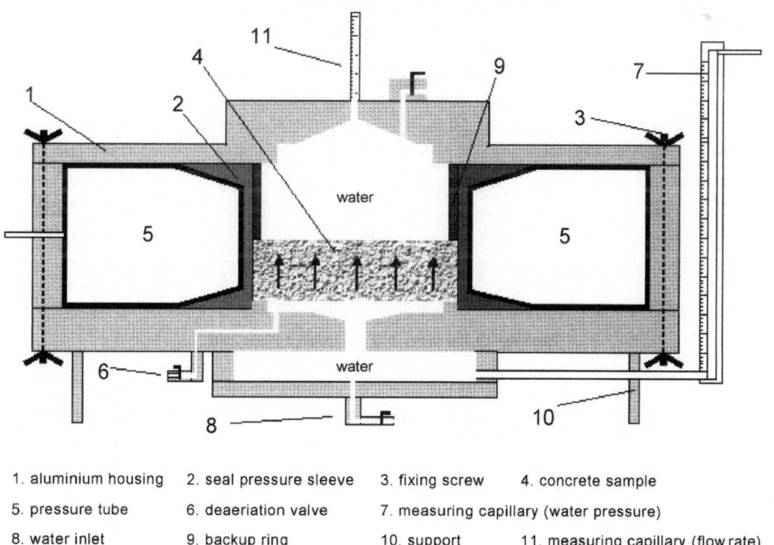

Abb. 2-25 Aufbau zur Bestimmung des Permeabilitätskoeffizienten [51]

Der Aufbau besteht aus einem Aluminiumgehäuse in welches die Probe eingebaut wird. Zur seitlichen Abdichtung wurde eine PU Druckmanschette verwendet. Die

Druckmessung (Eintritt) und Durchflussmessung (Austritt) erfolgte mittels Kapillarröhrchen.

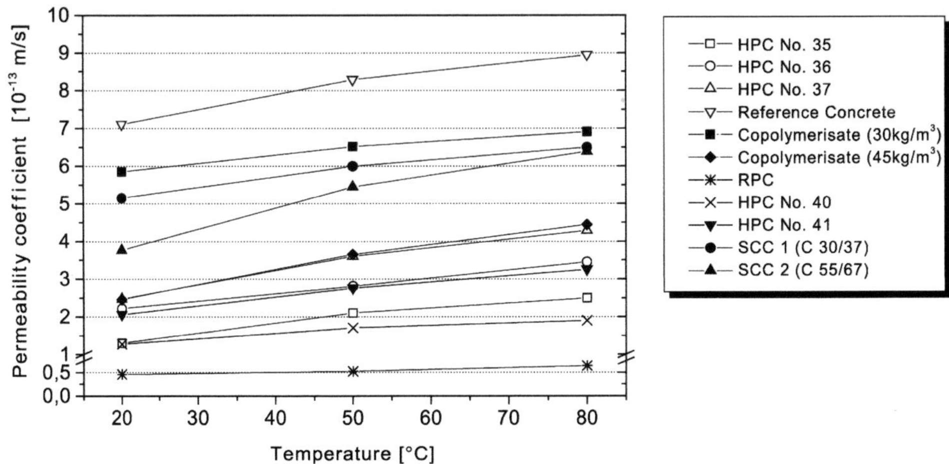

Abb. 2-26 Permeabilitätskoeffizient zu Temperatur (nach 1 h) [51]

In Abb. 2-26 wird der experimentell ermittelte Permeabilitätskoeffizient k als Funktion der Temperatur dargestellt. Wie ersichtlich wird, nahm mit der Temperatur auch die Permeabilität zu. Im Falle des Referenzbetons, der die höchste Permeabilität aufwies, betrug die Zunahme durch Temperaturerhöhung ca. 25%. Der Permeabilitätskoeffizient des Referenzbeton betrug maximal k = 89 x 10^{-14} [m/s] bei 80°C.

Wie aus Abb. 2-27 ersichtlich wird, sank der Wert nach 48 Stunden auf ca. 10% des Anfangswertes. Eine Reduzierung auf ein Achtel des Anfangswertes wurde innerhalb der ersten Stunde beobachtet.

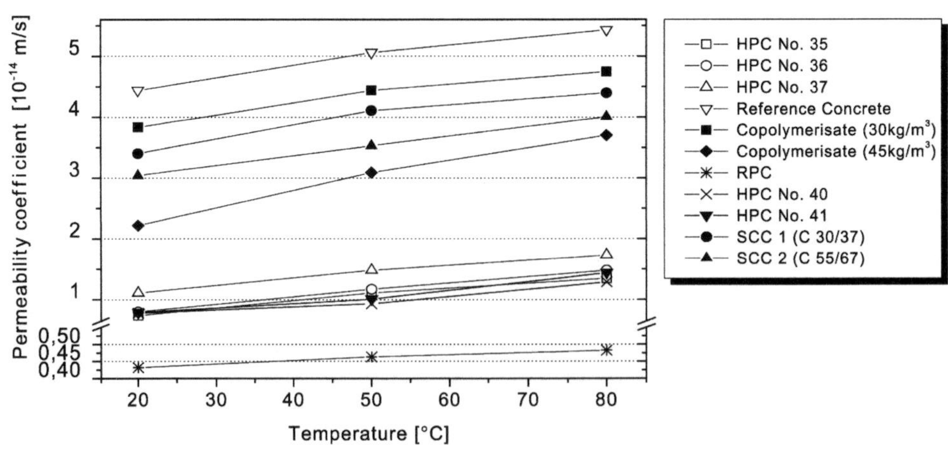

Abb. 2-27 Permeabilitätskoeffizient zu Temperatur (nach 48 h) [51]

Zum Vergleich errechneten Reinhardt und Jooss den theoretischen Unterschied durch Temperatureinfluss. Dieser hätte jedoch laut Berechnung gemäß Tab. **2-3** erheblich höher ausfallen müssen.

Tab. 2-3 Permeabilitätsänderung als Funktion der Temperatur [51]

$$\chi(T) = \frac{k_w(T)}{k_{w,20°C}} = \frac{\rho_w(T)}{\rho_{20°C}} \frac{\eta_{20°C}}{\eta(T)}.$$

Factor $\chi(T)$ as function of temperature

Temperature [°C]	20	50	80
Factor $\chi(T)$	1.00	1.80	2.74

Die Abweichungen wurden mit der Beschleunigung von Hydratationsprozessen bei erhöhten Temperaturen begründet, welche eine schnellere Blockierung der Poren durch Hydratationsprodukte verursachten. Ähnliches wurde für das Quellen vermutet.

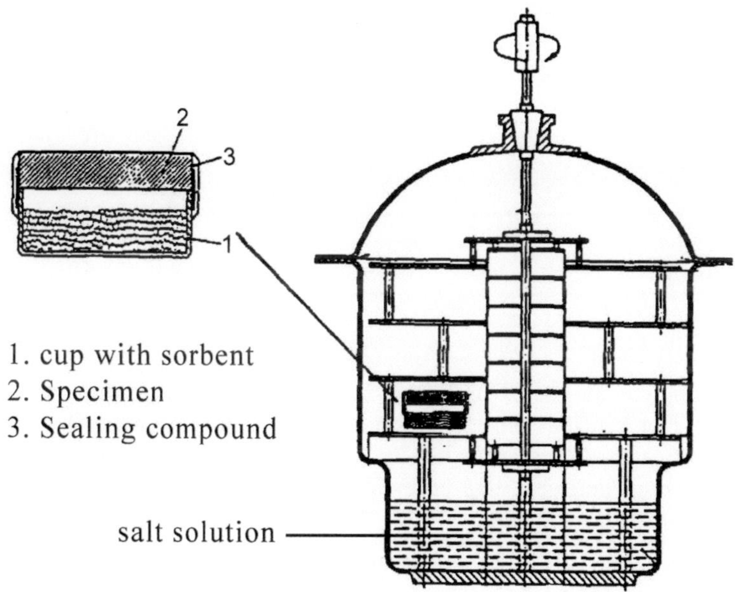

Abb. 2-28 Aufbau zur Bestimmung des Diffusionskoeffizienten [51]

Zur Bestimmung der Diffusion wurden Betonscheiben von 100 mm Durchmesser und 20-25 mm Dicke in Metallgefäße eingelassen, die ein Sorptionsmittel enthielten. Die Gefäße kamen wiederum in einen dichten, mit Salzlösung gefüllten Behälter und wurden in regelmäßigen Intervallen von 4 Tagen gewogen. Nach Messung der Gewichtsänderung erfolgte die Umrechnung der durch die Scheiben diffundierten Wasserdampfmenge auf den Diffusionskoeffizienten.

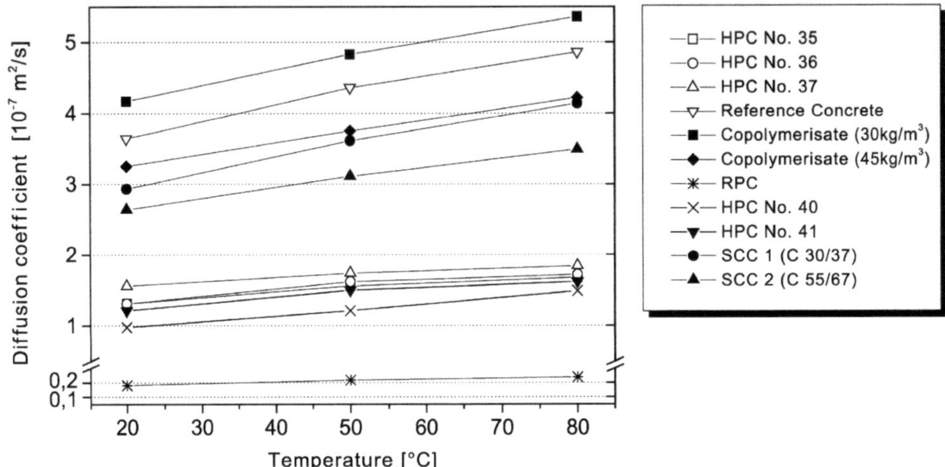

Abb. 2-29 Diffusionskoeffizient zu Temperatur [51]

In Abb. 2-29 wurde der experimentell ermittelte Diffusionskoeffizient als Funktion der Temperatur dargestellt. Wie ersichtlich wird, nahm mit der Temperatur auch der Diffusionskoeffizient zu. Beobachtet wurde für den Referenzbeton B35 ein Anstieg der Diffusivität von 17-25% für einen Temperaturanstieg von 20 auf 80 °C.

Tab. 2-4 Diffusionsänderung als Funktion der Temperatur [51]

$$D = \text{const.} \left(\frac{T}{T_0} \right)^{3/2}.$$

Temperature [°C]	20	50	80
Influence of diffusivity [%]	0	16	32

With the reference temperature of 20 °C.

Zum Vergleich errechneten Reinhardt und Jooss den theoretischen Unterschied in Folge der Temperatur. Der Einfluss der Temperatur auf den Diffusionskoeffizienten zwischen 20 °C und 80 °C sollte demnach 32% betragen. Bei den Experimenten variierte die Zunahme zwischen ca. 20% und 40%. Dieser entspricht laut Berechnung in Tab. 2-4 in etwa den Erwartungen.

Bei einer weiteren Untersuchung [52] wurde die Permeabilität und die Selbstheilung von gerissenen Betonproben von 150 mm Durchmesser und 50 mm Dicke (als Funktion der Temperatur und Rissbreite) untersucht. Der für die Versuche an ungerissenen Proben entwickelte Aufbau (Abb. 2-25) konnte auch hierzu eingesetzt werden.

Es wurden drei Rissbreiten von 0,05, 0,10 und 0,15 mm untersucht. Bei der Betonsorte konzentrierte man sich auf einen HPC (Tab. 2-5). Der Hydraulische Gradient wurde bei 1 MPa/m konstant gehalten. Die Temperatur wurde zwischen 20, 50 und 80 °C variiert. Die Risse wurden mittels Versuchsaufbau für Spaltzugfestigkeitsversuche auf den gewünschten Wert eingestellt und die Rissbreite per Risslupe kontrolliert. Die Auswahl der Betonmischung erfolgte unter dem Aspekt der Wasserundurchlässigkeit, Verarbeitbarkeit und Kosten.

Tab. 2-5 Eigenschaften des HPC für gerissene Proben [52]

Composition of the concrete mixture used

Mix	w/c ratio	Cement (kg/m^3)	Aggregate (kg/m^3)	Additions and admixtures (kg/m^3)
HPC	0.37	360 (CEM II/ A-L 32. 5 R)	1956	40 MS, 40 FA, 9.0 FM 30

FM, water-reducing agent; MS, microsilica; FA, fly ash.

Properties of the concrete mixture used

Mix	Density (kg/m^3)	Air content (%)	Compressive strength after 28 days (MPa)	Flexural strength (four-point) after 28 days (MPa)
HPC	2450	1.0	93	8.1

Die Abb. 2-30 zeigt den normalisierten Durchfluss in Abhängigkeit von Rissbreite und Temperatur. Es sind gemittelte Kurven mehrerer Versuche. Die Normalisierung des Durchflusses basiert auf dem Anfangsdurchfluss zu Beginn des Tests.

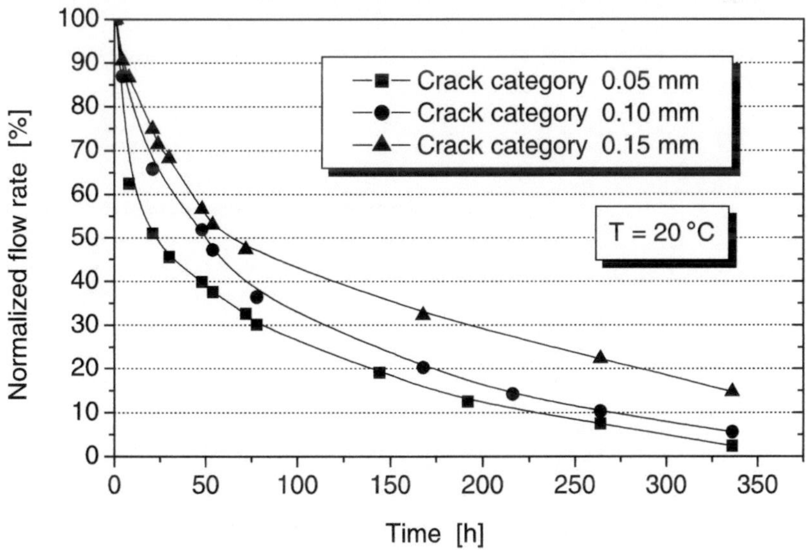

Abb. 2-30 Abnahme der normalisierten Flussrate durch Selbstheilung des HPC bei einem Druckgradient von 1MPa/m und 20 °C Temperatur [52]

Die schnellste Selbstheilung wurde bei 20 °C für die Rissbreite 0,05 mm festgestellt. Nach 25 Stunden hatte sich der Durchfluss halbiert und nach zwei Wochen verblieben nur noch 2% des Anfangsdurchflusses. Bei größeren Rissbreiten fand der gleiche Prozess entsprechend langsamer statt.

In Abb. 2-31 wird im Vergleich dazu der Verlauf bei 80 °C dargestellt. Der Prozess lief stark beschleunigt ab, so dass der Durchfluss bei einer Rissbreite von 0,05 mm nach 25 Stunden schon auf 10 % zurückging.

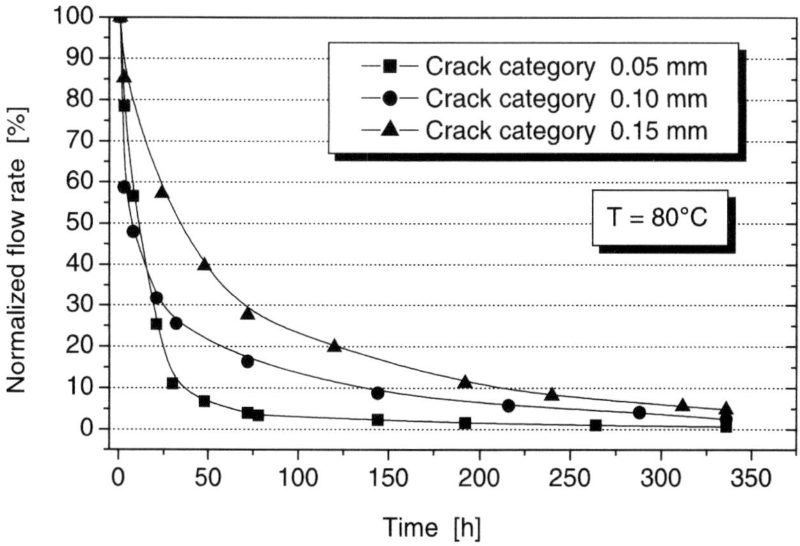

Abb. 2-31 Abnahme der normalisierten Flussrate durch Selbstheilung des HPC bei einem Druckgradient von 1 MPa/m und 80 °C Temperatur [52]

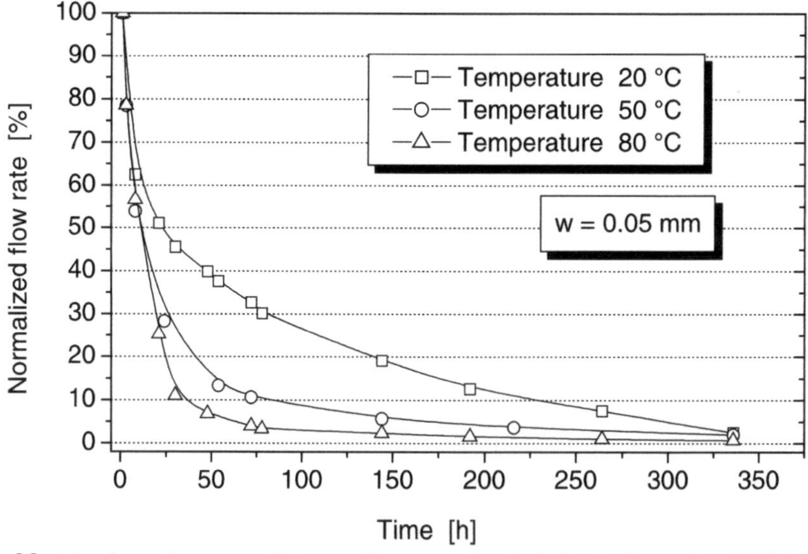

Abb. 2-32 Abnahme der normalisierten Flussrate durch Selbstheilung des HPC bei einem Druckgradient von 1 MPa/m und einer Rissbreite w=0,05 mm [52]

Die Durchflüsse der Rissbreite w=0,05 mm werden in Abb. 2-32 für unterschiedliche Temperaturen nebeneinander aufgetragen. Dadurch ist ersichtlich, wie die Selbstheilung durch erhöhte Temperaturen beschleunigt wurde.

Wie in Abb. 2-33 dargestellt, war auf der anderen Seite die Permeabilität bei gleicher Rissbreite für größere Temperaturen höher.

Es wurden Tests zur Bestimmung des Einflusses der Temperatur zwischen 20 °C und 80 °C auf die Permeabilität und Selbstheilung bei gerissenem Beton durchgeführt. Die Ergebnisse zeigen einen deutlichen Anstieg des Wassertransports mit der Temperatur. Der Versuchsaufbau zur Durchführung der Permeabilitätstests konnte auch hier Verwendung finden. Die Versuche fanden bei konstanten Temperaturen von 20, 50 und 80 °C statt.

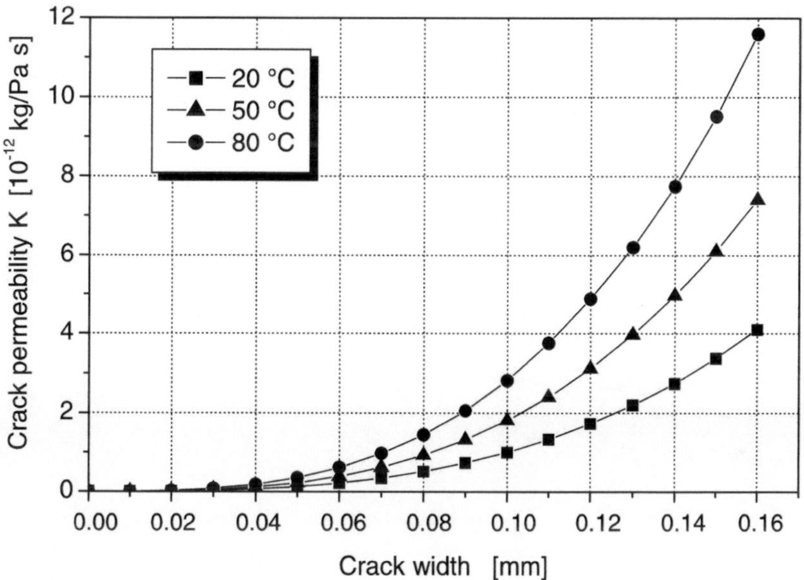

Abb. 2-33 Darstellung der Abhängigkeit der Permeabilität K von Rissbreite und Temperatur [52]

Es konnte gezeigt werden, dass die Abnahme des Durchflusses von Temperatur und Rissbreite abhing. Kleinere Risse versinterten schneller wie große und eine höhere Temperatur begünstigte einen schnelleren Selbstheilungsprozess. Aus den Versuchen mit HPC wird geschlossen, dass die Selbstheilung bei ca. 1 MPa/m und Rissbreiten kleiner als 0,10 mm, Risse wieder verschließen kann.

2.6 Versuche mit Dampf

2.6.1 Großversuch MAEVA (MAquete Echange Vapeur/Air)

In Civaux (Frankreich) wurde von EDF [20] [23] ein 1:3 Model eines vorgespannten doppelschaligen Containments ohne Liner erstellt, um das mechanische Verhalten und die Dichtigkeit experimentell zu untersuchen. Das Containment wurde in unmittelbarer Nähe des Kraftwerkes unter Verwendung lokaler Betonzuschläge errichtet.

Französische Kraftwerke mit Druckwasserreaktoren der 1300 MW Serie sind mit einem zweiwandigen Containment versehen. Einwirkungen von außen werden vom äußeren Stahlbetoncontainment abgehalten, während das innere, vorgespannte Spannbetoncontainment für einen Auslegungsstörfall (LOCA) mit einem Innendruck von 5,2 bar und einer Temperatur von 140 °C ausgelegt ist. Dabei wird auf einen Stahlliner verzichtet. Die Auslegung des Spannbetoncontainments erfolgt so, dass eventuell auftretende Risse im Normalfall überdrückt werden.

Abb. 2-34 Ansicht des Containments MAEVA

Sollten Leckagen in den unter Unterdruck stehenden Zwischenraum gelangen, können diese aufgefangen und gefiltert werden. Das mechanische Verhalten innerhalb des Auslegungsdrucks wird vom Betreiber in regelmäßigen Abständen mit Luft getestet. Die Simulation des Störfalls mit Luft-Dampfgemischen und einer Kondensation des Dampfes innerhalb der Wand bis zum Auslegungsdruck und darüber hinaus ist nur anhand eines Modellcontainments möglich.

Das Modell besteht aus einem 5 m hohen Spannbetonzylinder mit einem Radius von 8 m. Die Wanddicke wurde im Maßstab 1:1 nachgebildet und beträgt 1,2 m. Mit dem Containment wurden Luft- und Dampftests durchgeführt.

Die angrenzenden oberen und unteren Platten wurden mit Stahl-Linern ausgekleidet und die Stöße mit Gummilagern und Dichtungen versehen. Dadurch konnten sich die Wand und Platten frei bewegen. Die Dichtung wurde durch Einspannung der Wand zwischen Deckel und Bodenplatte mittels Spannstangen gewährleistet.

Die Hälfte der Innenwand wurde mit einem Kunststoff-Liner versehen, während die andere Hälfte ohne Liner blieb. Außen bildete eine zweite externe Stahlwand mehrere Kontrollräume zur getrennten Messung der Leckage ohne und mit Kunststoffliner.

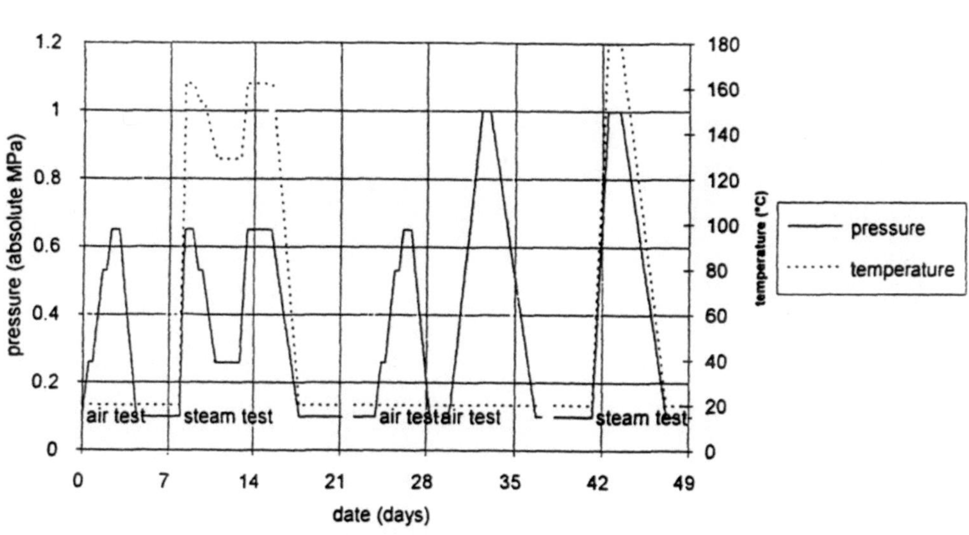

Abb. 2-35 Test Szenario MAEVA [23]

Als Szenarien wurden abwechselnd Luft- und Dampftests gefahren:

1. Erster Lufttest mit Drucksteigerung in zwei Zwischenstufen bei 2,6 bar und 5,3 bar bis zum Auslegungsdruck von 6,5 bar abs.

2. Ein Dampftest mit 6,5 bar abs. und 160°C bei dem zwischenzeitig der Druck auf 5,3 bar bzw. 2,6 bar reduziert wird

3. Zweiter Lufttest mit Drucksteigerung in zwei Zwischenstufen bei 2,6 bar und 5,3 bar bis zum Auslegungsdruck von 6,5 bar abs.

4. Dritter Lufttest mit 10 bar abs. über den Auslegungsdruck hinaus

5. Zweiter Dampftest mit 10 bar abs.

Zur Erzielung möglichst stationärer Verhältnisse erstreckten sich die Versuche jeweils über mehrere Tage.

Die Belastung der Wand war an den Innendruck gekoppelt. So traten bei planmäßiger Belastung mit 6,5 bar nur Mikrorisse auf. Bis zu einem Druck von 7,5 bar wurde die Wand in Umfangsrichtung noch überdrückt. Die ersten Tests fanden daher am noch ungerissenen Containment statt. Erst bei der zweiten Testphase mit 10 bar wurde mit gerissenem Querschnitt getestet. Bei 16 bar geriet die Bewehrung schließlich ins Fließen.

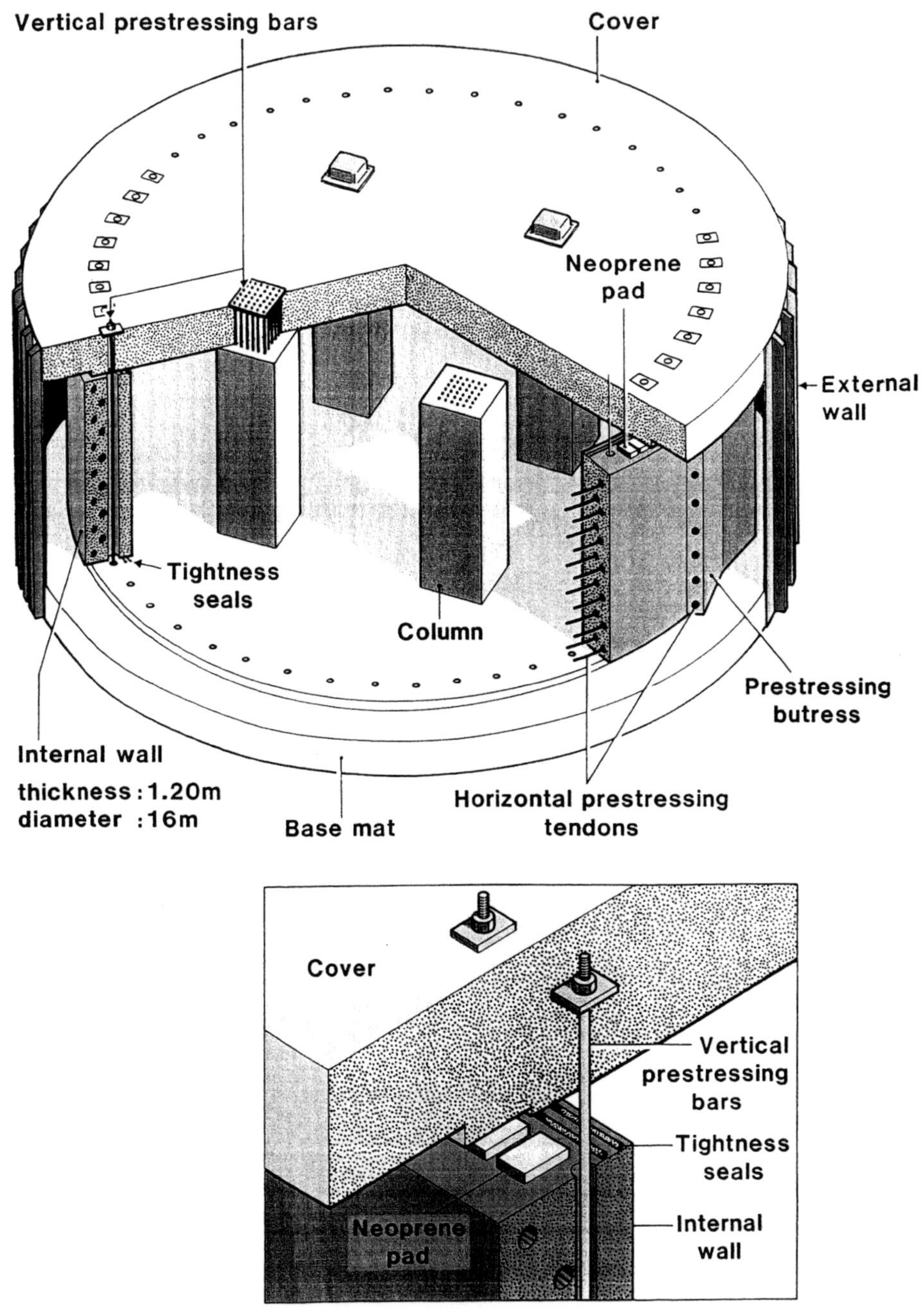

Abb. 2-36 MAEVA Versuchsaufbau [21]

Aufgrund der Koppelung von Rissbreite und Innendruck waren die Variationsmöglichkeiten bei der Steuerung des Versuchs begrenzt. Bei dem großen Maßstab des

Containments war die Abdichtung der Übergänge zu Deckel und Bodenplatte schwierig.

Wie sich später bei den eigenen Versuchen herausstellen sollte, ist die Anzahl der durchführbaren Dampftests ähnlich wie bei den Versuchen mit Wasser begrenzt. Da sich die Risse während der Dampftests durch Partikel zusetzen und zum Teil auch versintern können, sind nur die ersten Ergebnisse wirklich repräsentativ.

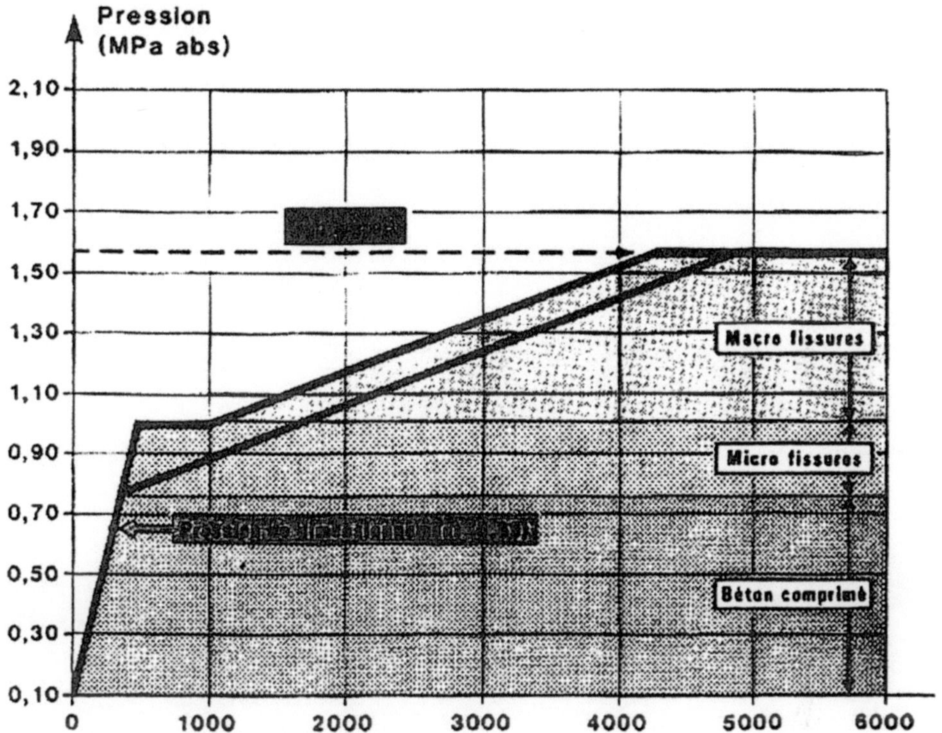

Abb. 2-37 MAEVA Auslegung [21]

Die experimentellen MEAVA Versuche wurden durch theoretische Untersuchungen und Nachrechnungen ergänzt, so zum Beispiel in den Dissertationen von Boussa [2] und Billard [1].

2.6.2 Caroli

Beim SIMIBE Experiment von Caroli und Coulon [4] [5] wurden Messungen von Luft und Dampf durch einen glatten Spalt mit konstanter Breite zwischen zwei parallelen Glasplatten durchgeführt. Dabei wurde der Einfluss der Dampf-Kondensation auf den Durchfluss untersucht. Als Parameter wurden Überdrücke von 1 bar und 2 bar, Spaltbreiten von 0,12 mm bis 0,37 mm bei einer relativen Feuchte zwischen 0 bis 60% variiert.

Die gemessenen Durchflussraten wurden in Abb. 2.38 von Caroli im doppelt logarithmischen Maßstab aufgetragen. Das heiße Luft-Dampf-Gemisch wurde zwischen die zu Beginn des Experiments noch kalten Glasplatten eingeleitet. Es wurde stets am Risseintritt eine Kondensationsfront mit einer nachfolgenden Zone der Tröpfchenbildung festgestellt. Je nach Spaltbreite wurden Tröpfchendurchmesser von 0,5 bis 5 mm festgestellt wobei die Geschwindigkeit bei zunehmender Größe abnahm. Die Masse des Wassers aus kondensiertem Dampf nahm linear proportional mit der Zeit zu, was einer konstanten Wasserdurchflussrate entsprach.

Im Gegensatz zur trockenen Luft beschleunigte der Dampf die Aufheizung der Seitenflächen in Folge des thermischen Flusses, der durch die Kondensation erzeugt wurde.

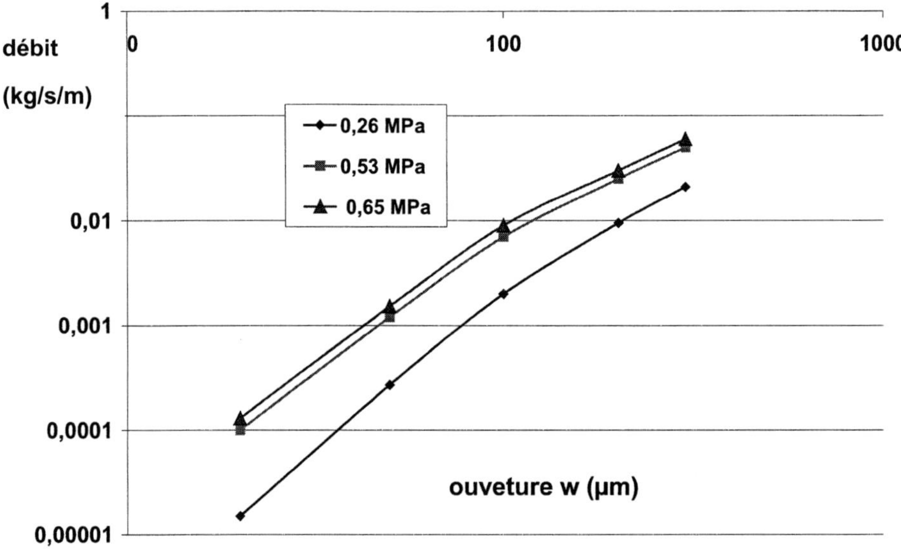

Abb. 2.38 Dampfdurchfluss bei Caroli und Coulon [4] [5]

Bei kleinen Durchflüssen kam es zu einer starken Abkühlung des Fluids über die durchströmte Strecke, während die Temperatur bei größeren Durchflüssen hoch blieb. Durch die Glasplatten wurde die einfache Beobachtung der Kondensation ermöglicht. Der erzeugte glatte Spalt ist jedoch im Vergleich zur Modellierung eines Risses in Beton ungeeignet.

2.6.3 Riva

Riva [54] führte Versuche an 1,3 m x 1,3 m Platten mit einer Dicke von 16 cm durch. Die Beaufschlagungsfläche der Druckkammer war 1,0 m x 1,0 m groß. Es soll damit die Wand aus dem MAEVA Großversuch im Modell Maßstab 1 : 7,5 nachgebildet werden. Der Druckgradient wurde dabei ebenfalls skaliert, wobei ein maximaler Druck von 0,8 bar einem Druck von 6-7 bar am realen Containment entsprechen sollte.

Das Wandsegment wurde mit 16 Bewehrungsstäben (d=14 mm) bewehrt, an denen zur Erzeugung der Risse mittels Prüfmaschine eine zentrische Zugkraft aufgebracht wurde.

Die Leckagemengen mit Luft-Dampf-Gemisch fielen erheblich geringer aus als mit trockener Luft, was Riva auf die Kondensation des Wasserdampfes in den Rissen zurückführt.

Abb. 2-39 Ansicht des Versuchsaufbaus von Riva [54]

Riva prüfte die Nachrechnung von Dampftests mithilfe verschiedener Gleichungen aus der Literatur und orientierte sich dabei an den Gleichungen für Luft von Rizkalla, Suzuki, und Greiner-Ramm, sowie an der Gleichung für inkompressible Fluide von Poiseuille.

Bei den Vergleichsrechnungen lieferte die Formel von Rizkalla die besten Ergebnisse, was durch die sehr ähnlichen Randbedingungen begründet werden kann. Die Formel von Suzuki ließ sich nur bei geringen Druckgradienten anwenden.

Die Nachrechnung gemäß Poiseuille lieferte erheblich höhere Durchflüsse, wobei hier die Reibung des Risses im Vergleich zum glatten Spalt entsprechend berücksichtigt werden muss. Mit der Formel von Greiner-Ramms wurden ebenfalls zu hohe Durchflüsse berechnet, wobei die die getesteten Druckgradienten bei Greiner Ramm mit bis zu 8 bar auch um den Faktor zehn höher lagen.

2.6.4 Einzelrissversuche Ramm

Im Rahmen eines gemeinsamen Forschungsprojektes (2000) [13] wurden an der Universität Karlsruhe und an der Universität Kaiserslautern Dampfversuche unternommen. Während am Institut für Massivbau und Baustofftechnologie (IfMB) in Karlsruhe ein Wandausschnitt mit mehreren Rissen getestet wurde, fanden parallel in Kaiserslautern bei Ramm ergänzende Versuche an Einzelrissen statt.

Ansicht der Längsseite:

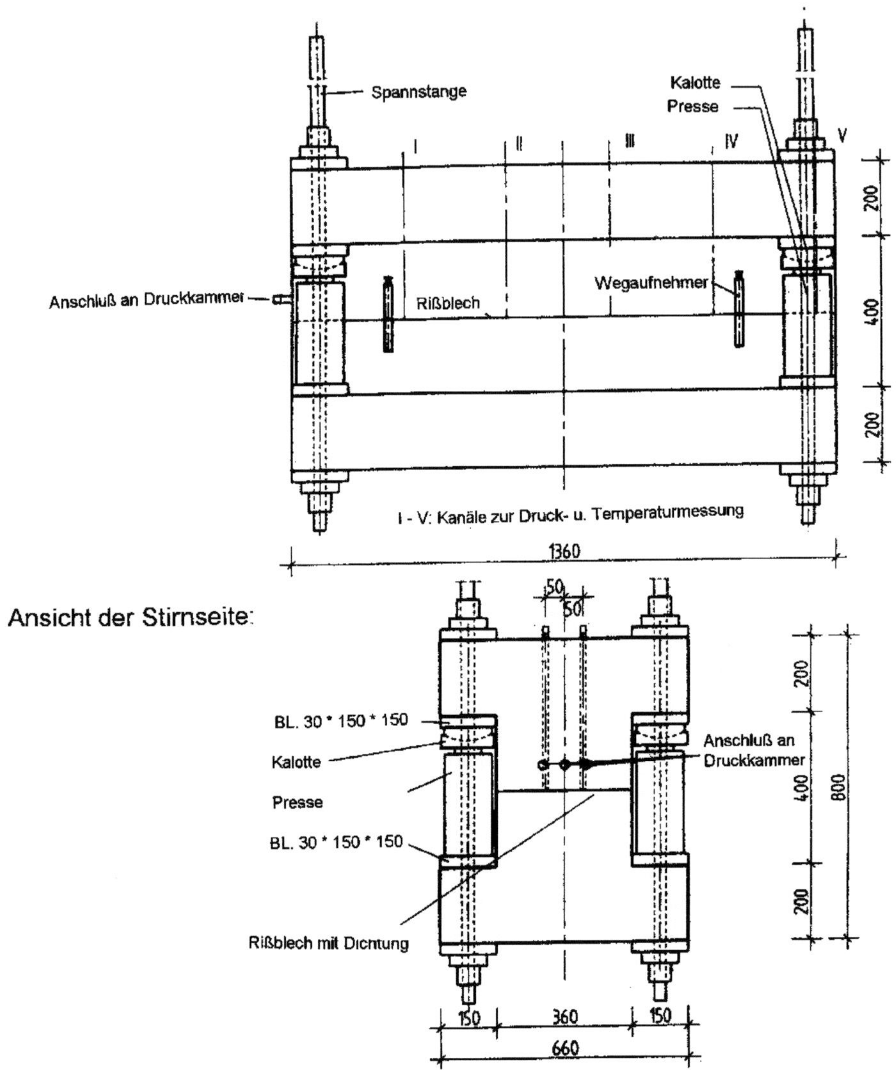

Abb. 2-40 Ansicht des Versuchskörpers bei Ramm [13]

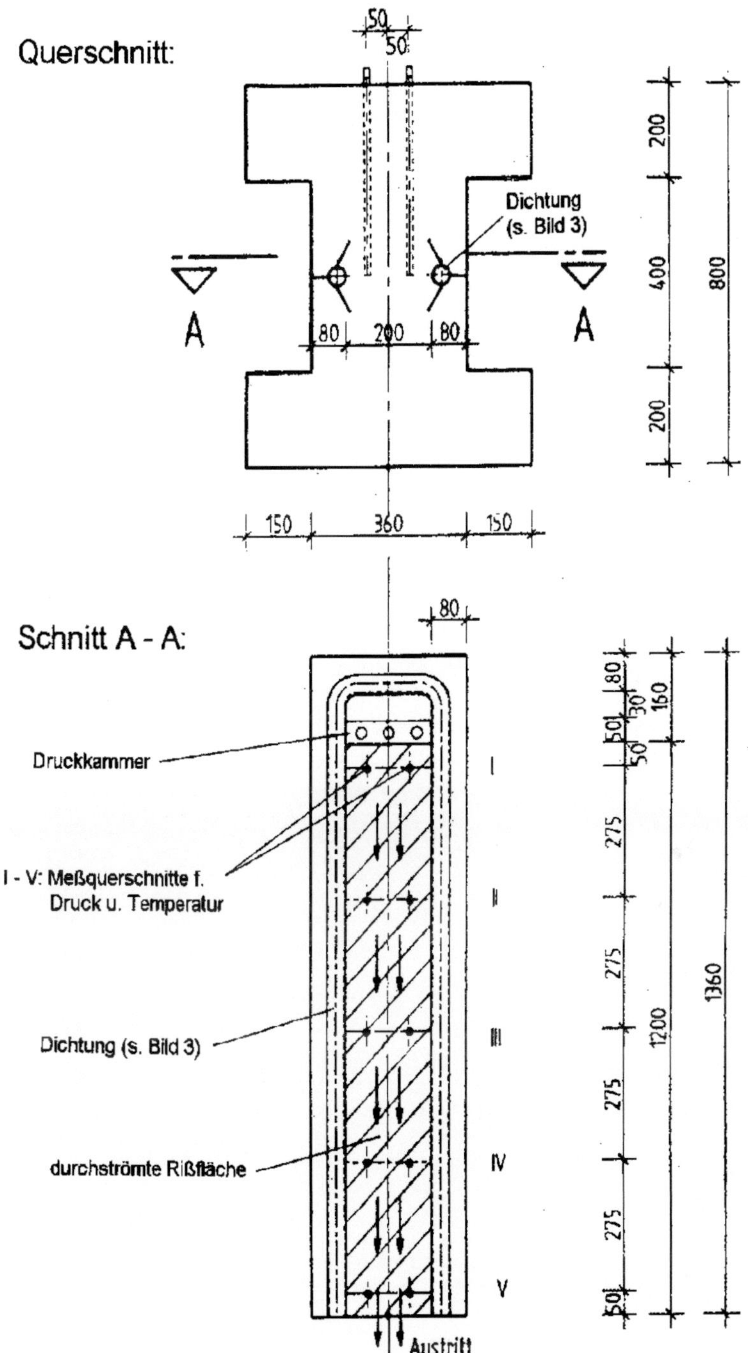

Abb. 2-41 Schnitt des Versuchskörpers bei Ramm [13]

Wie in Abb. 2-40 zu erkennen, war die Lage der Risse mithilfe von Rissblechen vorgegeben. Die Kontrolle der Rissbreite erfolgte über das System aus Pressen und Spannstangen.

Die Tauglichkeitstests des neu konzipierten Versuchskörpers erfolgten im Vorversuch mit Luft für die Druckstufen 2 bar, 4 bar und 6 bar bei Rissbreiten von 0,3 mm und 1,0 mm. Nach guter Übereinstimmung der gemessenen Durchflussrate mit der theoretischen Leckage gemäß Greiner-Ramm, baute man die Anlage für Dampftests um.

Bei den Dampftests kamen vier gerissene Versuchskörper mit drei unterschiedlichen Betonen zum Einsatz. Die Rissbreite variierte dabei zwischen 0,1 mm und 1,0 mm. Nach Beginn mit der kleinsten Rissbreite steigerte man sukzessive bis zur maximalen Rissbreite.

Wie in Abb. 2-41 zu erkennen, befindet sich auf Höhe der Rissbleche ein umlaufender Dichtungsring, der auf einen Seite die Druckkammer umschließt und auf der Austrittsseite offen ist.

Die Versuchsdurchführung geschah mit ungeregelten Eingangszuständen bei Sattdampf mit maximal 6 bar und einer Temperatur von 160°C für jeweils 240 min.

An der Austrittseite erfolgte nur die Messung des Kondensats, während der Dampf entwich. Auf der anderen Seite schloss die parallele Messung der Dampfmenge im Zulaufrohr, den Dampf, der an Dichtungen entwich oder der nach Kondensation in der Druckkammer abfloss, mit ein. Daher gibt die Messung im Zufluss den oberen und die Kondensatmessung am Austritt als unteren Grenzwert wieder.

Abb. 2-42 Austritt von Dampf am Rissende bei Ramm [13]

Als wesentliche Erkenntnis bleibt festzuhalten, dass er bei Rissbreiten bis 0,4 mm eine weitgehende Kondensation im Riss feststellte, während es bei größeren Rissbreiten zum Austritt von Dampf (siehe Abb. 2-42) und kondensiertem Wasser kam.

Die Versuchsszenarien waren mit 240 min relativ kurz. Die Lufttests dienten nur zur Prüfung des Aufbaus und nicht als Vergleichsmessung zu den Dampftests. Man konnte zwar eine Abnahme des Durchflusses über die Zeit feststellen, diese resultierte aus der Reduzierung der Rissbreite in Folge der Aufheizung des Versuchskörpers. Versinterungseffekte waren während der kurzen Szenarien nicht messbar.

Der Versuchsbetrieb erfolgte ausschließlich mit Sattdampf, da keine Gemischerzeugungsanlage zur Verfügung stand.

2.6.5 Wandausschnittversuche Karlsruhe

Im Rahmen des gemeinsamen Forschungsprojektes (2000) mit der Universität Kaiserslautern wurden am Institut für Massivbau und Baustofftechnologie (IfMB) in Karlsruhe Wandausschnitte mit mehreren Rissen getestet [13] [25]. Ziel des Projektes war im Gegensatz zum Großversuch MAEVA nicht die Simulation des integralen Verhaltens des gesamten Containments, sondern eines repräsentativen Wandausschnitts.

Der Versuch umfasste ein 40 Stunden Szenario geplant, bei dem der Druck zunächst schnell stark zunahm, für 8 Stunden bei 6,5 bar gehalten wurde und danach über einen Zeitraum von 24 Stunden wieder abnahm.

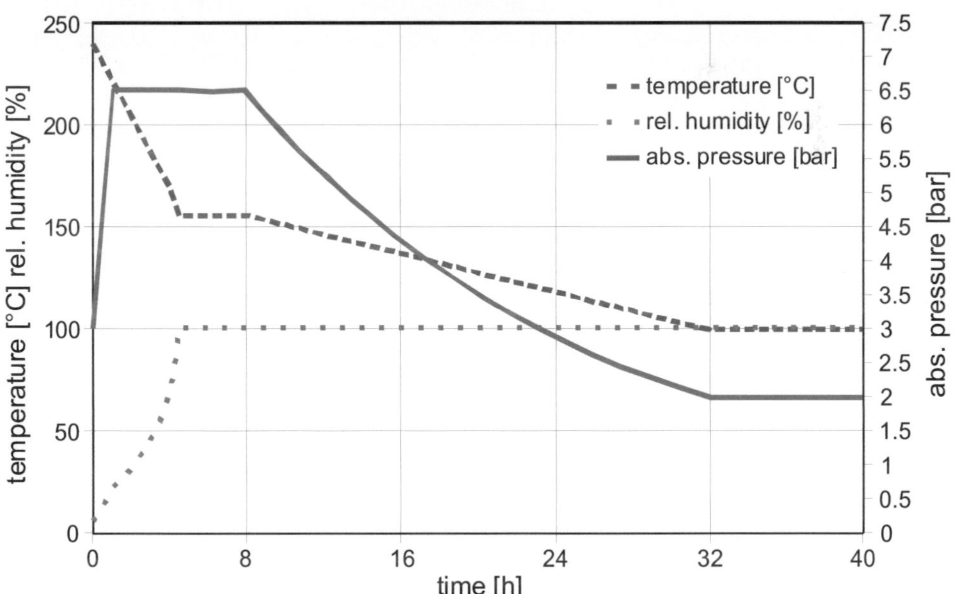

Abb. 2.43 Versuchsszenario Dampfversuche [13]

Aufgrund der Komplexität der Steuerung erfolgten die Tests wie bei den Tests an Einzelrissen in Kaiserslautern ausschließlich mit Sattdampf. Der Dichtheitstest der

Druckkammer geschah ebenfalls mit Druckluft. Luftversuche waren jedoch nicht möglich.

Für diese Versuche errichtete man einen neuen mechanischen Aufbau. Dazu wurde ein Lastrahmen konstruiert, in den man den Versuchskörper einbaut. In diesem Lastrahmen konnte der Versuchskörper mit zwölf hydraulischen Pressen gezogen und zentrisch belastet werden. Oberhalb des Versuchskörpers befand sich die Druckkammer, die man gegen den Lastrahmen herunterspannt. Der Dampf konnte auf einer Seite in die Druckkammer strömen und trat auf der anderen Seite wieder aus.

Unterhalb des Versuchskörpers befand sich eine Auffangwanne, durch die das austretende Kondenswasser aufgefangen und über ein Rohr in einen Messbecher auf eine Waage geleitet wurde. Das Rohr war unten offen, so dass eine Messung der gasförmigen Phase nicht stattfand.

Zur Bereitstellung von Dampf-Luft-Gemischen wurde eine Gemischerzeugungsanlage bestehend aus einem Dampfkanal, Luftkanal und Gemischkanal aufgebaut. Aufgrund der komplexen Steuerung wurde zunächst jedoch mit Sattdampf gefahren.

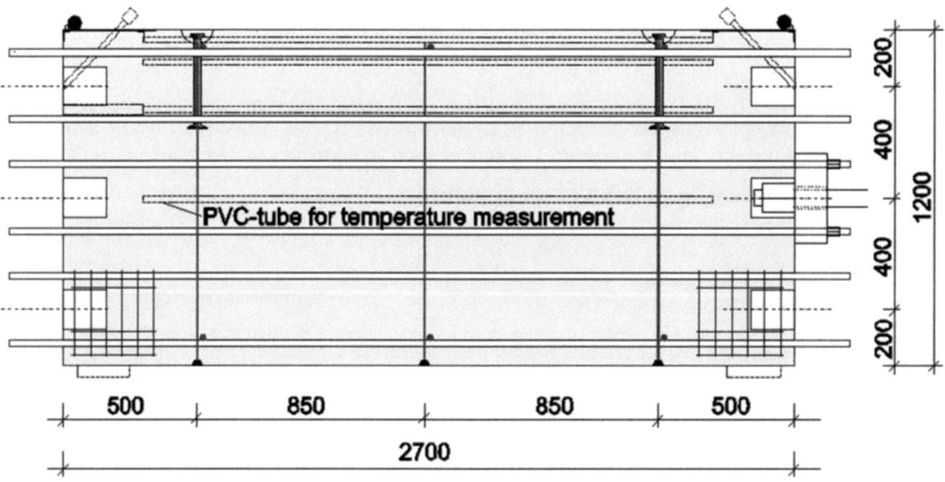

Abb. 2-44 Vertikalschnitt durch den Versuchskörper ohne Einbauten [13]

Es wurden drei Versuchskörper hergestellt. Der erste Körper diente der Erprobung der Anlage. Die Versuchskörper waren 2,7 m lang, 1,8 m breit und 1,2 m dick, wobei die Dicke der Wanddecke des Containments entspricht. Die Versuchskörper wurden zur Lasteinleitung mit 48 Gewi Stählen mit einem Durchmesser von 25 mm bewehrt. Diese wurden mit den Pressen gekoppelt und sowohl zum Reißen des Versuchskörpers als auch zur Steuerung der Rissbreite genutzt.

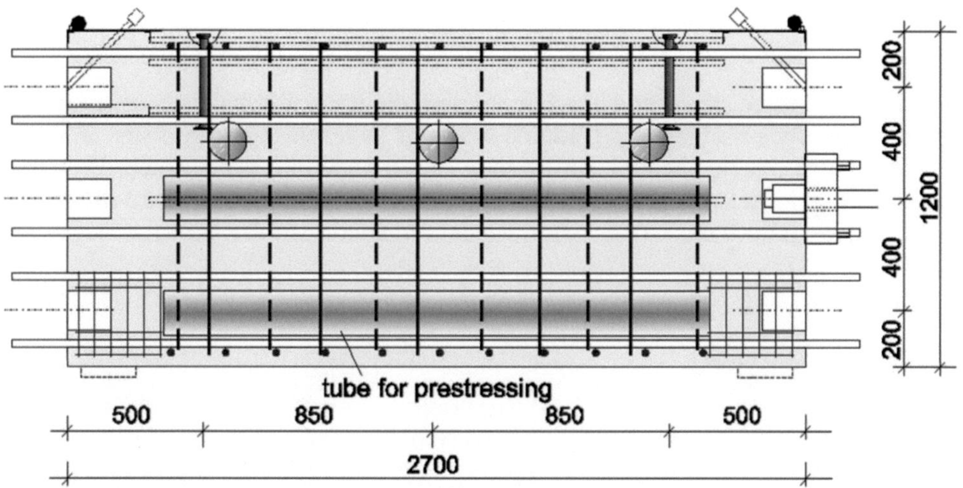

Abb. 2-45 Vertikalschnitt durch den Versuchskörper mit Hüllrohren [13]

Für alle Versuchskörper wurde der gleiche Beton verwendet. Ein Versuchskörper erhielt zusätzlich eine Oberflächenbewehrung und Hüllrohre zur Modellierung von eingebauten Fremdkörpern im realen Containment. Mit jedem Versuchskörper wurden zwei Dampftests durchgeführt. Nach dem Aufreißen erfolgte jeweils zunächst ein Test im entlasteten Zustand und fast geschlossenen Rissen. Beim zweiten Test betrug die Rissbreite dann 0,15 mm bzw. 0,3 mm an der Unterseite des Versuchskörpers. Bei Tests mit wieder „geschlossenen Rissen" war kaum Leckage messbar.

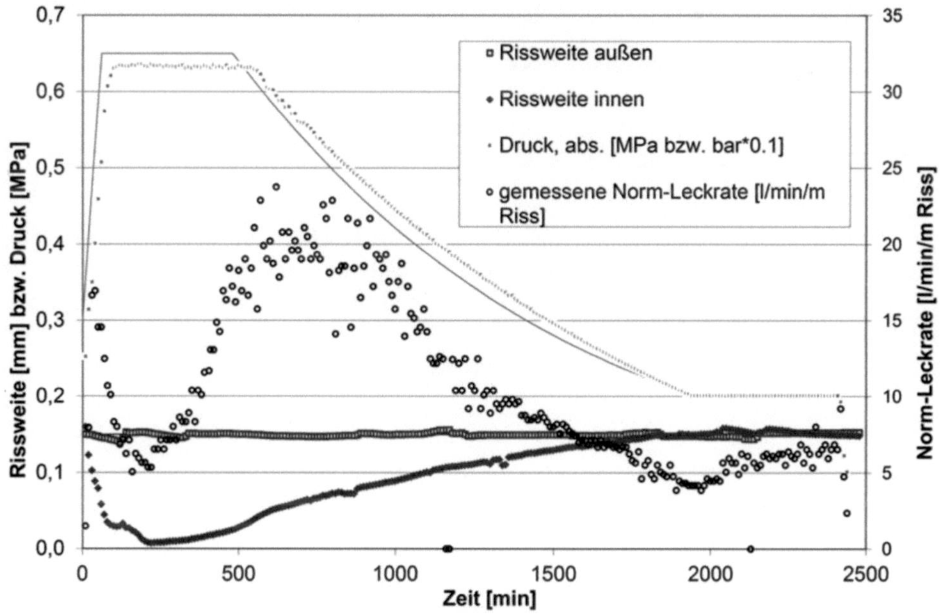

Abb. 2-46 Gemessene Leckage sowie Rissbreiten und Druckverlauf bei VK 2/2 [13]

Die Versuche wurden mit ungeregelten Eingangszuständen mit Sattdampf bei maximal 6 bar und einer Temperatur von 160°C für jeweils 240 min gefahren.

Wie in Abb. 2-46 zu erkennen ist, schließen sich die Risse auf der Innenseite infolge der Temperaturbeaufschlagung. Dadurch wird der Durchfluss in den ersten Stunden reduziert. Nach entsprechender Aufheizung des Versuchskörpers öffnen die Risse sich wieder und die Leckagemenge nimmt zu. Zu diesem Zeitpunkt wird im gefahrenen Szenario jedoch der Druck schon wieder reduziert, was die Leckage insgesamt begrenzt.

Tab. 2-6 Testprogramm

Versuch	Risslänge [m/m²]	Nenn-Rissbreite Aussenseite [mm]	Rissbreite während des Tests [mm]		Gesamt-leckage [Liter Wasser]
			Innenseite, oben (min)	Aussenseite, unten (max)	
VK 2/1	ca. 3,15	"0"	0,007	0,07	0,105
VK 2/2	ca. 3,15	0,15	0,007	const. 0,15	~ 200
VK 3/1	ca. 2,75	"0"	0,005	0,07	1,9
VK 3/2	ca. 2,75	0,30	0,11	const. 0,30	~ 440

In Tab. **2-6** ist zu erkennen, dass bei wieder geschlossenen Rissen nahezu keine Leckage gemessen wird. Auffällig ist auch das bei VK3 bei doppelter Rissbreite im Vergleich zu VK2 nur wenig mehr als die doppelte Leckagemenge ermittelt wurde.

Bei den Versuchen wurden erste Erkenntnisse hinsichtlich der Leckage bei einem 1:1 Wandausschnitt im Falle eines Störfallszenarios gewonnen. Leider konnte aber nur mit Dampf gefahren werden, da keine Steuerung zur Mischung von Luft und Dampf zur Verfügung stand. Vergleichende Lufttests konnten ebenfalls nicht durchgeführt werden.

Das Wandausschnittsmodell wurde „liegend" getestet. Die Wand wurde nicht seitlich sondern an der Oberseite mit Dampf beaufschlagt. Die Möglichkeit auftretendes Kondensat abzuführen wurde nicht hinreichend berücksichtigt. Die im Versuchskörper verbauten Temperaturaufnehmer waren der Belastung nicht gewachsen, so dass es regelmäßig zu Ausfällen bei der Messung kam.

Kapitel 3
Versuchsaufbau

Den Versuchen liegt das Verhalten der Containmentwand eines Kernkraftwerkes im Falle eines schweren Unfalls zugrunde. Die Versuchskörper modellieren einen 1:1 Ausschnitt aus der Containmentwand zur Erfassung der Durchströmungsvorgänge durch vorgegebene Risse. Die Untersuchungen beschränken sich dabei auf das thermohydraulische Problem bei bekanntem Rissmuster. Die Entstehung der Risse in der Containmentwand sollte nicht untersucht werden.

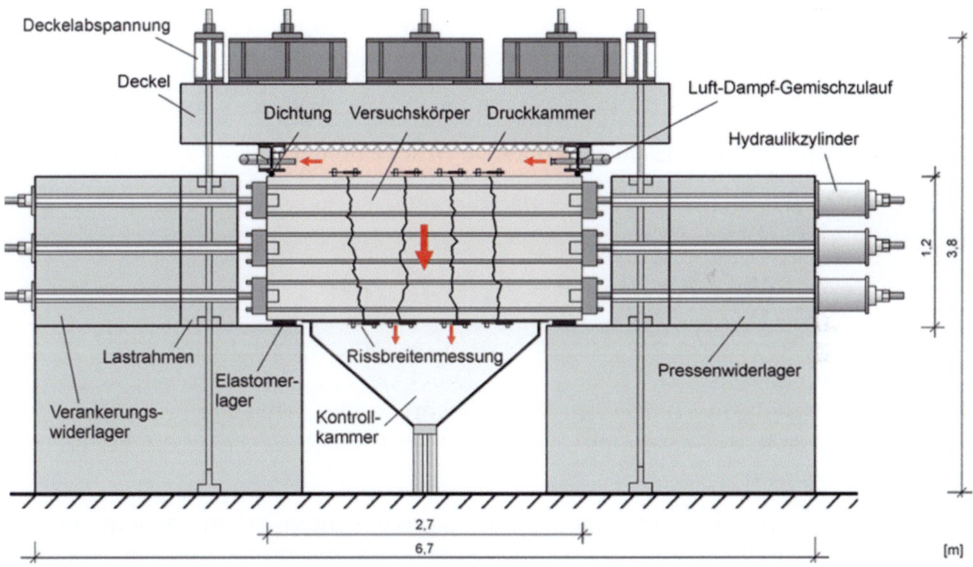

Abb. 3-1   Vertikalschnitt durch den Lastrahmen

Zur Umsetzung der Modellierung eines 1:1 Ausschnitts wurde die Dicke des Versuchskörpers gleich der Wanddicke im Original zu 1,20 m gewählt. Die Risse wurden nicht vorgegeben, um realitätsnahe Rissmuster zu erhalten. Es wurde nur die nötige Bewehrung zur Erzeugung mehrerer Trennrisse verwendet. Die Erzeugung des realitätsnahen Rissbildes erfolgte durch Zug an der gleichmäßig verteilten Bewehrung. Durch Steuerung der Zugkraft war die Einstellung auf die gewünschte Rissbreite von 0,1 mm und 0,2 mm möglich.

In der Abb. 3-1 erkennt man den Lastrahmen mit Pressen.

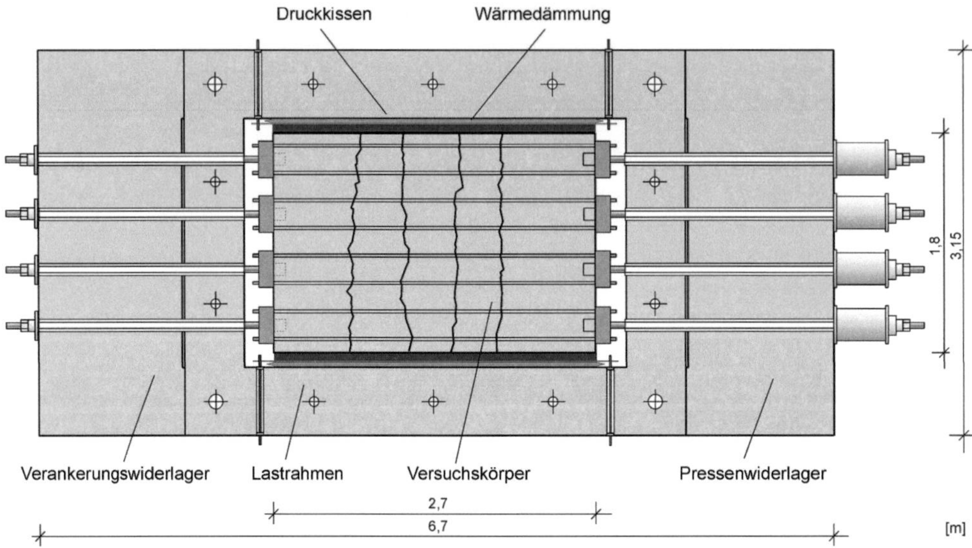

Abb. 3-2   Horizontalschnitt durch den Lastrahmen

Der Versuchsaufbau lässt sich grob wie folgt unterteilen:

- Mechanischer Aufbau aus Lastrahmen mit eingebautem Versuchskörper
- Gemischerzeugungsanlage inklusive Druckkammer
- Auffangvorrichtung mit Leckageerfassung.

3.1 Mechanische Aufbauten

Der mechanische Aufbau der Anlage besteht aus einem Lastrahmen, zwei Widerlagern, zwölf hydraulischen Pressen, einer Druckkammer über dem Versuchskörper und einer Auffangwanne unter dem Versuchskörper. Der mechanische Aufbau ist in Abb. 3-1 und Abb. 3-2 dargestellt. Die einzelnen Bauteile können vom Hallenkran transportiert werden.

Die Widerlager für die Verankerung und für die hydraulischen Pressen werden durch einen Lastrahmen (Abb. 3-3) verbunden. Dadurch ergibt sich ein geschlossenes System, in das der Versuchskörper eingespannt wird.

Das Widerlager auf der Nordseite ist fest, während zwölf hydraulische 1000 kN Pressen auf der Südseite Zugkräfte erzeugen können. Eine Presse verfügt über einen Wegaufnehmer und eine Kraftmessdose. Die Pressen werden über ein Servoventil weggesteuert gefahren. Es steht eine maximale Pressenkraft von 12 MN zur Verfügung.

Diese Kraft wird über zwölf GeWi-Stangen mit Durchmesser 63,5 mm an Koppelplatten weitergeleitet, die mit der Bewehrung des Versuchskörpers verschraubt sind. Der Lastrahmen dient auch als Widerlager für die Druckkissen zur seitlichen

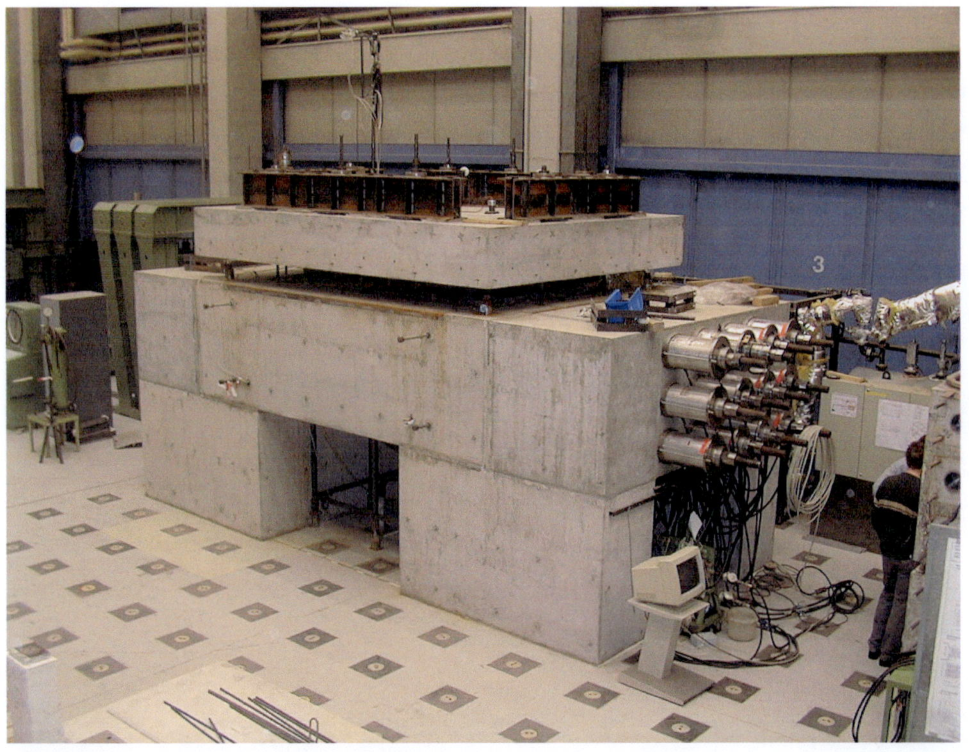

Abb. 3-3   Ansicht der Versuchsanlage

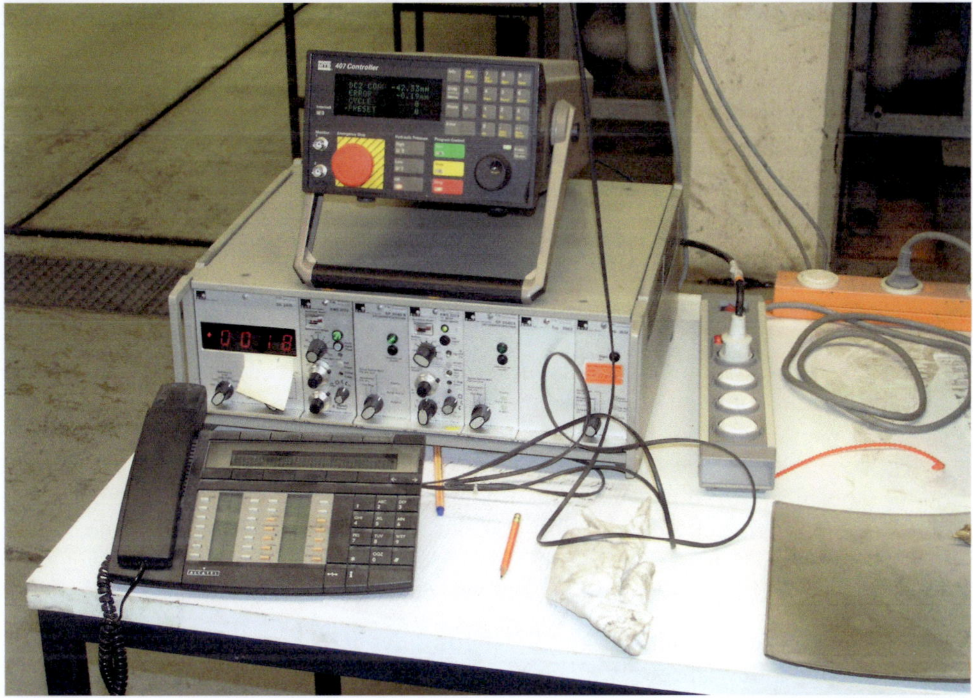

Abb. 3-4   Steuerung der Pressen vom Leitstand

Abdichtung. Die Seitenflächen des Versuchskörpers werden durch Gummimatten abgedichtet, durch Sandwichelemente isoliert und durch Edelstahldruckkissen angepresst.

Der Deckel mit der Druckkammer wird an zehn Stellen gegen den Rahmen heruntergespannt. Dabei liegt die Druckkammer längs der Abdichtung auf dem Versuchskörper. Der Versuchskörper wiederum liegt auf vier Neoprenelagern auf dem Unterbau des Lastrahmens.

Abb. 3-5   Absenken des Versuchskörpers in den Lastrahmen

3.2 Versuchskörper

Die Dicke der Containmentwand im Kraftwerk beträgt 1,2 m und sollte im Maßstab 1:1 übernommen werden, um auch einen direkten Vergleich zu anderen Versuchen wie MAEVA [20] und [23] zu ermöglichen. Unter Berücksichtigung der zur Risserzeugung vorgesehenen Pressen, wurde eine Versuchskörperbreite von 1,80 m gewählt. Um eine nutzbare Beobachtungsfläche von 1,8 m x 2,0 m zu erzielen, ergibt sich bei Berücksichtigung der Lasteintragungsbereiche eine Länge von 2,7 m. Dadurch erhält man als Versuchskörper einen Quader mit 2,7 m x 1,8 m x 1,2 m und einem Gewicht von ca. 15 t.

Der Versuchskörper enthält die zur Erzeugung der Rissmuster und Steuerung der Rissbreite nötige Bewehrung, welche nicht mit der realen Bewehrung im Containment identisch ist. Die Hüllrohre im realen Containment stören das Rissbild und gestalten es somit komplexer. Auf diese zusätzlichen Störeinflüsse wurde hier auch im Hinblick auf die spätere Modellierung der Risse und Nachrechnung der Versuche verzichtet.

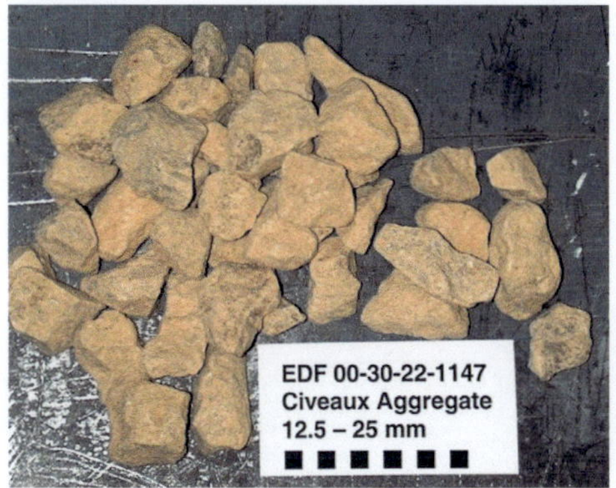

Abb. 3-6 Zuschläge im Vergleich

Die Auswahl des Betons erfolgte in Anlehnung an andere Versuche des Instituts. Es sollten 2 Versuchskörper mit Normalbeton und ein Versuchskörper mit High Performance Concrete HPC hergestellt werden (Tab. **3-1**). Für die Versuchskörper mit Normalbeton kam eine Standardmischung zum Einsatz. Für den HPC wurde eine Mischung in Anlehnung an das MAEVA Containment verwendet [23].

Tab. 3-1 Betonmischungen Versuchskörper 1, 2 und 3

Versuchskörper	W/Z	Wasser [kg/m³]	Zement [kg/m³]	Zuschläge [kg/m³]				Flugasche [kg/m³]	Zusatzmittel BV [ml/m³]
							(Splitt)		
			(42,5R)	0-2	2/8	8/11	11/22,6		
HPC	0,49	170	350	601	319	638	319	-	1459
							(Rheinkies)		
			(32,5R)	0-2	2/8	8/16	16/32		
Normal	0,65	176	270	527	218	509	546	60	1350

Die Zuschläge des HPC bestehen aus gebrochenem Kalkstein. Beim MAEVA Containment kam der Zuschlag aus einem Steinbruch in unmittelbarer Nähe der Versuchsanlage. Ein vergleichbarer Zuschlag existiert in der Nähe von Stuttgart (Abb. 3-6).

Der Beton für den Versuchskörper wurde im Betonwerk hergestellt und in einer Charge angeliefert. Die fertige Mischung der Anteile (8-22,6) der Sieblinie erfolgte schon in Stuttgart. Zur Herstellung wurde ein Silo des Betonwerks leer gefahren und eine Sattelzugladung mit Stuttgarter Zuschlag eingelagert.

Der für die Mischung des zweiten und dritten Versuchskörpers verwendete Lieferbeton enthielt Rheinkies als Zuschlag. Die gleiche Betonmischung kam auch bei den früheren Versuchen am Institut [25] zum Einsatz. Die Eigenschaften der gewählten Rezepturen wurden an Hand zahlreicher Proben erfasst. Zur Beschreibung der

Duktilität des Betons erfolgte die Bestimmung der Biegeenergie (inklusive abfallendem Ast) mittels 3-Punkt-Biegeversuchen an gekerbten Balken.

An Hand von Probewürfeln wurde die Festigkeitsentwicklung kontinuierlich beobachtet um sicherzustellen, dass die Kapazität der Anlage zum Reißen des Versuchskörpers nicht überschritten wird. Die Druckfestigkeit, der E-modul und die Spaltzugfestigkeit wurde an Zylindern ermittelt. Die Bestimmung der reinen Zugfestigkeit erfolgte an eingeschnürten Prismen gemäß Mechtcherine [36].

Abb. 3-7   Gekerbter Balken zur Bestimmung der Biegeenergie VK3

Die Wahl des Betons und der Zuschläge beeinflusste die Rissgeometrie. Der Unterschied war bei den Zug-, Spaltzug- und Biegeenergie-Proben deutlich sichtbar. Die Abb. 3-8 zeigt exemplarisch eine Spaltzugprobe des VK1 aus HPC. Bei der Betrachtung fällt sofort die hohe Anzahl an gerissenen Zuschlägen auf. Man kann die gerissenen Zuschläge gut am symmetrischen Muster der beiden nebeneinander liegenden Hälften erkennen.

Die Abb. 3-9 zeigt exemplarisch eine Biegeenergieprobe des VK3 aus Normalbeton. Bei Betrachtung der aufgeklappten Probe sieht man vorwiegend die Ablösung des Zementsteins vom Zuschlagskorn, so dass der Riss um den Zuschlag herum verläuft. In Tab. 3-2 wird ein Überblick über die erreichten Festigkeiten nach 28 Tagen sowie zum Zeitpunkt des Aufreißens gegeben.

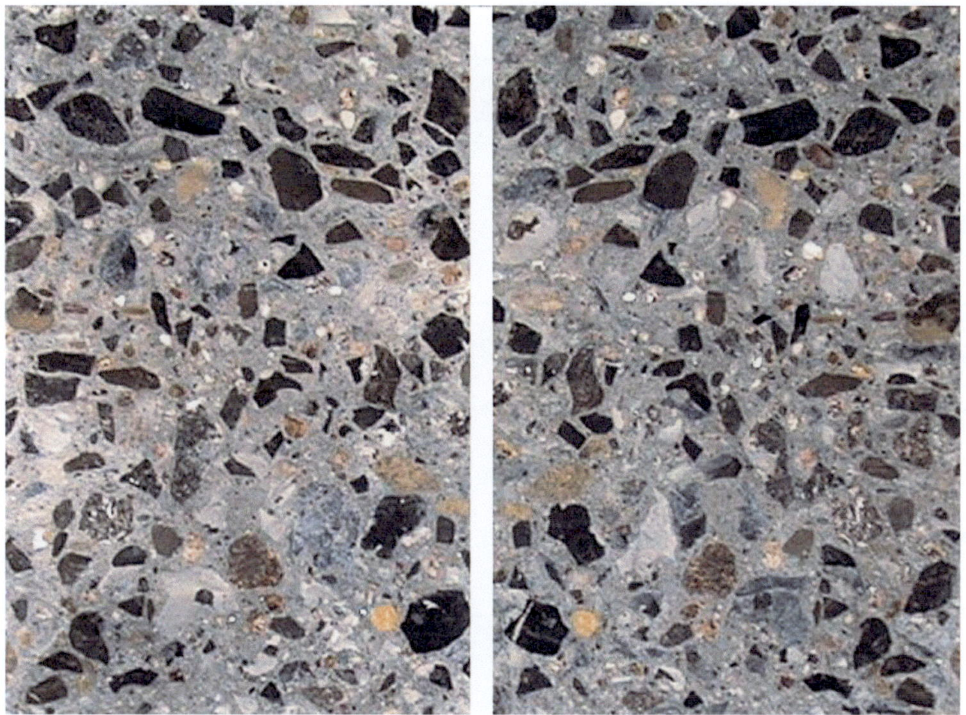

Abb. 3-8 Spaltzugprobe VK1 aufgeklappt

Abb. 3-9 Biegeenergieprobe VK3 aufgeklappt

Tab. 3-2 Probenergebnisse

	VK 1		VK 2		VK 3	
	Reißen 4 Tage	28 Tage	Reißen 43 Tage	28 Tage	Reißen 22 Tage	28 Tage
Druckfestigkeit [MN/m²]	39,7	49,5	35,9	32,7	28,7	29,9
E-Modul [MN/m²]	29400	31400	26943	26516	26428	24977
Spaltzugfestigkeit [MN/m²]	3,5	4,0	3,7	3,1	2,7	2,7
Zugfestigkeit [MN/m²]	4,2	3,4	3,5	3,3	3,1	3,2
Biegeenergie [J/m²]		124		146		137

Ziel der Versuche war die Untersuchung der Leckage an gerissenen Versuchskörpern. Neben der Betonmischung waren dabei die Geometrie des Körpers und die Art der Bewehrung von Bedeutung. In Abb. 3-10 ist der Schnitt durch den Versuchskörper dargestellt.

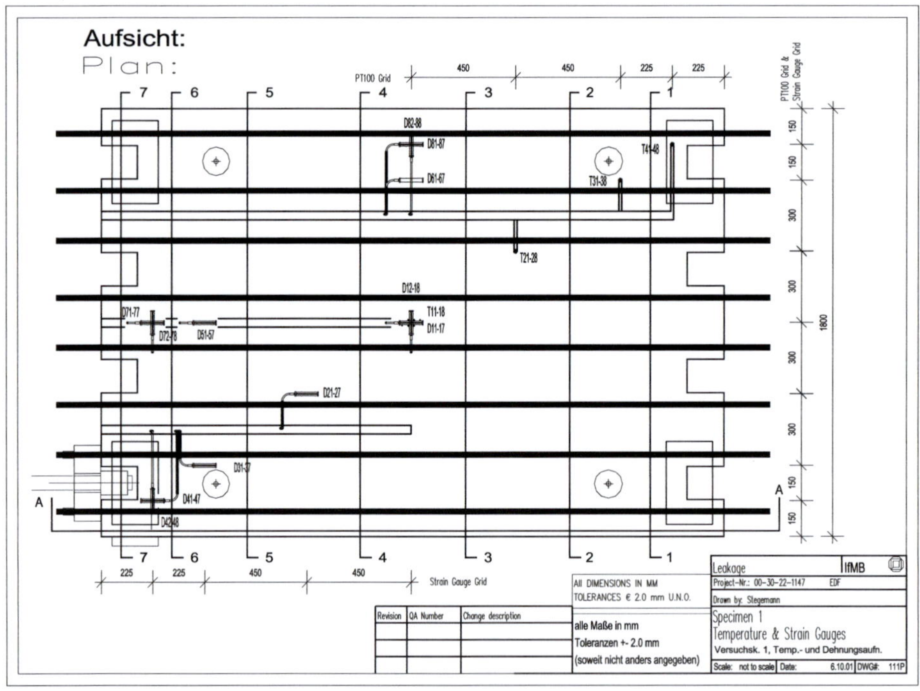

Abb. 3-10 Schnitt des Bewehrungsplans mit Positionierung der Aufnehmer

Neben der erforderlichen Bewehrung zur Herstellung der Risse wurde eine konstruktive Bewehrung im Bereich der Auflager eingebaut. Zur Herstellung von Aussparungen für die Muttern der Koppelplatten dienten PVC Rohre an den Stirnflächen (siehe Abb. 3-11). Durch den Einbau eines Stahlrahmens auf dem Schalungsboden entstand auf der Unterseite des Versuchskörpers eine glatte Dichtfläche für die Auffangwanne.

Die Bewehrung bestand aus 48 Gewi-Stangen mit einem Durchmesser von 25 mm. Auf zusätzliche Störstellen durch Hüllrohre wurde verzichtet. Für den HPC Versuchskörpers wurde der gleiche Stahl verwendet, da die Risse in Abhängigkeit der Betonzugfestigkeit erzeugt werden sollten und somit hochfeste, weniger stark gerippte oder profilierte Stähle keinen Vorteil versprachen.

Abb. 3-11 Ausführung mit Längsbewehrung

Zur Abdichtung gegen die Druckkammer wurde die Oberseite ebenfalls mit einem Stahlrahmen versehen (siehe Abb. 3-12). Um eine Wand zu modellieren, durfte eventuell anfallendes Kondensat nicht auf der Oberfläche stehen bleiben, sondern musste ablaufen können. Dazu wurde der Querschnitt des Versuchskörpers in der Mitte leicht überhöht und zwei Ablaufrinnen an den Seiten installiert. Das Wasser konnte dem Gefälle folgend in diese Ablaufrinne laufen und dort von einem Kondensatableiter zugeführt werden. Die Verrohrung dieser Entwässerung wurde auf der Dampfausleitungsseite installiert (siehe Abb. 3-13).

Der Versuchskörper erhielt eine Bestückung mit Temperatur- und Dehnungsaufnehmern. Hauptkriterium bei der Auswahl der Aufnehmer war die Ausfallsicherheit. Zur Temperaturmessung kamen fertig gekapselte PT100 deren Übergang zwischen Kappe und Kabel noch einmal zusätzlich mit Schrumpfschlauch abgedichtet wurde. Die Dehnungsaufnehmer wurden ebenfalls fertig gekapselt eingekauft. Sie hatten eine Basislänge von 100 mm und besaßen an den Enden Ringe, die der Verankerung im Beton dienen.

Alle Aufnehmer waren bis 250 °C hitzeresistent und werden im Kapitel 4.2 genauer beschrieben. Zur Befestigung der Aufnehmer in der Schalung wurden kleine Kupferdrahtgestelle gelötet, die mit der Bewehrung verrödelt wurden (Abb. 3-14).

Abb. 3-12 VK2 mit oberem Rahmen und aufgelegter Dichtung

Abb. 3-13 Kondensatableitungsrohre zwischen Koppelplatten

Abb. 3-14 Detail zur Anordnung der Aufnehmer

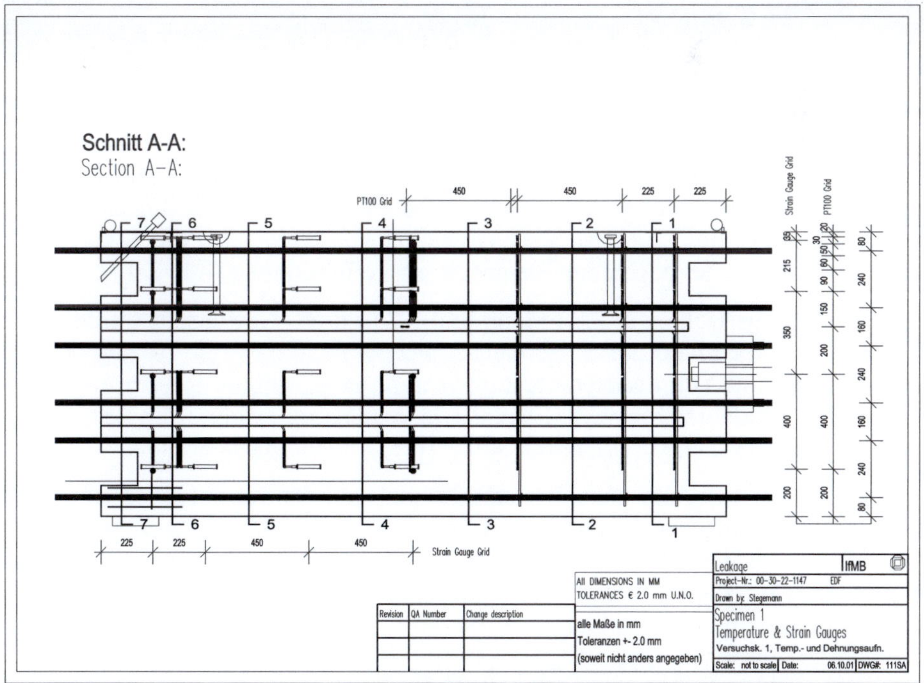

Abb. 3-15 Aufsicht des Bewehrungsplans mit Positionierung der Aufnehmer

57

Die Verteilung der Aufnehmer erfolgte in Längs-, Quer- und Diagonalrichtung (Abb. 3-15). Die Dehnungsaufnehmer wurden auf vier Ebenen und die Temperaturaufnehmer auf 8 Ebenen über die Höhe angeordnet, wobei sich der Abstand zur Oberseite verdichtet (Abb. 3-16).

Abb. 3-16 Anordnung der Aufnehmer

Die Kabel der einzelnen Aufnehmer wurden in PVC Rohren gebündelt, welche anschließend zur Abdichtung verpresst wurden. Während das Kondensat auf die Dampfausleitungsseite (mit dem Strom) geleitet wurde, wurden die Kabel auf der Dampfeinleitungsseite (gegen den Strom) herausgeführt (siehe Abb. 3-17).

Die Beobachtungsfläche war 2,0 m lang und 1,8 m breit. Gewünscht waren vier bis acht Trennrisse innerhalb dieses Bereiches. Der Abstand bzw. die Anzahl der Risse hing in erster Linie von der Betonfestigkeit und der gewählten Bewehrung ab. Die Bewehrung sollte homogen verteilt sein. Die Auslegung erfolgte für BSt IV S und Beton der Güte B35. Die Pressenkraft sollte 10 MN nicht überschreiten.

Zur Berechnung des gerissenen Versuchskörpers gab es verschiedene Rissberechnungsverfahren. Zum einen gibt es das klassische k-Verfahren, wie zum Beispiel Schießl [56], welches sich eher für die praktische Bemessung eignete. Andererseits gab es verbundorientierte Ansätze wie zum Beispiel durch Noakowski [46] [47]. Die genaue Modellierung des Problems wird beim k-Verfahren nicht gewährleistet. Das mechanische Verhalten wird von Noakowski [46] [47] erheblich genauer erfasst. Angesichts eigener Erfahrungen [6] [48] [57] und der detaillierteren Beschreibung der verschiedenen Einflüsse auf die Zugfestigkeit und den Verbund wurde

Noakowskis kontinuierliche Risstheorie [46] [47] zur Abschätzung der Rissabstände und zur Planung der Durchführung des Aufreißens ausgewählt.

Abb. 3-17 Ausführung der Kabel aus dem Versuchskörper

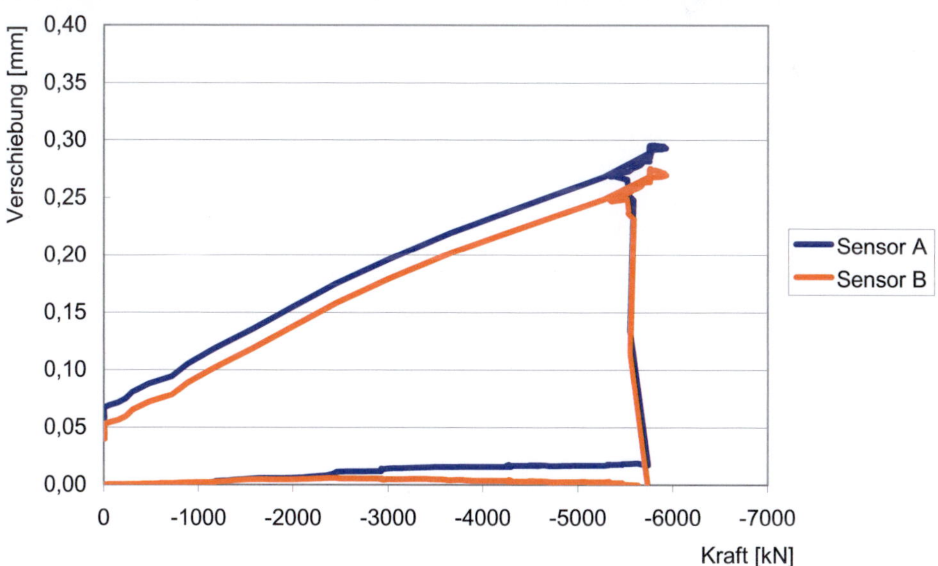

Abb. 3-18 Dehnungsmessung der kapazitiven Aufnehmer

Für die Ausbildung der Risse waren zwei Materialeigenschaften wesentlich, die Zugfestigkeit des Betons und der Verbund zwischen Stahl und Beton. Beide Eigenschaften waren von der Festigkeitsentwicklung des Betons abhängig. Durch Beobachtung der Festigkeitsentwicklung konnte somit die Anzahl der Risse und der Rissabstand gezielt gesteuert werden.

Während des Aufreißens wurden zwei zusätzliche Wegaufnehmer an einbetonierten Dübeln auf der Versuchskörperoberfläche befestigt. Diese hatten eine Messbasis von 400 mm und sollten die Rissentwicklung und Restrissbreite aufnehmen. In Abb. 3-18 erkennt man eine Zunahme der Kraft bis ca. 5700 kN. Bei Eintritt des Risses erfolgte eine leichte Entlastung und Öffnung auf eine Rissbreite von ca. 0,25 mm. Die Entlastung führte zu einem linearen Rückgang bis auf eine Restrissbreite von ca. 0,05 mm. Eine ähnliche Kurve erhielt man durch Auswertung von zufällig von einem Riss erfassten, einbetonierten Dehnungsmessern, die mit einer Messbasis von 100 mm arbeiteten, so dass man die Dehnung in eine Verschiebung oder Rissbreite umrechnen konnte.

3.3 Gemischerzeugung

Die Thermodynamik beschreibt in der Physik die energetischen und stofflichen Zustände der Gase. Für die Darstellung des Wasserdampfes in Gasen werden die Größen Druck, Temperatur und Stoffkonzentration verwendet.

Je nach Betrachtungsweise kann man den Wasserdampfgehalt in Gasen wie folgt angeben:

- Beschreibung der Druckzustände des Wasserdampfes (z. B. Wasserdampfdruck, Sättigungsdruck)
- Angabe von Temperaturwerten (z. B. Taupunkt- oder Gastemperatur)
- Angabe von Stoffkonzentrationen (z. B. absolute Feuchte)
- Verhältnisangaben (z. B. relative Feuchte).

Die einzelnen physikalischen Größen sind für die Beschreibung des Zustandes eines Gases im Zusammenhang zu betrachten. Der Wasserdampfgehalt eines Gases ist aus der allgemeinen Zustandsgleichung für Gase abgeleitet und lässt sich über die folgende Gleichung beschreiben:

$$p\,V = m\,R\,T\,\frac{1}{M} \tag{3-1}$$

p	Gasdruck
V	Gasvolumen
m	Gasmasse
R	Gaskonstante
T	absolute Temperatur
M	Molmasse

Die verschiedenen Werte sind also voneinander abhängig und lassen sich umrechnen.

Sättigungsdampfdruck

Luft kann nur eine begrenzte Menge Dampf aufnehmen. Bei Erhöhung des Wasserdampfdruckes e_w kann der Sättigungsdruck e_{sw} nicht überschritten werden. Überschüssiges Wasser fällt dann aus.

$$e_w = p_w \tag{3-2}$$

Relative Feuchte

Bei Bestimmung und Angabe der relativen Feuchte wird das prozentuale Verhältnis des Dampfpartialdruckes zum Sättigungsdampfdruck angegeben.

$$U(T) = \frac{e_w}{e_{sw}} \, 100 \tag{3.3}$$

Die relative Feuchte ändert sich wie der Sättigungsdampfdruck in Abhängigkeit der Temperatur.

Mischungsverhältnis bzw. Feuchtegrad

$$r_m = \frac{m_w}{m_l} \tag{3.4}$$

m_w Masse des Wasserdampf
m_l Masse der trockenen Luft

Durch direkte Messung des Massendurchflusses im Luft- und Dampfkanal kann unabhängig von aktueller Temperatur, Druck oder Volumen gemischt werden.

Der Grundgedanke bei der Auslegung der thermohydraulischen Anlage war es, stabile Dampf-Luft Verhältnisse für komplexe, stark zeitabhängige Szenarien zur Verfügung zu stellen. Um diese Szenarien zu erreichen, ist es erforderlich den Druck, die Temperatur, sowie die Feuchtigkeit in der Druckkammer zu regulieren. Durch diese drei Parameter wird der physikalische Zustand in der Druckkammer eindeutig beschrieben.

In Abb. 3-19 ist eine Prinzipskizze der Anlage dargestellt. Die Gemischanlage besteht aus dem Dampfkanal, dem Luftkanal, dem Gemisch- und dem Bypasskanal. Im Dampf- und Luftkanal werden die beiden Phasen aufbereitet. Im Gemischkanal werden Dampf und Luft gemischt und durch die Druckkammer geleitet. Danach wird das Gemisch durch den Bypasskanal ins Freie abgeleitet. Es wird also kein Kreislauf gefahren, sondern ständig sauberes, frisches Gemisch bereitgestellt. Alle heißen Anlagenteile sind isoliert, um Wärmeverluste gering zu halten und Kondensation in der Anlage zu vermeiden.

Aufgabe der Anlage ist die Herstellung einer definierten Feuchte bei zugehörigem Druck und Temperatur. Da jedoch die relative Feuchte vom Sättigungsdampfdruck, und damit wiederum stark von der Temperatur abhängig ist, eignet sich die relative Feuchte nicht zur Regelung der Anlage.

Eine Messung der Feuchte in der Druckkammer hat sich zudem mangels geeigneter Messgeräte als wenig praktikabel erwiesen. Daher wird die gewünschte Feuchte indirekt aus der Kammertemperatur und dem Massenverhältnis von Dampf zu Luft ermittelt.

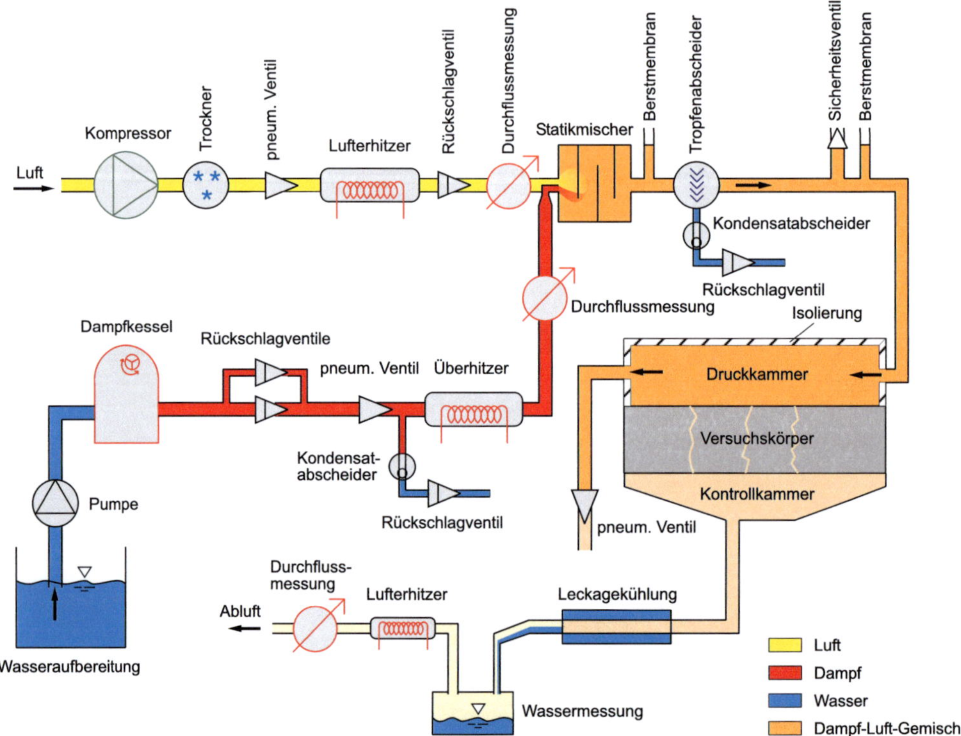

Abb. 3-19 Schema der Gemischerzeugungsanlage

Da die Aufbereitung durch Mischung von Dampf und Luft erfolgt, bedingt zum Beispiel eine Erhöhung der Dampfzufuhr einen kurzfristigen Temperaturanstieg. Durch die Erhöhung der Temperatur steigt wiederum der Sättigungsdampfdruck und die relative Feuchte sinkt. Das System reagiert also sehr empfindlich auf Änderungen, da alle Parameter sich gegenseitig beeinflussen.

Durch die drei Parameter Druck, Feuchtigkeit sowie Temperatur wäre der physikalische Zustand in der Druckkammer zwar eindeutig beschrieben, aus steuerungstechnischen Gründen ist es stattdessen jedoch einfacher den Druck, das Mischungsverhältnis von Dampf und Luft sowie die Temperatur in der Druckkammer zu regulieren.

Für die Dampfproduktion wird dem Kessel aufbereitetes Wasser zugeführt. Dazu wird normales Stadtwasser durch eine Umkehrosmoseanlage enthärtet. Die Anlage ist für kontinuierlichen Betrieb mit 240 kg/h ausgelegt. Von dem zur Umkehrosmoseanlage gehörenden 1000 Liter Tank wird das Wasser durch die Speisewasserpumpe in drei 1000 Liter Vorratstanks zur Versuchsanlage gepumpt. Das enthärtete

Wasser wird in den Kunststofftanks zwischengespeichert. Somit besteht ein Puffer von 4000 Litern Wasser, der einem Verbrauch im Normalbetrieb von ca. 30 Stunden entspricht.

Das Umkehrosmosewasser wird im laufenden Betrieb einem Teilentgaser mit einer Leistung von 500 kg/h zugeführt, der es weitgehend von Sauerstoff befreit. Der Teilentgaser ist ein offener Edelstahltank und wird selbstregelnd per Thermostat über eine Düse mit Dampf aus dem Kessel auf ca. 98°C beheizt. Der Teilentgaser füllt bei Niedrigwasser über ein Magnetventil Wasser aus den Vorratstanks nach. Durch die zweistufige Aufbereitung kann auf die Zugabe enthärtender und sauerstoffbindender Chemikalien verzichtet werden. Im Gegensatz zu anderen Anlagen wird dem Dampfkessel kein Kondensat zurückgeführt. Da das Gemisch am Ende der Anlage ins Freie geleitet wird und stetig neuer Dampf produziert wird, ist der Wasserverbrauch entsprechend höher.

Bei dem Dampfkessel handelt es sich um einen Elektrodampfkessel mit einer Leistung von 600 kW und einer Dampfproduktion von ca. 500 kg/h. Der maximale Betriebsdruck beträgt 12 bar. Im Versuchsbetrieb wurde der Dampfkessel mit sechs bis sieben bar und einer Entnahme von ca. 150 kg/h gefahren. Der Kessel verfügt über einen mechanischen und einen zusätzlichen elektronischen Regler. Der elektronische Regler ermöglicht die Fernsteuerung des Kessels vom Leitstand, sowie die Vorgabe des Solldrucks durch das Steuerprogramm des Computers. Der Solldruck des Kessels wurde bei einer Hysterese von 0,25 bar etwa ein bis zwei bar über dem Solldruck in der Anlage gefahren.

Die Speisepumpe pumpt bei Bedarf Wasser aus dem Teilentgaser in den Dampfkessel. Die Entnahme des Dampfes erfolgt über ein pneumatisches Stellventil, dem "Dampfventil" DN 50, das vom Leitstand manuell oder per Computer gesteuert werden kann. Nachdem der Dampf vom Kessel in die Anlage gelangt, wird der Durchfluss durch ein Coriolis-Messgerät DN 25 kontrolliert. Von dort durchläuft der Dampf einen zweistufigen Überhitzer mit 2x20 kW Leistung an dessen Ende die Temperatur kontrolliert wird. Nach dem Überhitzer wird der "Dampfkanal" an einem Hosenstück mit dem "Luftkanal" zum "Gemischkanal" zusammengeführt.

Die Druckluft zur Versuchsdurchführung wird durch zwei Walzenkompressoren erzeugt. Die Kompressoren leisten 120 m³/h bei 13 bar = 1560 bar*m³/h Druck und zusätzliche 335 m³/h bei zehn bar = 3350 bar*m³/h in einer Master-Slave Regelung. Dadurch schaltet sich der zweite Kompressor erst zu, wenn der Vordruck unter zehn bar fällt. Die Kompressoren speisen einen Drucklufttank, der als Zwischenspeicher eine gleichmäßigere Luftversorgung ermöglicht. Gleichzeitig kondensiert überschüssiges Wasser in diesem Zwischenspeicher aus und wird abgeleitet. Vom Zwischenspeicher wird die Luft durch einen Trockner geleitet, der die verbliebene Restfeuchte entfernt. Am Zufluss zur Anlage reduziert ein Druckminderer den Druck auf ca. 8 bar zur Verwendung in der Anlage. Diesem ist ein pneumatisches Stellventil, das "Luftventil" DN 25, nachgeschaltet, das den Zufluss reguliert. Nach dem Ventil wird der Durchfluss per Coriolis-Messgerät DN 15 kontrolliert. Die Luft wird durch einen einstufigen Lufterhitzer mit 25 kW geleitet, an dessen Ende die Temperatur gemessen wird. Danach wird der Kanal an einem Hosenstück mit dem "Dampfkanal" zum Gemischkanal zusammengeführt.

Je nach Bedarf kann bei reinen Lufttests die Druckluft auch durch den "Dampf-kanal" DN 65 geleitet werden, wodurch erheblich mehr Durchfluss realisiert werden kann. Bei Austausch der Messblende DN 25 durch ein Zwischenstück DN 65, steht sogar durchgängig der volle Querschnitt für Luftzufuhr zur Verfügung. Da keine Mischung erfolgt, kann in diesem Fall auf eine Durchflussmessung verzichtet werden.

Die Zusammenführung des Dampf- und Luftkanals erfolgt durch ein Hosenstück. Danach werden die Luft und Dampfströme in einem Statikmischer DN 100 durchge-mischt. Das Gemisch wird zur Druckkammer geleitet und auf der Nordseite, durch fünf Einlassöffnungen DN 42 gleichmäßig verteilt, über die Oberfläche des Versuchskörpers geleitet. Auf der Südseite wird das Gemisch wieder durch fünf Auslassöffnungen DN 42 aus der Druckkammer herausgeführt. Nach Verlassen der Druckkammer wird das Gemisch durch ein pneumatisches Stellventil, dem "Bypassventil" DN 50, in den Bypasskanal und von dort über ein Abblasrohr ins Freie geleitet.

Der parallel verlaufende Bypasskanal dient als Sicherheits- und Abflusskanal, an dem alle Sicherheitsventile angeschlossen sind. Bei Ansprechen einer Berstmembran oder Auslösen eines Sicherheitsventils kann die Anlage durch den Bypasskanal sofort ins Freie abblasen und entlastet werden. Durch mehrere in den Kanälen verteilte Rückschlagventile wird ein Rückfluss und somit eine Überbelastung strom-aufwärts liegender Anlagenteile verhindert. Das Abblasrohr des Bypasskanals ist mit einem Schalldämpfer versehen, um die Geräuschemissionen zu verringern.

Direkt über dem Versuchskörper befindet sich eine wärmegedämmte Druckkammer, welche durch den Stahlbetondeckel heruntergespannt wird. Die Druckkammer besitzt eine Fläche von 3,28 m^2 und ein Volumen von ca. 1 m^3. Die eigentliche Druckkammer wird aus dem Stahlbetondeckel als Oberseite und einem umlaufenden Stahlprofil als Seitenwand gebildet. Die Druckkammer ist von innen isoliert und mit einem Stahlliner versehen.

Der Stahlbetondeckel misst 3,15 m x 4,20 m x 0,50 m bei einem Eigengewicht von 17 t. Auf dem Deckel sind Stahlprofile angebracht, die als Widerlager beim Her-unterspannen der Druckkammer dienen. Die Druckkammer wird mit zehn Gewinde-stangen umlaufend gegen den Versuchskörper heruntergespannt. Eine elastische Dichtung schließt den Spalt zwischen Druckkammer und Versuchskörper. Die Dichtung wird durch das Herunterspannen des Deckels komprimiert und sorgt dafür, dass die Druckkammer gleichmäßig auf dem Versuchskörper aufliegt. Im Deckel sind an mehreren Stellen in Strömungsrichtung Durchführungen zum Anflanschen von Messgeräten vorhanden. Der Druck wurde in der Mitte der Kammer und die Temperatur im vorderen und hinteren Drittel der Kammer gemessen.

Je nach Szenario und Oberflächentemperatur des Versuchskörpers kann zeitweise Kondensat anfallen, welches jedoch von der Oberfläche abläuft, so dass sich wie bei einer Wand keine stehenden Pfützen bilden. Gegebenenfalls anfallendes Wasser wird von Kondensatabflussrinnen am Rand der Versuchsfläche in Hauptströmungs-richtung von Nord nach Süd einem Kondensatableiter zugeführt.

3.4 Leckageerfassung

Die Auffangwanne (Abb. 3-20), welche die Leckage auffängt, abkühlt und zur Messwanne leitet, befindet sich unter dem Versuchskörper. Um auch größere Leckagemengen abkühlen zu können, ist die Wanne doppelwandig und mit einer Gegenstromkühlung ausgestattet. Am oberen Rand befindet sich eine umlaufende Dichtnut, die mit einer elastischen Silikondichtung eine luftdichte Verbindung zum Versuchskörper herstellt. Die Auffangwanne wird zur Abdichtung vom Hallenboden gegen den Versuchskörper gepresst. Das Abflussrohr der Auffangwanne geht durch den Hallenboden in den Keller zur Messwanne.

Abb. 3-20 Auffangwanne

In der Seitenwand ist eine Revisionsöffnung eingebaut, die auch zur Durchführung der Messkabel der Aufnehmer auf der Unterseite genutzt wird.

Die Messwanne besteht aus einem geschlossenen Edelstahlbehälter und dient zur Trennung der flüssigen und gasförmigen Leckage. Die Leckage gelangt durch ein Fallrohr von der Auffangwanne in die Messwanne. Auskondensiertes Wasser läuft im Trichter zusammen und wird durch einen Schlauch auf eine Waage geleitet.

Die gasförmige Leckage kann innerhalb des Behälters weiter auskondensieren, muss dann aufsteigen, um im oberen Teil in ein Messrohr zu gelangen. Nach Abkühlen und Auskondensieren ist das Gas noch gesättigt, daher wird es aufgeheizt, um Kondensation innerhalb der Gasmessstrecke zu verhindern. Die absolute Feuchte sowie die relative Feuchte mit zugehöriger Temperatur werden gemessen. Danach erfolgt die Bestimmung der Gasleckage durch ein Coriolis Messgerät DN8. Durch diese Anordnung wird über 99,5% der Feuchte auskondensiert. Das als Restfeuchte im Gas gebundene Wasser liegt im Vergleich zur gemessenen Wasserleckage im Promillebereich.

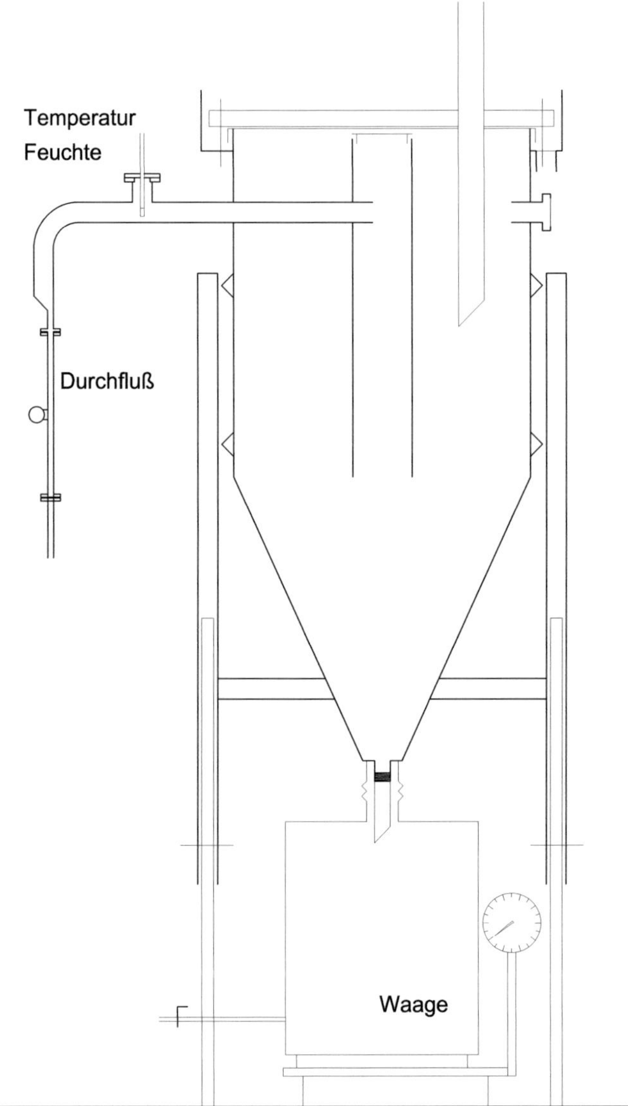

Abb. 3-21 Skizze der Messwanne

In der Messwanne wird der Druck in [mbar] gemessen und mit dem Umgebungsdruck verglichen. Dadurch lassen sich auch geringe Überdrücke in der Messwanne feststellen, um ggf. auf ein größeres Coriolis Messgerät DN25 umzuschalten. Diese

Vorgehensweise wurde jedoch nur bei Lufttests angewendet. Da die Luftleckage bei den Lufttests mit größeren Rissbreiten extrem anstieg, konnte so ein erheblich breiterer Messbereich abgedeckt werden.

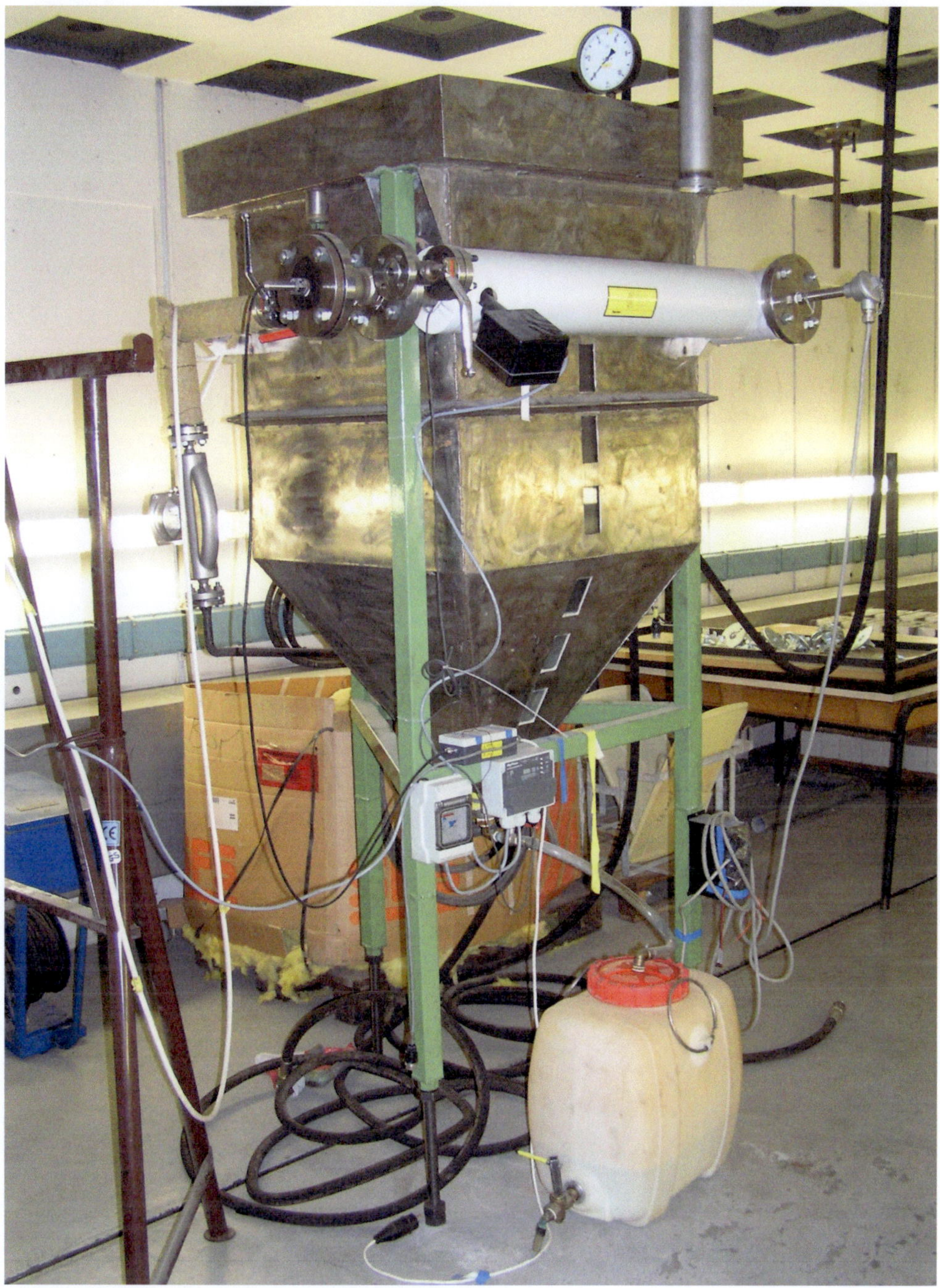

Abb. 3-22 Ansicht der Messwanne mit Heizung

Kapitel 4
Mess- und Regelungstechnik

Zur Durchführung der Versuche musste eine Dampfanlage konzipiert werden, die in der Lage ist beliebige Luft Dampf Gemische zu Verfügung zu stellen um Störfallszenarien nachzubilden. Grundlegende Teile der Anlage bestehend aus Rohren, Dampfkessel, Stellventilen und Überhitzer waren aus einem Vorgängerprojekt [13] vorhanden. Die Anlagensteuerung und Messtechnik waren jedoch nicht verwendbar und mussten komplett neu entwickelt werden.

Eine Messung der Dampf oder Luftmassen in den Kanälen war im alten Konzept nicht vorhanden. Die alte Anlagensteuerung war so konzipiert, dass die Regelung mittels direkter Messung der Zustände in der Druckkammer erfolgen sollte. Eine Messung der Durchflussmengen der Einzelkanäle und somit die Ermittlung des Mischungsverhältnis Dampf-Luft fand nicht statt.

Hauptproblem des Vorgängerprojekts war die Messung der Feuchte in der Druckkammer. Da die vorhandenen Feuchtemessgeräte bei höherem Druck ausfielen, war keine Steuerung der Feuchte möglich, so dass nur mit Sattdampf gefahren werden konnte. Zudem wurde der gegenseitigen Beeinflussung der Eingangszustände nicht hinreichend Rechnung getragen, sondern vielmehr versucht zunächst die Zieltemperatur zu erreichen und danach parallel Druck und Feuchte zu kontrollieren. Selbst wenn die Feuchtemessung funktioniert hätte, wäre die Steuerung mit Dampf-Luftgemischen so nicht möglich gewesen.

4.1 Mess- und Regelungstechnik der Anlage

Zur Bereitstellung von Dampf-Luft-Gemischen werden zunächst Druckluft und Dampf erzeugt. Die wesentlichen Anlagenteile bis zum Eintritt in die Druckkammer sind der Kompressor, Luftüberhitzer, Dampfkessel, Dampfüberhitzer und der statische Mischer. Auf der Ausflussseite folgt der Bypass-Kanal und unter dem Versuchskörper befindet sich die Kontrollkammer zur Messung der Leckage. In Abb. 4-1 sind die wesentlichen Komponenten, die davon zur Steuerung der Anlage erforderlich sind, zu sehen.

Das Mess- und Regelsystem der Dampf-Luft-Gemischerzeugung wird durch vier Regelungskreise für Druck, Gemischzusammensetzung, Temperatur und Durchfluss gesteuert.

Bei der Konzeption der Anlage sollten beliebige Störfallszenarien bewältigt werden. Die besondere Schwierigkeit bestand insofern darin, dass ganz variable Drücke,

Mischungen und Temperaturen zu realisieren sind, und es sich nicht wie zum Beispiel bei einer Kraftwerksanlage um gleichmäßigen Dauerbetrieb handelt. Für Dampftests wurde seitens der Auftraggeber ein Dampfszenario aus einer Rampe mit einem konstanten Plateau bei 5,2 bar Druck, 141°C und einem Massenverhältnis 1 : 1.7 von Luft zu Dampf vorgegeben. Zusätzlich waren reine Lufttests vorgesehen.

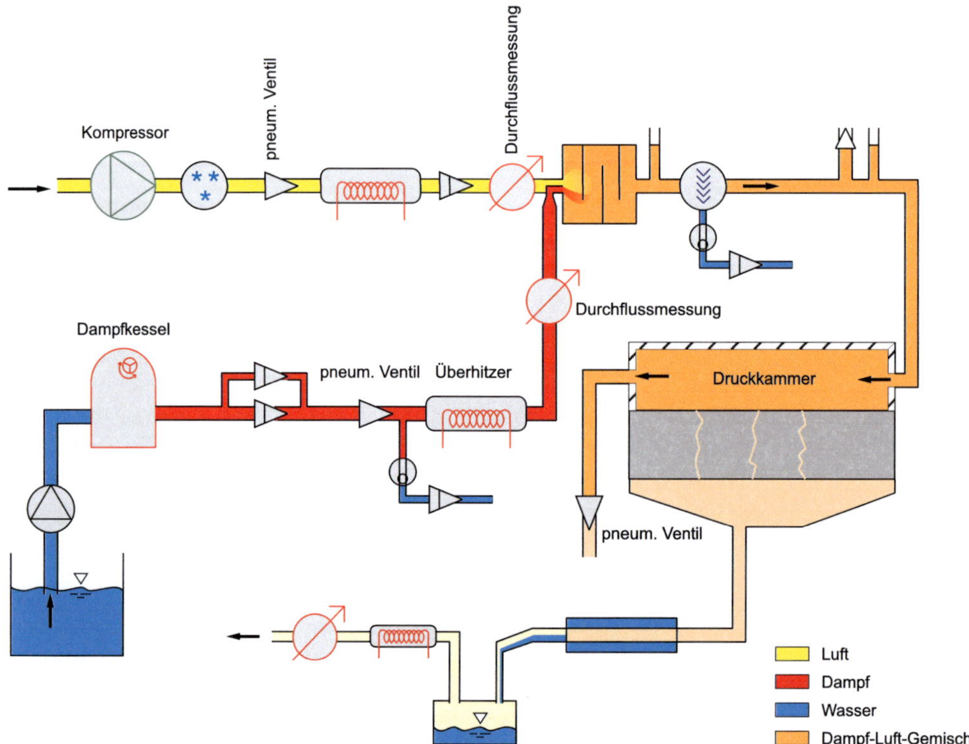

Abb. 4-1 Schema der Steuerungskomponenten der Gemischerzeugungsanlage

Am Anlagensteuerungsschrank können Dampf- und Luftproduktion kontrolliert und optional von Hand gesteuert werden (Abb. 4-2). In der obersten Reihe findet man von links nach rechts die Kontrollanzeigen zur Spannungsversorgung, für den Druck im Luftbehälter, den Regler zur Steuerung des Dampfkessels und den Umschalter zur Vorgabe der Reglerparameter durch das Computerprogramm. In der mittleren Reihe befinden sich Umschalter zur manuellen Regelung der Ventile und Überhitzer. Die Steuerung umfasst Umschalter zum Dampfventil, Luftventil, und Bypassventil, sowie Einschalter für Dampfüberhitzer und Lufterhitzer. In der untersten Reihe befinden sich die Anzeigen und Regler zur manuellen Steuerung dieser Ventile. Somit können zum Beispiel zur Lüftung der Anlage die Stellventile von Hand geregelt werden, sowie der Sollwert oder der Dampfkesselsteuerung zum Vorheizen manuell vorgegeben werden. Der Anlagensteuerungsschrank dient zur Fernsteuerung der Ventile und Überhitzer. Die Funktionen können von Hand vorgegeben oder automatisch vom Computer gesteuert werden. Dazu dient der Anlagensteuerungsrechner.

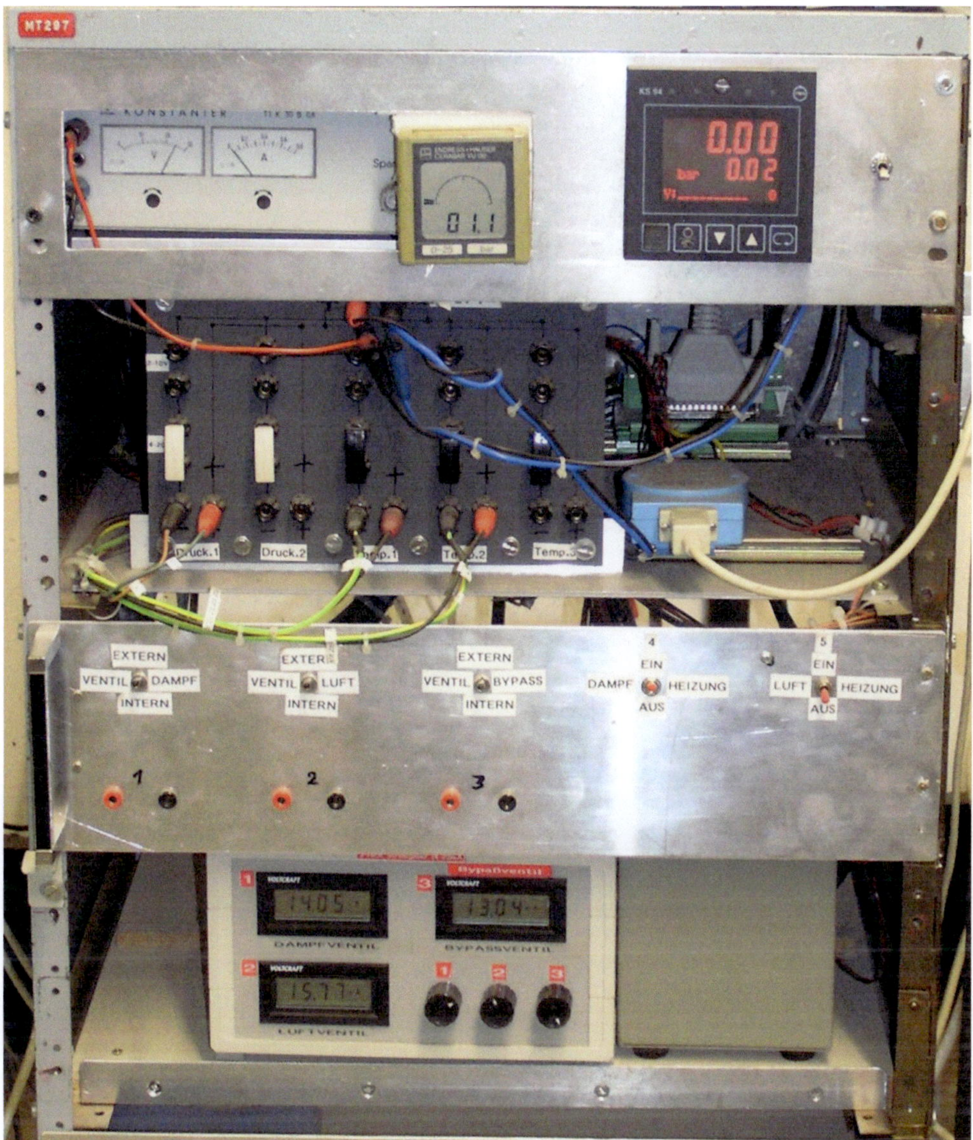

Abb. 4-2   Anlagensteuerungsschrank

Der Anlagensteuerungsrechner ist über die serielle Schnittstelle mit einem 8-Kanal Eingangsmodul Advantech ADAM 4000 des Anlagensteuerschranks verbunden. Der Rechner (Abb. 4-3) selbst verfügt über eine eingebaute analoge Steuerungskarte Advantech PCL-727 zur Regelung der Anlage.

Das Programm Labview™ 6 [43] dient zur Steuerung der Anlage. Es ist eine grafische Programmiersprache, die zur Erstellung von Anwendungen keinen Quelltext sondern Symbole verwendet. Während bei textbasierten Programmiersprachen die Programmausführung von Anweisungen gesteuert wird, verwendet Labview™ die Datenflussprogrammierung, wobei der Datenfluss die Ausführung steuert. Mithilfe von Werkzeugen und Objekten erstellt man eine Benutzeroberfläche, auch Frontpanel bezeichnet. Durch Verwendung grafischer Darstellungen von Funktionen zur Steuerung der Frontpanel-Objekte wird automatisch der Code im Blockdiagramm hinzugefügt. Der Code selbst ist im Blockdiagramm enthalten. Das Blockdiagramm dient zur Vernetzung der Funktionen und ähnelt einem Flussdiagramm oder Schaltplan. Diese grafische Programmierweise ist objektorientiert. Die Objekte besitzen Anschlüsse als Eingänge und Ausgänge. Durch entsprechende „Verdrahtung" werden Ein- und Ausgangsvariablen belegt und einzelne Objekte miteinander verknüpft.

Abb. 4-3   Anlagensteuerungsrechner

Die grafische Maske als Benutzeroberfläche des fertigen Programms ist das Frontpanel (Abb. 4-4). Es besteht aus Anzeigen, Reglern und Schaltern. Die Elemente werden im Hintergrund im Blockdiagramm (Abb. 4-5) verdrahtet und gesteuert. Das Frontpanel der Anlagensteuerung dient zur Verlaufsanzeige und Kontrolle der Zustände in der Kammer, sowie der Zuflüsse von Dampf und Luft in den einzelnen Kanälen. Zusätzlich werden die Steuerungsströme für Ventile und Überhitzer angezeigt und neben den zugehörigen Verlaufsanzeigen dargestellt.

Die Ventile und Überhitzer können im Programm auch von Hand über Schieberegler eingestellt werden, wodurch eine variable Startwertvorgabe für die automatische Steuerung möglich ist. Zur automatischen Steuerung müssen der Solldruck in der Kammer, die Solltemperatur in der Kammer und das Mischungsverhältnis vorgegeben werden. Dadurch ist der Sollzustand in der Kammer eindeutig definiert und das Programm regelt den Rest.

Die Kontrollanzeigen (Tab. **4-2**) sind thematisch zusammengefasst und farblich hinterlegt. Die Regler und Ventile laufen in Bereichen zwischen 4 und 20 entsprechend der Steuerspannung 4 mA bis 20 mA. Dabei entspricht 4 mA einem Wert von 0%, also dem ausgeschaltetem Gerät oder geschlossenem Ventil. Der Strom 20 mA entspricht 100% oder der vollen Leistung bzw. dem komplett geöffnetem Ventil. Liegt ein Strom kleiner 4 mA an, erkennt das System dieses als Fehler und nicht als Steuerungswert.

Tab. 4-1 Belegung der Ein- und Ausgangskanäle

Eingangskanäle	Ausgangskanäle
ADAM 4000	PCL-727
1 Durchfluss Masse Dampf	1 Ventil Dampf
2 Durchfluss Masse Luft	2 Ventil Luft
3 Überhitzer Temperatur Dampf	3 Ventil Bypass
4 Überhitzer Temperatur Luft	4 Überhitzer Dampf
5 Kammer Temperatur 1	5 Überhitzer Luft
6 Kammer Temperatur 2	6 Kesseldruck
7 Kammer Druck	

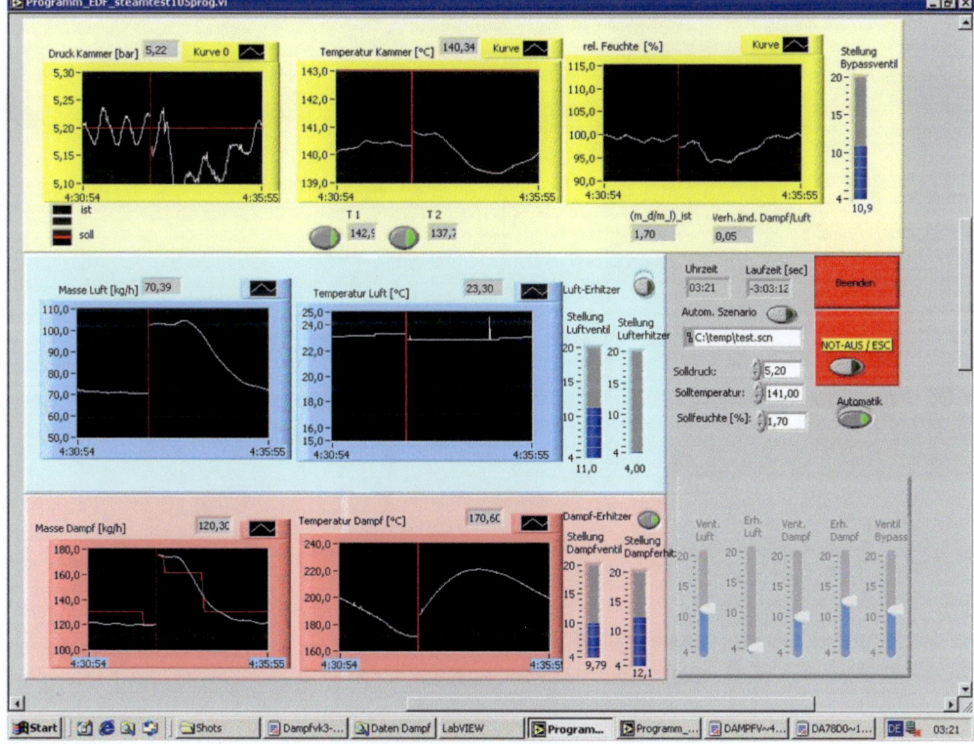

Abb. 4-4 Frontpanel der Anlagensteuerung

Tab. 4-2 Übersicht der Kontrollanzeigen aus Abb. 4-4

Druckkammer-Elemente	gelb hinterlegt (obere Reihe) Druck, Temperatur, Bypassventilstellung, Schalter für Temperaturfühler

Luftkanal-Elemente	sind blau hinterlegt (mittlere Reihe) Masse Luft, Stellung Luftventil, Temperatur Luft, Stellung Lufterhitzer

Dampfkanal-Elemente	Dampfkanal-Elemente sind rot hinterlegt (untere Reihe) Masse Dampf, Stellung Dampfventil, Temperatur Dampf, Stellung Dampferhitzer

Steuerungs-Elemente	grau hinterlegt (rechter Bildschirmrand) Anzeige Uhrzeit und Laufzeit Schalter für NOTAUS und zur Beendigung des Programms Schalter zum Wechsel zur automatischen Steuerung Vorgabe von Druck, Temperatur, Feuchte bzw. Mischungsverhältnis Schieberegler für die Ventile und Überhitzer Möglichkeit automatische Szenarien von Datei zu laden

Die zuvor beschriebenen Bedienelemente und Regler des Frontpanels werden in einem dahinterliegenden Blockdiagramm (Abb. 4-5) gesteuert. Das Blockdiagramm hat große Ähnlichkeit mit einem Schaltplan, wie er aus der Elektrotechnik bekannt ist. Zu jedem Element am Frontpanel gibt es ein zugehöriges Symbol im Blockdiagramm, welches mit Anschlüssen zur „Verdrahtung" versehen ist. Durch Verbinden der Anschlüsse werden die Mess- und Regelwerte zwischen den einzelnen Elementen übergeben und das Programm dadurch strukturiert.

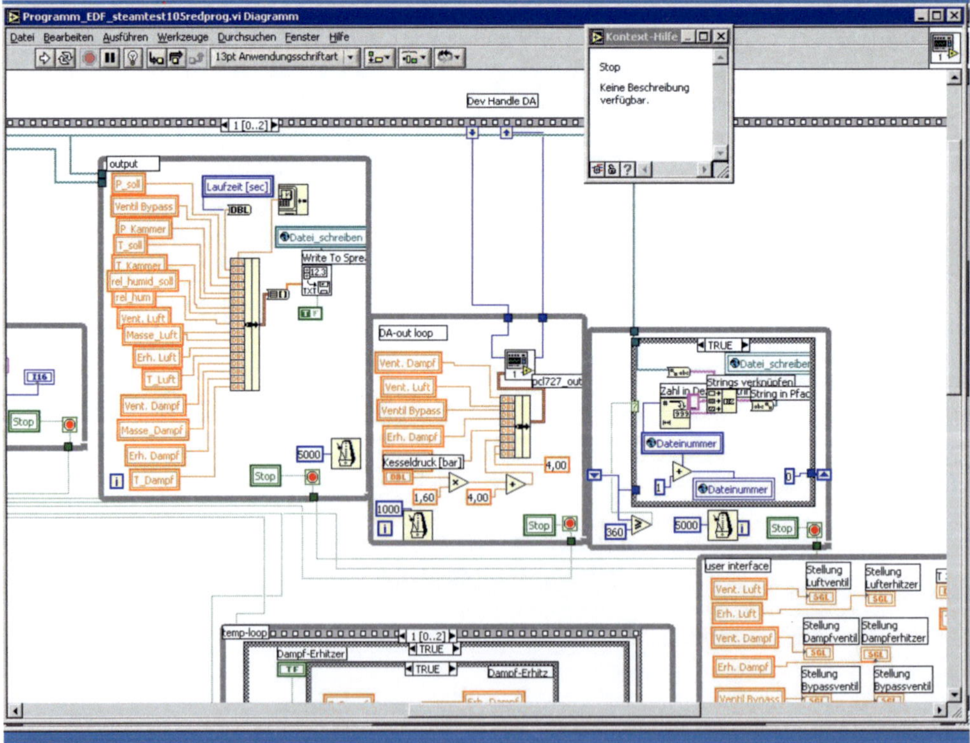

Abb. 4-5 Blockdiagramm

Wie in der Abb. 4-5 des Blockdiagramms zu erkennen, wird die Steuerung in verschiedene Schleifen und Sequenzen unterteilt, die in regelmäßigen Intervallen abgearbeitet werden. Nachfolgend sind einige dieser Schleifen näher beschrieben:

Die Sicherheitsschleife prüft jede Sekunde, ob ein kritischer Zustand erreicht wird oder sich die Anlage innerhalb der zulässigen Parameter befindet. Sie schaltet zum Beispiel die Erhitzer bei Überhitzung ab. Wird der Notaus-Schalter betätigt, fährt die Anlage sofort auf sichere Werte. Dann werden die Luft- und Dampfzufuhr geschlossen und der Druck durch volles Öffnen des Bypassventils sofort abgelassen. Parallel werden die Erhitzer abgeschaltet. Der Versuch wäre in dem Fall natürlich vorzeitig beendet.

Das User Interface beinhaltet das Frontpanel zur Interaktion mit dem Benutzer und aktualisiert jede Sekunde die Anzeigen.

Die Auswahl der Messintervalle ist vom jeweiligen Prozess abhängig. Je instabiler eine Regelschleife und je schwankender die Messwerte sind, desto kleiner sollte das gewählte Messintervall sein. Dieses führt zur Erhöhung der Datendichte und somit zu einer Verhinderung von unkontrollierten Totzeiten.

Die eigentliche Aufgabe der Anlage ist die Bereitstellung von Dampf-Luft-Gemischen zur Beaufschlagung des Versuchskörpers innerhalb der Druckkammer. Die Parameter Druck, Feuchte bzw. Mischungsverhältnis und Temperatur sollen in angemessenem Zeitraum möglichst exakt nachgefahren werden. Zusätzlich ist ein Mindestdurchfluss zu gewährleisten.

Tab. 4-3   Hauptschleifen des Steuerprogramms

Administrativ	
Initiierung	
Input	1 s
Output	1 s
Sicherheitsschleife	1 s
Dateiausgabe	5 s
Interaktiv	
User Interface	1 s
Regelnd	
Druck	1 s
Mischungsverhältnis	5 s
Temperatur	20 s

Jeder Parameter wird einem zu steuernden Gerät eindeutig zugeordnet (Tab. **4-4**). Der Druck im System wird über das Bypassventil durch Regulierung der ausströmenden Menge gesteuert. Der Versuch, den Druck über eines der Zuflussventile (Dampf- oder Luftventil) zu steuern, würde ständig das Mischungsverhältnis verändern, so dass man dann mit beiden Ventilen gleichzeitig steuern müsste. Das Luftventil steuert das Mischungsverhältnis und mischt je nach Durchfluss im Dampfkanal die entsprechende Luftmenge hinzu. Erhöht sich zum Beispiel der Dampfdurchfluss wird bei gleichbleibendem Verhältnis umgehend auch die Luftzufuhr erhöht. Es wird ein Mindestdurchfluss angestrebt, um der Druckkammer stetig frisches Gemisch zuzuführen, und um die Regelbarkeit der Anlage zu gewährleisten. Die Druckkammer wird also nicht aufgepumpt, sondern es besteht ein ständiger Zu- und Abfluss. Der Mindestdurchfluss wird durch das Dampfventil gesteuert. Im normalen Betrieb wird der Durchfluss so vorgegeben, dass die Ventile und Überhitzer im Arbeitsbereich bleiben. Kommt ein Ventil an seine Grenzen, erfolgt die Anpassung des Durchflusses. Als Regel- bzw. Hauptheizung ist der Überhitzer vorgesehen, da der Dampf eine erheblich höhere Wärmekapazität hat. Dadurch kann die vom Überhitzer zugeführte Wärme auch effektiv aufgenommen werden. Zudem ist der Dampf naturgemäß schon heiß, so dass die zu überbrückende Temperaturdifferenz vergleichsweise geringer ist. Der Erhitzer ist aufgrund der geringeren Wärmekapazität eher als Zusatzheizung zu verwenden, wodurch die Grundlast abgedeckt ist.

Tab. 4-4   Zuordnung der Steuerungsparameter

Druck	->	Bypassventil
Mischungsverhältnis Dampf zu Luft	->	Luftventil
Mindestdurchfluss	->	Dampfventil
Temperatur Regel- bzw. Hauptheizung	->	Überhitzer Dampf
Temperatur Zusatzheizung	->	Erhitzer Luft

Da sich alle Regelparameter gegenseitig beeinflussen, ist neben der eindeutigen Zuordnung noch eine Koppelung der Parameter erforderlich (Tab. **4-5**). Die Regelung der Luftzufuhr wird an die Regelung des Drucks gekoppelt. Der Mindestdurchfluss wird wiederum an die Regelung der Luftzufuhr gekoppelt. Die Koppelung sieht vor, dass die Nachregelung erst durchgeführt wird, wenn der primäre Regler weitgehend eingeregelt ist. Bei einer größeren Abweichung des vorhandenen Drucks in der Kammer gegenüber dem Solldruck, warten Dampf- und Luftregler zunächst ab. Der Mindestdurchfluss wird möglichst konstant gehalten, da alle weiteren Parameter davon abhängen bleibt die Dampfmenge weitgehend konstant und eine Nachregelung ist seltener erforderlich. Die Erhitzer arbeiten erheblich träger als die Steuerventile und werden daher unabhängig gesteuert. Die Aufheizung mittels Lufterhitzer ist bei weitem nicht so effektiv wie beim Dampferhitzer. Die trockene Luft hat eine erheblich geringere Wärmekapazität, so dass der Erhitzer die Wärme nicht so gut abgeben kann. Die heiße Luft trägt nach der Mischung mit dem Dampf an der Aufheizung der Kammer weniger bei. Bei der Anlagensteuerung wird der Lufterhitzer als Zusatzheizung zur Erzeugung der Grundlast genutzt, während der Dampferhitzer die Einregelung der geforderten Temperatur in der Kammer laut Szenario sicherstellen soll. Dadurch ist auch eine eindeutige Zuordnung der Temperaturregelung mit dem Dampferhitzer gegeben. Generell sind die Erhitzer äußerst träge. Vom Erhöhen der Leistung bis zum messbaren Anstieg der Temperatur vergehen mehrere Minuten. Ebenso heizen die Erhitzer trotz Abschaltung noch sehr lange nach. Die Steuerung muss daher sehr langsam und behutsam erfolgen. Während der Druck in weniger als einer Minute eingeregelt ist, benötigt die Anlage 20-30 Minuten zum Einregeln der Erhitzer.

Tab. 4-5 Koppelung der Regler

Luftregler	gekoppelt an	Druckregler
Dampfregler	gekoppelt an	Luftregler
Dampftemperaturregler	gekoppelt an	Druckregler und Luftregler
Lufttemperaturregler	gekoppelt an	Dampftemperaturregler

Wird in der Praxis zum Beispiel das Dampfventil wird ein gutes Stück weiter geöffnet, um den Durchfluss zu erhöhen, steigt als Folge der Druck plötzlich an. Statt nun die Luftzufuhr ebenfalls zu erhöhen, wodurch zwar das Mischungsverhältnis korrigiert, aber der Druck weiter erhöht würde, wird der Luftregler über die Koppelung gebremst und gibt dem Druckregler Zeit nachzuregeln. Wenn dann der Luftregler nachregelt, wird ebenfalls sichergestellt, dass der Druckregler jederzeit folgen kann. So lange die Luftmenge nicht stimmt, wartet wiederum das Dampfregler auf den Luftregler, ohne den Durchfluss weiter zu erhöhen. Die Drucksteuerung ist vorrangig, da Feuchte und Temperatur von der eingeleiteten Dampfmenge und der Dampftemperatur abhängen. Hat der Dampf im Kessel bei einem Vordruck von 8 bar noch eine Temperatur von 170 °C, so reduziert sich die Temperatur durch Entspannen hinter dem Dampfventil, bei einem Druck von 5,2 bar, auf 153 °C. Bei einem Druck von 2,6 bar besitzt der Dampf nur noch eine Temperatur von 129 °C. Wollte man trotz zu niedrigen Drucks die vorgegebene Temperatur erreichen, müsste man den Dampf fälschlicherweise überhitzen und würde daher bei Erreichen des korrekten Drucks, viel zu hohe Temperaturen erhalten. Eine Erhöhung des Drucks in der Kammer zieht immer eine Temperaturerhöhung nach.

4.1.1 Reglerprogrammierung

Bei einer Kraftwerksanlage liegen im Dauerbetrieb meist sehr gleichmäßige Verhältnisse vor, so dass im laufenden Betrieb wenig bis gar keine Änderungen der Betriebsparameter vorgesehen werden. Die Anlagenauslegung kann dann auf diese konkreten Zielwerte optimiert werden. Von der Versuchsanlage sollen jedoch Unfallszenarien mit extremen Verläufen nachgefahren werden. Es liegen vollkommen beliebige Start- und Zielbedingungen vor, auf welche die Anlage in kürzester Zeit reagieren und die geforderten Zielwerte einregeln soll.

Klassische PID Regelung

PID bedeutet **P**roportional, **I**ntegral und **D**ifferential Regelung. Ein PID-Regler arbeitet als Blackbox bei der man die Empfindlichkeit der Regelung über die drei

Einzelglieder beeinflusst (Tab. **4-6**). So gibt es auch Teilregler wie P-Regler, PI-Regler oder PD-Regler.

Tab. 4-6 Zuordnung der Steuerungsparameter beim PID Regler

P = Proportionalglied	K_P	kein Zeitverhalten, zeitlich proportional
I = Integralglied	T_N	Integral über das Signal
D = Differentialglied	T_V	Veränderung des Signals

Das Problem beim klassischen PID-Regler ist die korrekte Einstellung des Reglers. Es gibt nur die Möglichkeit die Empfindlichkeit der drei Stellglieder zu steuern. Dazu existieren verschiedene Einstellregeln für Regelsysteme, um eine erste Grundeinstellung zu erreichen. Diese unterscheiden sich darin ob man bereits ein Modell kennt oder empirische Regeln ohne mathematische Kenntnisse des Systems verwendet. Für den P-Regler kann die Verstärkung K_P gewählt werden. Zusätzlich kann der I-Regleranteil per Nachstellzeit T_N und der D-Regleranteil per Vorhaltezeit T_V beeinflusst werden. Es gibt aber prinzipiell nur diese drei „Stellschrauben" zur Justierung.

Um zu entsprechenden Grundeinstellregeln zu kommen, wären umfangreiche Vorversuche nötig, um Anlagenparameter wie zum Beispiel der kritischen Verstärkung K_P, bei der die Ausgangsgröße des Regelsystems gerade noch stabil schwingt, zu erhalten. Die Grundeinstellungen stellen jedoch immer noch kein Optimum dar und müssen dann noch feiner abgestimmt werden. Problematisch ist dabei die gegenseitige Beeinflussbarkeit der Parameter. Daraus ergeben sich zu viele Variablen im System, die sich alle gegenseitig beeinflussen. Selbst wenn ein Regler für ein Szenario gut einjustiert wäre, kann die Regelung durch Änderung anderer Parameter zu einer instabilen Regelung führen. Wegen der wenigen Stellwerte ist dann nicht unbedingt ersichtlich wo der Fehler liegt. In einer Industrieanwendung ist das Wichtigste die genaue Einhaltung der Zielwerte und nicht das möglichst schnelle Einregeln beim Start. Start-Up Szenarien von einem halben Tag und mehr bis zur Erreichung der Zielwerte sind nichts Ungewöhnliches.

Die klassische Regelung ist für den Betrieb der Versuchsanlage zu unflexibel und undurchsichtig, vor allem da Modelle und mathematische Systemkenntnisse der Anlage nicht vorliegen oder viel zu komplex für eine Umsetzung wären.

Fuzzy-Logik Regelung [75]

In der klassischen Mengenlehre gibt es eine Menge A und eine Menge B, sowie die Schnittmenge A ∩ B. Die logischen Möglichkeiten sind, dass ein Element entweder zu A oder zu B oder zu beiden, also zur Schnittmenge gehört.

$$A \cap B := \left\{ x \mid (x \in A) \wedge (x \in B) \right\} \tag{4-1}$$

Es gibt daher drei Möglichkeiten auf die jeweils entweder eine Boolesche Aussage 0 oder 1, also FALSCH oder WAHR zutrifft. Dazwischen gibt es nichts. Die Möglichkeit, dass ein Element „nur ein wenig" zu A gehört und „etwas mehr" zu B, ist in dieser Logik nicht möglich.

Das englische Wort „Fuzzy" bedeutet auf Deutsch „unscharf", „verschwommen". Die Fuzzy-Logik erlaubt als eine Verallgemeinerung der zweiwertigen Booleschen Logik auch Werte zwischen WAHR und FALSCH. Dadurch können unscharfe Mengen mathematisch behandelt werden. Die Fuzzy-Set-Theorie ist also eine unscharfe Mengenlehre.

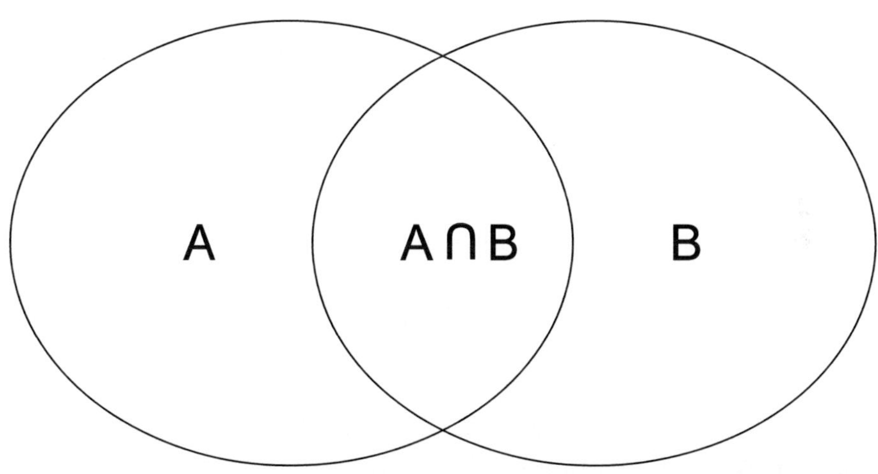

Abb. 4-6   Klassische Schnittmenge

Die Grundlagen der Fuzzy-Theorie [71] [72] wurden von Lukasiewicz [30], dem Erfinder der Umgekehrt Polnischen Notation (UPN), aufbauend auf seiner dreiwertigen Logik, geschaffen. Er entwickelte mehrere nicht-klassische Logiken, die unter anderem zur Fuzzy-Logik weiterentwickelt wurden. Er verwendete zur Beschreibung des Wahrheitswertes einer logischen Aussage die reellen Zahlen zwischen 0 und 1. Die Fuzzy-Set-Theorie selbst wurde 1965 von Zadeh [75] entwickelt.

Im Gegensatz zu scharfen Mengen wie der oben genannten klassischen Mengenlehre, gibt es nach Fuzzy-Logik auch unscharfe Mengen. Statt in einer scharfen Menge enthalten oder nicht enthalten zu sein, kann ein Element in einer unscharfen Menge auch nur ein wenig enthalten sein. Eine Fuzzy-Funktion ordnet den Elementen einer Grundmenge je nach Anteil der Zugehörigkeit eine reelle Zahl zwischen 0 und 1 zu.

Die Fuzzy-Logik lässt sich vorteilhaft einsetzen, wenn es statt einer scharf abgegrenzten mathematischen Funktion des Problems eher umgangssprachliche Beschreibungen gibt. Dann kann durch linguistisch formulierte Regeln mithilfe der Fuzzy-Logik eine mathematische Beschreibung erzielt werden.

Aus verbal formulierten unscharfen Mengen oder Beobachtungen, wie zum Beispiel "fast voll", "eher groß", "ziemlich warm", "sehr alt" wird durch die Fuzzyfizierung eine rechenbare Größe. Die Aufstellung der Fuzzy-Funktionen kann aufgrund von Erfahrungswerten oder empirischen Ergebnissen erfolgen.

Mithilfe der Fuzzy-Theorie ist es möglich, konkretes Anwenderwissen in einem Regler umzusetzen, ohne dabei ein kompliziertes Systemmodell zu erstellen. Der Fuzzy-Regler eignet sich daher sehr gut für den angestrebten Zweck. Der Vorteil liegt in der hohen Transparenz bei gleichzeitiger Flexibilität.

Tab. 4-7 Fuzzy Eingangs- und Ausgabewerte

Regelung des Druck in der Kammer	
E1	Absolute Abweichung zwischen Soll und Ist
E2	Geschwindigkeit der Änderung
A	Stellung Bypassventil

Regelung des Massenverhältnis	
E1	Absolute Abweichung zwischen Soll und Ist
E2	Geschwindigkeit der Änderung
A	Stellung Luftventil

Anpassung der Temperatur	
E1	Absolute Abweichung zwischen Soll und Ist
E2	Geschwindigkeit der Änderung
A	Leistung Dampf-Erhitzer

Anpassung der Gesamtmassenumsatz	
E1	Absolute Abweichung zwischen Soll und Ist
A	Stellung Dampfventil

Jeder Regelungsschritt setzt sich aus drei Teilschritten zusammen: Der Fuzzyfizierung, Inferenz und Defuzzyfizierung. Die Vorgehensweise soll anhand des Druckreglers exemplarisch beschrieben werden:

Die Eingangs- und Ausgangswerte werden sprachlich umschrieben. Für den Fall des Druckreglers sind als Eingangswerte die „Druckdifferenz in der Kammer", die „Druckänderung" und als Ausgangswert die „Stellung des Bypassventils" als Linguistische Variablen mit Worten zu umschreiben. Diese linguistische Umschreibung wird in Fuzzy-Sets umgesetzt. Die Sets für Eingangsvariablen können im einfachen Fall aus Dreiecken oder Trapezen bestehen. So kann zum Beispiel der

Eingangswert „Druckdifferenz in der Kammer" in fünf Klassen „viel zu niedrig", „etwas niedrig", „normal", „etwas hoch" oder „viel zu hoch" eingeteilt werden.

Exemplarisch zeigt Abb. 4-7 die Fuzzy-Funktion μ der Druckdifferenz. Für den Fall ohne Abweichung kann die Aussage „normal", zu 100% als richtig angesehen werden. Eine Abweichung von 0,1 bar kann man zum Beispiel als „etwas hoch" bzw. „etwas niedrig" definieren, da man ja schon recht nah am Ziel ist. Ab einer Abweichung von 0,5 bar kann man die Differenz inakzeptabel finden. Als verbale Aussage also in jedem Fall zu 100% „viel zu hoch" bzw. „viel zu niedrig" einstufen.

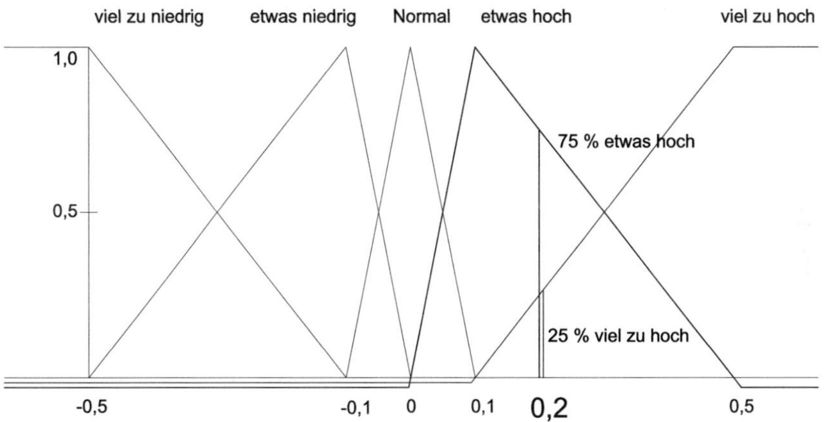

Abb. 4-7   Fuzzy-Funktion Druckdifferenz

Da zwischen diesen Aussagen nicht scharf abgegrenzt werden soll, lässt man die Aussagen so überlappen, dass diese sich jeweils zu 100% addieren. Die Zugehörigkeitsfunktionen bzw. Sets halten fest, wie gut eine verbale Aussage zu einem gemessenen Wert passt.

Fuzzyfizierung

Zu jeder Eingangsgröße (Linguistischen Variable) werden die Sets ausgewertet. Es werden nur aktive Sets beachtet, die einen Aussagewert größer 0% liefern. Bei einer gemessenen Abweichung des Istdrucks von 0,2 bar wird der Druck in der Kammer zu 75% als „etwas hoch" und zu 25 % als „viel zu hoch" beurteilt. Die Fuzzy-Sets „normal", „etwas niedrig" und „viel zu niedrig" träfen nicht zu, hätten eine Zugehörigkeit von 0% und wären daher keine aktiven Sets. Zur Steuerung des Drucks in der Kammer wird als zweite Eingangsgröße die „Druckänderung" genauso wie die Druckdifferenz zum Beispiel in fünf Klassen „stark steigend", „steigend", „konstant", „fallend" und „stark fallend" eingeteilt. Die Klassen werden entsprechenden Sets zugeordnet, so dass ein um 0,1 bar/min fallender Druck bei der Fuzzyfizierung zum Beispiel ein Ergebnis von 40 % „konstant" und 60% „fallend" liefern könnte.

Fuzzy-Inferenz

Durch Abarbeitung der linguistischen „Rulebase", also festgelegter verbaler Regeln, werden die vorher als aktiv bezeichneten Sets für die Berechnung der Ausgabe vorbereitet. In der Rulebase-Tabelle sind die beiden Eingangsgrößen und als Entscheidung die Ausgangsgröße (hier Steuerung das Ablass- bzw. Bypassventils) zugeordnet. Hier wird das Ingenieurwissen verbal umgesetzt.

E1	Druckdifferenz (Absolute Abweichung)
E2	Druckänderung (Geschwindigkeit)
A	Ventisteuerung (Öffnung des Bypassventils)

Tab. 4-8 Eingangs- und Ausgabewerte des Druckreglers

Damit der Druckdifferenz ein Proportionalglied und mit der Druckänderung ein Differentialglied als Eingangsgrößen genutzt werden, handelt es sich prinzipiell um einen PD-Regler mit Fuzzy-Methoden.

Im konkreten Beispiel mit fünf Klassen der Druckdifferenz und fünf Klassen der Druckänderung ergeben sich 25 mögliche Kombinationen, für die Verhaltensregeln definiert werden können. Zu beachten ist hier jedoch die Flexibilität und Genauigkeit bei der Steuerung, die mit einem klassischen PD-Regler nicht erreicht werden kann. Im Gegensatz zum klassischen PD-Regler kann hier in der Rulebase sehr differenziert reagiert werden. So gibt es bei leichter Abweichung, sowohl des Drucks als auch der Druckänderung, zum Beispiel zwei Möglichkeiten: Dadurch kann für den Fall der Zielüberschreitung anders reagiert werden. Wenn also der Druck „etwas niedrig" und „leicht steigend" ist, könnte man „nichts" machen, damit sich der Druck asymptotisch dem Ziel nähert.

Wenn stattdessen der Druck „etwas hoch" und „leicht steigend" ist, könnte man intervenieren und ruhig stark gegensteuern, um wieder in die richtige Richtung zu zielen.

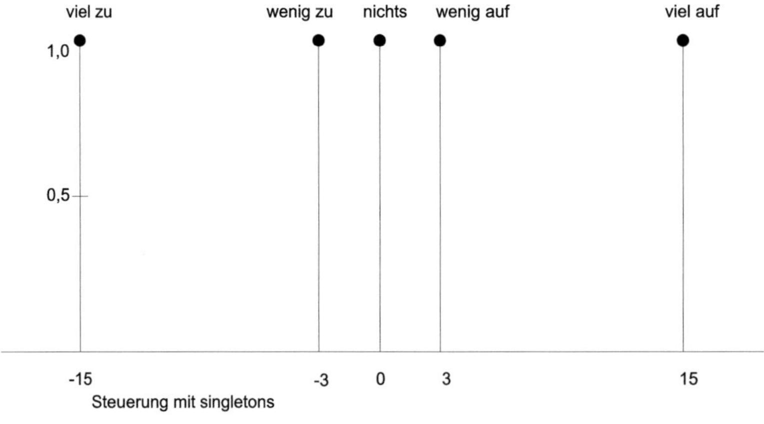

Abb. 4-8 Fuzzy-Ausgangs-Funktion für das Ventil

Tab. 4-9   Fuzzy-Rulebase Druckregler

Rule-Nr.	Wenn Druckdifferenz	und Druckänderung	dann bewege Ventilsteuerung
1	viel zu hoch	stark fallend	nicht
2	viel zu hoch	fallend	nicht
3	viel zu hoch	konstant	viel auf
4	viel zu hoch	steigend	viel auf
5	viel zu hoch	stark steigend	viel auf
6	etwas hoch	stark fallend	wenig zu
7	etwas hoch	fallend	nicht
8	etwas hoch	konstant	wenig auf
9	etwas hoch	steigend	viel auf
10	etwas hoch	stark steigend	viel auf
11	normal	stark fallend	viel zu
12	normal	fallend	wenig zu
13	normal	konstant	nicht
14	normal	steigend	wenig auf
15	normal	stark steigend	viel auf
16	etwas niedrig	stark fallend	viel zu
17	etwas niedrig	fallend	viel zu
18	etwas niedrig	konstant	wenig zu
19	etwas niedrig	steigend	nicht
20	etwas niedrig	stark steigend	wenig auf
21	viel zu niedrig	stark fallend	viel zu
22	viel zu niedrig	fallend	viel zu
23	viel zu niedrig	konstant	viel zu
24	viel zu niedrig	steigend	nicht
25	viel zu niedrig	stark steigend	nicht

Ein klassischer Regler leistet die Umsetzung einer solch komplexen Logik auf keinen Fall. Beim PD-Regler gibt es nur zwei Möglichkeiten oder „Schrauben" zur Steuerung der Empfindlichkeit. In der Fuzzy-Rulebase gibt es beliebig viele Möglichkeiten der Steuerung.

Schwerpunkt Methode:

$$y_S = \frac{\sum_R \mu_{Ra_1,\ldots a_n}^{aus} y_R}{\sum_R \mu_{Ra_1,\ldots a_n}^{aus}}$$

(4-2)

Defuzzyfizierung

Bei der Defuzzyfizierung wird der scharfe Ausgangswert ermittelt. Dazu werden als Ausgangs-Sets entweder Einzelwerte (singletons) oder Dreiecks- und Trapez-Sets genommen. Werden die Ausgangssets durch mehrere Regeln als zu aktivieren markiert, dann wird der scharfe Ausgangswert über den Schwerpunkt gemäß Gleichung (4-2) berechnet. Es wird ein gewichteter Mittelwert berechnet und als Ergebnis kommt dann ein eindeutiger konkreter Zahlenwert zur Steuerung des Ventils heraus.

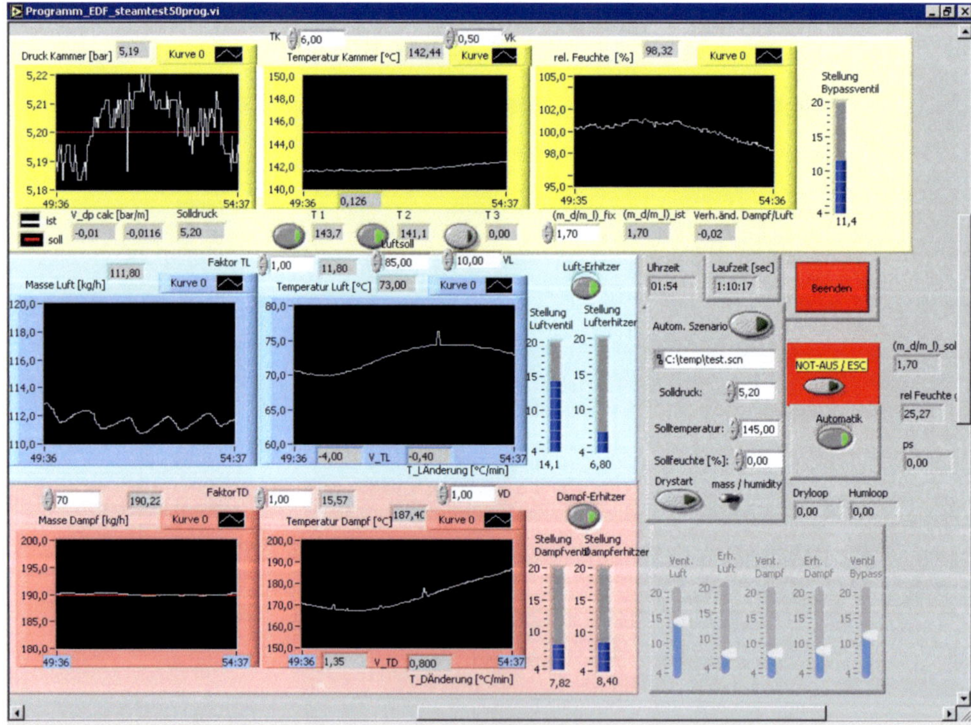

Abb. 4-9 Regelung des Drucks (schnelle Regelung)

Rampen

Die Regeln in der Fuzzy Rulebase sind für das Ziel eines konstanten Zieldruck aufgestellt. Also sollen im Idealfall Druckdifferenz und Druckänderung null sein. Die Änderung muss aber nicht null sein. Durch Einführung eines Abzugsgliedes vor

Übergabe der Werte an den Regler kann auch die Druckänderung vorgegeben werden. Der Regler trifft die Entscheidung zwar wie für ein Plateau, der Eingangswert kann aber durch „Überlagerung" zur Rampe werden.

4.2 Messtechnik Versuchsdurchführung

Zur Messung der Abläufe während der Tests werden umfangreiche Messtechnische Installationen eingesetzt. Dadurch können alle maßgeblichen Einflüsse in und um den Versuchskörper erfasst werden:

- Messung der Temperaturen
- Messung von Dehnungen und Verschiebungen
- Messung der Durchflüsse
- Messung des Drucks.

Es werden vier PCs eingesetzt. Der Leitstandrechner (mit acht Messkanälen) misst neben der Steuerung der Anlage mithilfe des Programms LabView alle wichtigen Parameter der Gemischanlage und die Zustände in der Kammer. Zwei Messrechner dienen der Messwerterfassung mithilfe von Vielstellenmessgeräten der Firma HBM, von denen eines mit 100 und das andere mit 60 Messkanälen versehen ist. Auf beiden Rechnern läuft das Messprogramm Catman.

Ein Messrechner erfasst über ein Vielstellenmessgerät vom Typ UPM 100 die Temperaturen und Dehnungen im Versuchskörper. Von den 100 Kanälen sind 60 Eingänge für Dehnmessstreifen (DMS) und 40 für Widerstandsthermometer PT100 konfiguriert. Ein weiterer Messrechner erfasst über ein Vielstellenmessgerät vom Typ UGR 60 Temperaturen und Dehnungen rund um den Versuchskörper. Von den 60 Kanälen sind 20 für DMS Eingänge, 20 für Widerstandsthermometer PT100 und 10 als individuell verwendbare 10 V Eingänge konfiguriert. Die Präzisionswaage Mettler PM wird über einen eigenen Messrechner ausgelesen. Er erfasst die Masse der Wasserleckage von der Waage über die serielle Schnittstelle.

4.2.1 Temperaturmessung

Innerhalb des Versuchskörpers werden 32 Temperaturfühler PT100, (Platinwiderstandsthermometer mit einem Widerstand von $R_0 = 100$ Ohm bei 0°C) eingesetzt. Sie weisen die Toleranzklasse A nach DIN IEC 751 auf, was einer maximalen Abweichung von +/- 0,45°C bei einer Temperatur von 150°C entspricht. Der Anschluss erfolgt in 4-Leiterschaltung zur Kompensation anschlussbedingter Einflüsse. Die Aufnehmer sind für Temperaturen bis 250 °C ausgelegt, während das geplante Szenario nur Temperaturen bis zu 141 °C vorsieht.

Temperaturfühler vom Typ PT100 sind Standard zur Erfassung der Temperaturen. Das Besondere ist hier jedoch die Kapselung. Bei früheren Dampftests kam es regelmäßig zu reihenweisen Ausfällen der Temperaturfühler. Die Aufnehmer mussten während des Betonierens dem Anmachwasser des Betons widerstehen. Während der Dampftests bestand die Möglichkeit, dass Dampf aus einem nahe verlaufenden Riss die Aufnehmer trifft.

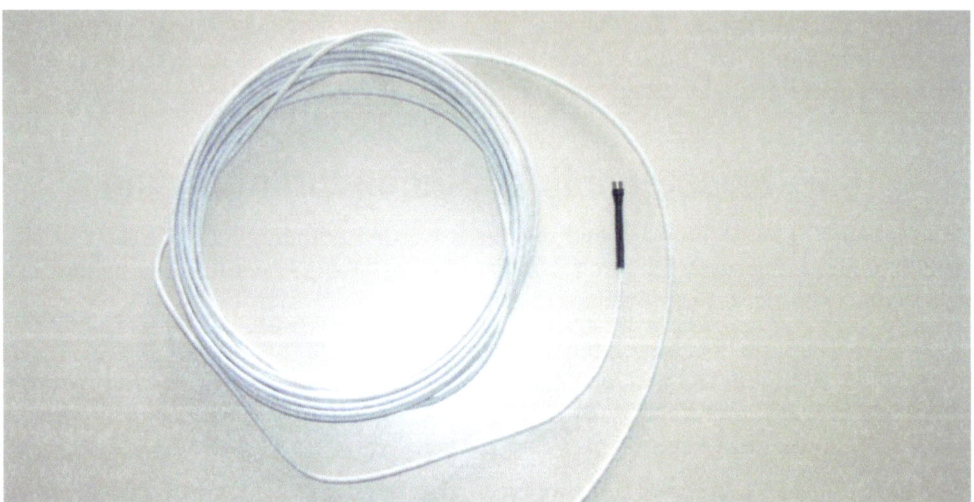

Abb. 4-10 Gekapselter PT100 für den Einsatz in Beton

Daher sollten die gewählten Aufnehmer vor allem robust sein. Im Versuchskörper wurden fertig gekapselte Aufnehmer (Abb. 4-10) verbaut. Der Kopf hat einen Durchmesser von 6 mm. Die Aufnehmer wurden am Übergang zwischen Mantelfühler und Anschlussleitung noch einmal zusätzlich mit einem Schrumpfschlauch ummantelt. Die Anschlussleitung besteht aus 3 mm dünnem Teflonkabel. Die Ausführung hat sich in der Praxis bestens bewährt, da es im Laufe der Versuche nicht einen Ausfall zu verzeichnen gab.

Abb. 4-11 PT100 zur Temperaturkontrolle nach dem Überhitzer

Bei den Industriethermometern, die fest in der Gemischanlage Abb. 4-11 und in der Druckkammer eingebaut sind, handelt es sich ebenfalls um PT100 der Klasse A Zum Schutz vor dem Dampf sind diese aber in entsprechend robuste Industriegehäuse verbaut.

4.2.2 Dehnungs- und Verschiebungsmessung

Zur Messung der Dehnungen und Verschiebungen wurden folgende Aufnehmer eingesetzt:

Tab. 4-10 Dehnungs- und Wegaufnehmer

Wege und Rissbreiten	
WAK	Wegaufnehmer (Kapazitiv)
SDM	Setzdehnungsmesser
WA	Wegaufnehmer (Induktiv)
SZA	Seilzugaufnehmer

Dehnungen und Verschiebungen im Beton	
DMS	Dehnungsmessstreifen

Kapazitive Wegaufnehmer (WAK)

Während des Aufreißens des Versuchskörpers wurden zwei kapazitive Aufnehmer der Firma Fogale (Abb. 4-12) auf der Oberseite des Versuchskörpers montiert. Die Messbasis war mit 400 mm so groß gewählt, dass mit Sicherheit ein Riss innerhalb der Messstrecke entstand. Bei den Kapazitiven Aufnehmer wird eine Stange mit der Stirnfläche in geringem Abstand vor den Aufnehmer montiert. Bei Änderung der Spaltweite ändert sich die Kapazität zwischen Sensor und Stange. Durch Auswahl einer entsprechend langen Stange kann die Messbasis einfach angepasst werden. Da berührungsfrei ohne eine feste Verbindung gemessen wird, kann der Aufnehmer auch bei extremen Spaltöffnungen nicht beschädigt werden.

Die Aufnehmer ermöglichen eine kontinuierliche Messung mit kleinem Messbereich bezogen auf die große Messbasis. Nach Abschluss des Aufreißens, beziehungsweise vor Aufsetzen der Druckkammer wurden die Aufnehmer demontiert, da sie für die Messung innerhalb der Druckkammer nicht geeignet waren.

Setzdehnungsmesser

Parallel kam ein auf den ersten Blick im Vergleich zu den kapazitiven Aufnehmern einfaches mechanisches Messgerät zum Einsatz. Auf der Ober- und Unterseite wurde ein Raster mit Messpunkten im Abstand von 100 mm aufgeklebt, welches durch Aufsetzen eines Setzdehnungsmessers die Abstandsmessung der Messpunkte vor und nach dem Aufreißen ermöglichte. Es war zwar keine kontinuierliche Messung möglich, dafür konnte jedoch die gesamte Oberfläche des Versuchskörpers abgedeckt werden. In Abb. 4-12 sind die aufgeklebten Messpunktreihen vor den beiden kapazitiven Aufnehmern zu erkennen. Der Setzdehnungsmesser vom Typ BAM Pfender besitzt eine Anzeigegenauigkeit von 1/1000 mm. Da die Risse nicht durch Rissbleche erzwungen wurden, konnte der mittlere Rissabstand zwar vorausgeplant werden, die genaue Lage war jedoch beliebig. Eine feste Montage von kontinuierlich messenden Wegaufnehmern war daher erst nach dem Reißen bei bekanntem Rissbild möglich.

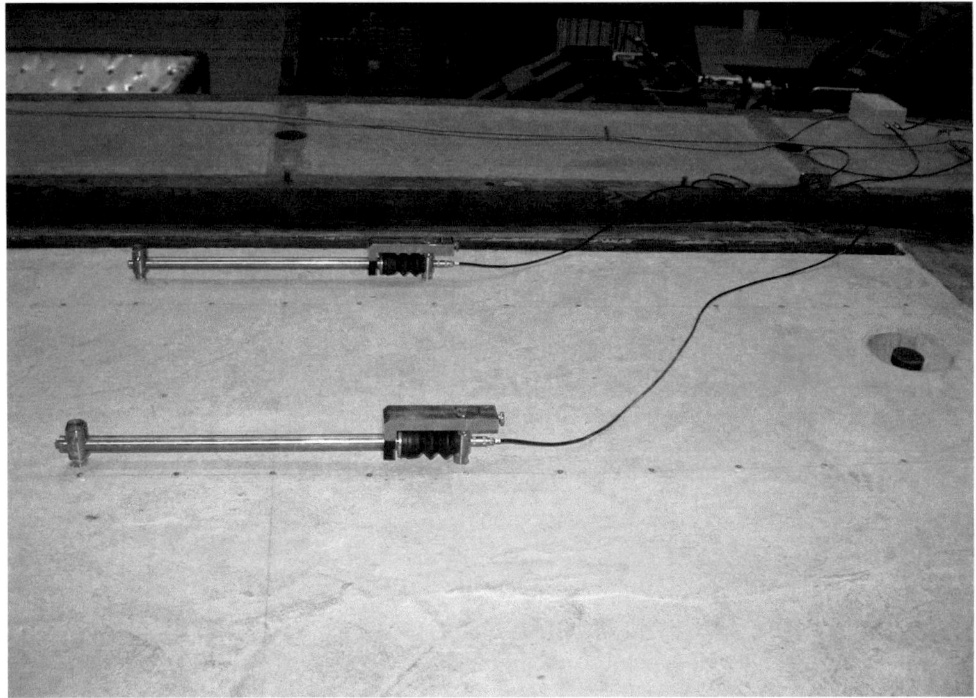

Abb. 4-12 Montage von zwei Kapazitiven Wegaufnehmern auf der Oberseite

Ein weiterer Vorteil dieser Messmethode war, dass die aufgeklebten Messmarken permanent auf der Versuchskörperoberfläche blieben und dadurch nicht nur Messungen vor und nach dem Aufreißen, sondern auch vor, zwischen und nach den Dampfversuchen möglich waren.

Dehnmessstreifen

Wie schon bei den PT100 für den Einbau in den Beton erläutert hatte die Ausfallsicherheit bei den einbetonierten Aufnehmern oberste Priorität. Zur Dehnungsmessung im Beton wurden 48 Dehnmessstreifen (DMS) im Beton verbaut. Wie auch bei der Temperaturmessung wurden zur Erhöhung der Ausfallsicherheit für den Einbau in Beton fertig gekapselte DMS vom Typ KM-100-HB verwendet. Durch ein integriertes Thermoelement waren diese DMS schon temperatur-kompensiert. Die Kapselung bestand aus einem teflonummantelten Rohr mit Scheiben an den Enden als Verankerung. Aufgrund der Kapselung ergab sich eine Messbasis von 100 mm. Die große Messbasis trug der Inhomogenität des Werkstoffs Beton Rechnung.

Obwohl man bei diesen DMS als Messergebnis Dehnungen bzw. μm/m erhält entspricht die Funktionsweise eher Wegaufnehmern. Wie aus Abb. 4-14 ersichtlich, wird physikalisch der Weg zwischen den beiden Scheiben gemessen.

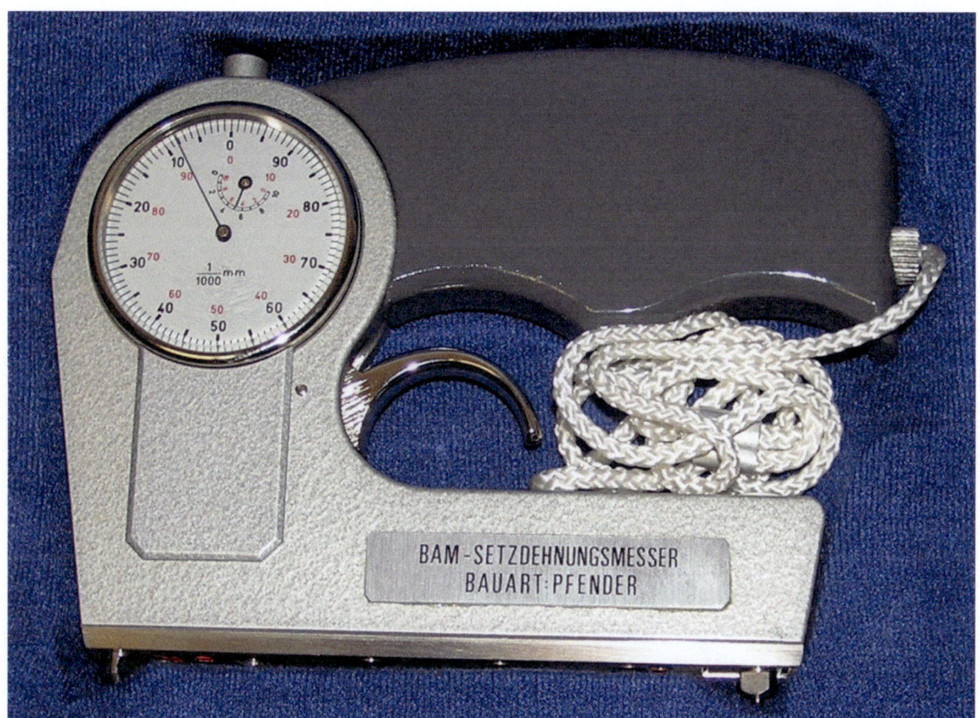

Abb. 4-13 Setzdehnungsmesser vom Typ BAM Pfender

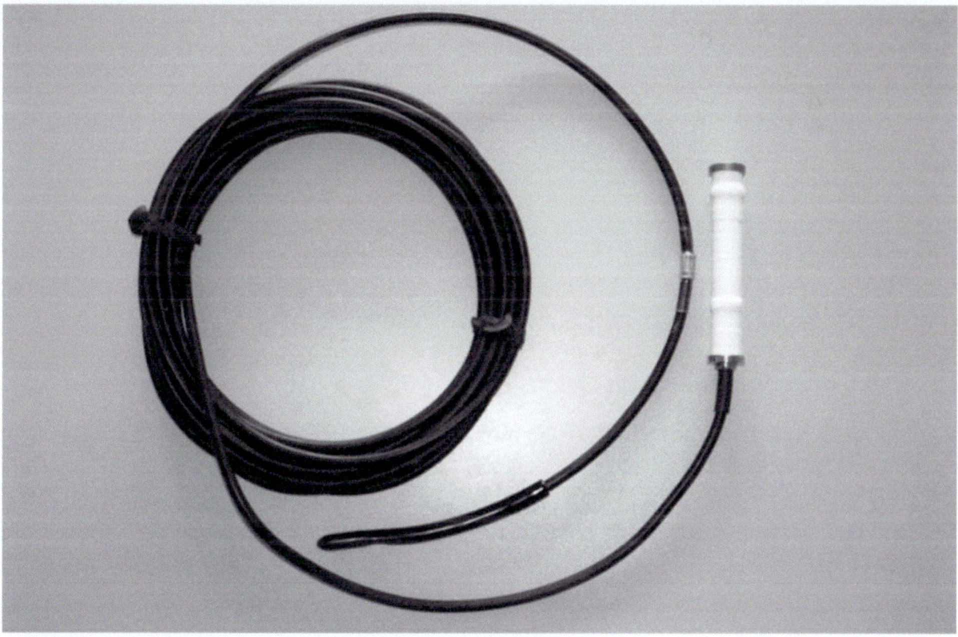

Abb. 4-14 Gekapselter DMS für den Einbau in Beton

Unter Ansatz der festen Messbasis kann man diese Dehnung in eine Verschiebung bezogen, auf den Abstand von 100 mm zwischen den Verankerungselementen umrechnen.

Diese Umrechnung bietet sich speziell dann an, wenn ein Riss genau durch den Aufnehmer verläuft. Dann sind die sehr geringen Dehnungen im Vergleich zur Rissöffnung zu vernachlässigen (Beton auf Zug). Es wird dann in Wirklichkeit nicht mehr die Dehnung sondern die Rissbreite erfasst.

So ergab sich zum Beispiel beim Aufziehen der Risse eine Dehnung von 35 µm/m bei einem Aufnehmer ohne Riss im Vergleich zu 1281 µm/m an einer Stelle mit Riss. Umgerechnet auf 100 mm Basis ergeben sich Verschiebungen von 0,0035 mm bzw. 0,1281 mm. Die Dehnung des ungerissenen Betons macht also in diesem Beispiel nur 3% der gemessenen Gesamtdehnung inklusive Riss aus.

Die DMS wurden auf vier Ebenen (siehe Abb. 3-10) in Längs-, Querrichtung und diagonal an verschiedenen Stellen (spiegelverkehrt zu den Temperaturmessstellen) im Versuchsköper (Abb. 3-15) angeordnet.

Induktive Wegaufnehmer

Bei den Induktiven Wegaufnehmern taucht ein Kern in eine Hülse. Die elektrischen Leiterschleifen in der Hülse bestehen aus Primär- und Sekundärwicklungen. Abhängig von der axialen Verschiebung des Kerns ändert sich die induzierte Spannung in den Sekundärwicklungen, die bei entsprechender Verschaltung das Signal liefern. Von diesem Aufnehmertyp kamen mehrere Varianten zum Einsatz. Auf der Oberseite des Versuchskörpers wurden vier druck- und dampfdichte Tauchanker W4 mit einem Messweg von +/- 4 mm über den Rissen montiert. Auf der Unterseite des Versuchskörpers wurden zwölf Tauchanker W4 mit einem Messweg von +/- 4 mm über den Rissen montiert. Die Verschiebung der Ecken des Versuchskörpers wurde durch acht Wegtaster W50 mit einem Messweg von +/- 50 mm gemessen. Ein Wegtaster W100 überwachte den Kolbenweg der weggesteuerten Hydraulikpressen.

Seilzugaufnehmer

In einem Seilzugaufnehmer wird die Verschiebung über einen Seilzug auf ein Potentiometer übertragen, das dann ausgelesen werden kann. Im Versuchsaufbau sind zwei zentrisch angeordnete Seilzüge W50 angeordnet, welche die Längsverschiebung des Versuchskörpers an den Stirnseiten messen.

Pressenkraft der Hydraulikzylinder

Zur Messung der hydraulischen Kraft der Pressen wurde bei einem Zylinder eine Kraftmessdose eingebaut.

4.2.3 Durchflussmessung Dampf und Luft

Zur Messung der Dampf- und Luftmengen in der Gemischerzeugung, sowie der Luftleckage wurden Coriolis Durchflussmessgeräte in drei verschiedenen Größen eingesetzt. Das Messprinzip basiert auf der Messung einer schwingenden Röhre, die durch die Durchströmung eines Mediums ihre Eigenfrequenz verändert.

Abb. 4-15 Coriolis Messgerät DN15

Abb. 4-16 Durchflussmessung mit Rechner (li.) und Waage (re.)

Das Messverfahren arbeitet dabei unabhängig von den physikalischen Eigenschaften des Fluids wie Dichte oder Viskosität und kann Gase oder Flüssigkeiten messen. Während des Dampftests wurde im Dampfkanal ein großes Messgerät mit Anschlussdurchmesser DN25, im Luftkanal ein mittleres der Größe DN15, sowie zur Messung der Leckage ein kleines der Größe DN8 verwendet.

Für die reinen Lufttests konnte das Messgerät DN25 aus dem Dampfkanal ausgebaut und zusätzlich zur Messung der Leckage verwendet werden, wodurch der vergrößerte Messbereich auch für größere Luftleckagen ausreichte.

Durchflussmessung Wasser

Zur Messung der Wasserleckage wurde ein 20 Liter-Tank auf eine Präzisionswaage vom Typ Mettler PM34-K gestellt und darin die Austretende Leckage gesammelt. Die Präzisionswaage wurde mit einem PC verbunden und in 5 Sekundenintervallen ausgelesen. Bei Erreichen der Grenze des Feinbereichs der Waage wurde der Tank gelehrt. Die Ablesbarkeit im Feinbereich beträgt 0,1 g. Die Leckagegeschwindigkeit wurde aus der gemessenen Masse pro Zeitintervall errechnet.

Restfeuchtemessung

Direkt vor Messung der Luftleckage wurde die Restfeuchte der auskondensierten, wiedererwärmten Luft bestimmt. Dazu wurde sowohl die absolute als auch die relative Feuchte gemessen.

Abb. 4-17 Restfeuchtemessung mit Rotronic I2000 Hygromersonde

Der Messfühler I2000 der Firma Rotronic enthält einen kapazitiven Feuchtefühler HYGROMER-C94 und einen Pt100 für die Temperaturmessung, wobei die Temperatur für die Angabe der relativen Feuchte benötigt wird. Der Hygromer ändert in Abhängigkeit der Feuchtsättigung seine elektrischen Eigenschaften.

Der Messfühler der Firma NGK besitzt eine Zirkoniumsonde. Diese misst den Sauerstoffgehalt der Luft ähnlich einer Lambdasonde im Auto und ermittelt darüber den Wasserdampfpartialdruck in mmHg. Die in der Luft gemessenen Restfeuchten waren letztlich jedoch, im Verhältnis zur gemessenen auskondensierten Wasserleckage auf der Waage, verschwindend gering.

Abb. 4-18 Restfeuchtemessung mit NGK Zirkoniumsonde

Druckmessung
Zur Druckmessung wurden Druckmesser vom Typ Cerabar der Firma Endress+Hauser verwendet. Es kamen je nach Anwendungszweck zwei verschiedene Typen zum Einsatz. Zum Anschluss an in die Messwanne und für die Messung des Umgebungsdrucks wurden Aufnehmer mit einem Messbereich bis 1 bar gewählt. Zur Messung des Drucks in der Druckkammer wurde ein Aufnehmer mit einem Messbereich bis 10 bar verwendet.

4.3 Messwerterfassung

Die Messwerterfassung durch den PC erfolgte mithilfe des Programms Catman der Firma HBM (Hersteller der Vielstellenmessgeräte). Das Programm bot während des Versuchs die Kontrollmöglichkeit der Messwerte. Über das Programm wurden auch die Vielstellenmessgeräte bedient.

Das Programm der Firma HBM kam auf zwei Messrechnern zum Einsatz, die jeweils ein Vielstellenmessgerät UPM 100 bzw. UGR 60 auslasen. Damit konnten die Messverstärker konfiguriert, Messparameter und Messrate definiert und die Visualisierung gewählt werden. Die Einstellung der Aufnehmer (k-Werte), sowie der Test und Abgleich der Messstellen, wurden mit der Software durchgeführt. Die Daten wurden in 5 Sekunden-Intervallen vom Programm Catman gespeichert.

Zur Auswertung wurden nachträglich die 5 Sekunden-Daten des Anlagensteuerungsrechners (Labview), des UPM 100 und UGR 60 (Catman), sowie der Digitalwaage (Mettler) zusammengeführt.

Kapitel 5
Experimentelle Untersuchungen zur Durchflussmessung

5.1 Aufreißvorgang

Der Versuchskörper ist mit 48 Gewi-Stäben mit dem Durchmesser 25 bewehrt, um die Zugkräfte in den Beton einzuleiten. An beiden Enden des Versuchskörpers wird die Kraft in 12 Zugstangen gesammelt, die mit den hydraulischen Pressen verbunden sind. Die Zugstangen werden genutzt, um den Versuchskörper so weit aufzuziehen, dass ein möglichst abgeschlossenes Rissbild entsteht.

Tab. 5-1   Geometriewerte des Versuchskörpers

Länge	l	=	**2700 mm**
Breite	b	=	**1800 mm**
Dicke	h	=	**1200 mm**
Volumen	V	=	**5,832 m^3**
Betondichte	ρ	$\approx$	**2500 kg/m^3**
Masse	m	$\approx$	**14580 kg**

Das Versuchsprogramm sieht insgesamt pro Versuchskörper je drei Tests mit getrockneter Druckluft, im Weiteren als „Lufttests" bezeichnet, und je zwei Dampf-Luft-Gemisch-Tests, im Weiteren als „Dampftests" bezeichnet, vor. In Tab. **5-2** ist der zeitliche Ablauf der Tests zu erkennen. Als thermohydraulische Belastung für die Dampftests wurde ein Plateau bei einer Luft-Dampf-Mischung von 1 kg Luft auf 1,7 kg Dampf bei 5,2 bar absolut und 141 °C in der Druckkammer vorgesehen. Dieses Plateau wurde für 72 Stunden gehalten, um möglichst stationäre Verhältnisse zu erreichen.

Die Rissbreite w gibt dabei die Zielrissbreite an. Es wurden bei den Lufttests jedoch aufsteigend alle jeweils durchführbaren Rissbreiten gefahren, soweit die Rissbreite nach dem Dampftest noch reversibel war.

Aufsicht

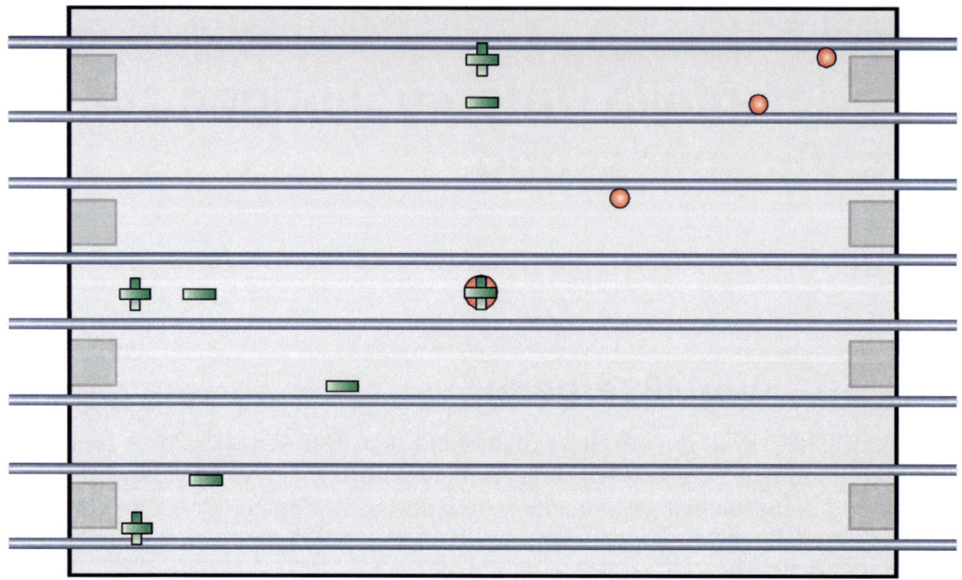

Längsschnitt

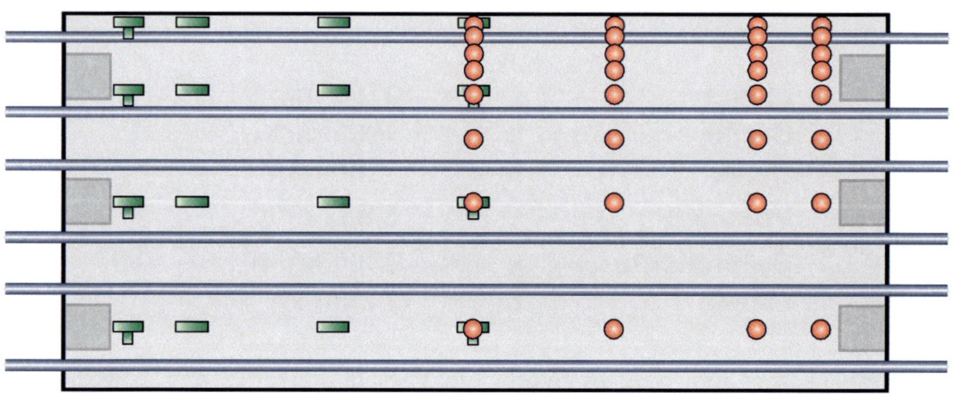

Querschnitt

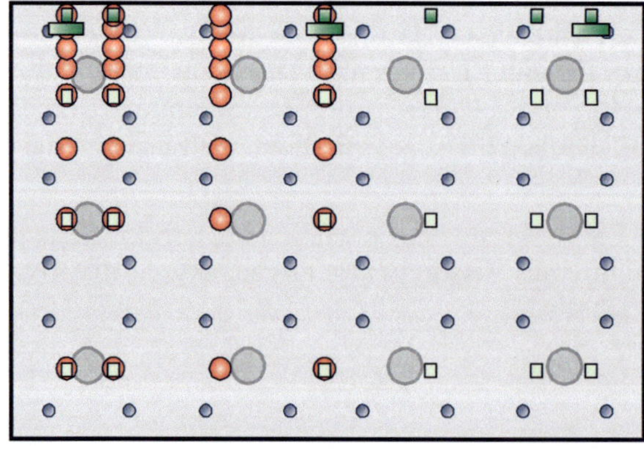

Abb. 5-1 Anordnung der Aufnehmer im Versuchskörper

Die Risserzeugung und Versuche wurden mit Aufnehmern in und am Versuchs-körper aufgezeichnet. Die Anordnung der einbetonierten Aufnehmer ist bei allen Versuchskörpern identisch. Es kommen 48 Dehnungsaufnehmer und 24 Temperatur-aufnehmer zum Einsatz (Abb. 5-1). Die Wegaufnehmer an der Oberfläche wurden jeweils abhängig vom erzielten Rissbild angebracht und sind in den Rissbildern ein-gezeichnet.

Tab. 5-2   Betonier- und Testdaten der Versuchskörper

Versuchs-körper	Betonieren	Reißen	1. Lufttest "geschlossen"	1. Dampftest „w=0,1mm"	2. Lufttest „w=0,1mm"	2. Dampftest „w=0,2mm"	3. Lufttest „w=0,2mm"
VK 1	08.04.2002	12.04.2002	11/17.06.2002	20-23.06.2002	09.12.2002	12-15.12.2002	22.01.2003
VK 2	05.02.2003	20.03.2003	07.05.2003	08-11.05.2003	21.05.2003	22-26.05.2003	27.06.2003
VK 3	08.10.2003	30.10.2003	06.11.2003	07-10.11.2003	25.11.2003	27-30.11.2003	03.02.2004

5.2   Vorgehensweise beim Lufttest

Der Versuchskörper wird im Lastrahmen mithilfe der hydraulischen Pressen bis zur gewünschten Rissbreite aufgezogen. Die Rissbreite wird anhand der induktiven Wegaufnehmer an der Versuchskörperunterseite justiert. Danach wird der Druck in der Druckkammer in mehreren Laststufen schrittweise erhöht (siehe **Abb. 5-2**)

Die Luftleckage an der Unterseite wird in der Kontrollkammer aufgefangen und kontinuierlich gemessen.

Ablaufschema Lufttest:

- Anpassung der Pressenkraft zur Einstellung der gewünschten Rissbreite
- Anfahren des Luftdrucks auf 1,2 bar
- Erhöhen des Luftdrucks in 0,8 bar Schritten und jeweils Messung bei stationären Verhältnissen
- Nach Erreichen des Maximaldrucks von 5,2 bar absolut herunterfahren
- Ggf. Wiederholung der Prozedur für die nächstgrößere Rissbreite
- Ende des Tests.

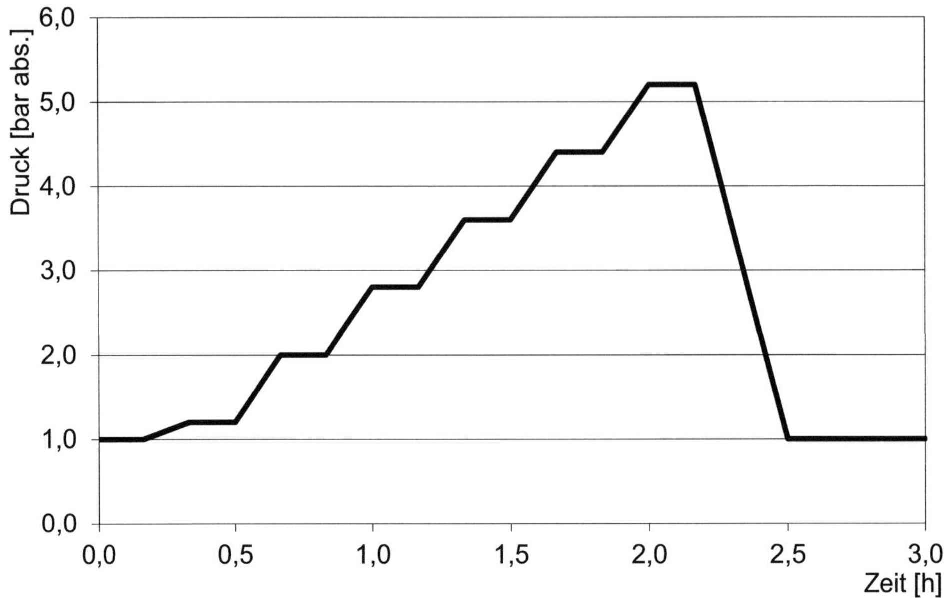

Abb. 5-2   Lufttest Szenario

5.3   Vorgehensweise beim Dampftest

Beim Dampftest wird der Versuchskörper im Lastrahmen mithilfe der hydraulischen Pressen auf die gewünschte Rissbreite gezogen und gehalten. Die maßgebende Rissbreite wird dabei von Wegaufnehmern auf der Versuchskörperunterseite gemessen.

Danach werden der Druck und die Temperatur in der Druckkammer auf 5,2 bar und 141 °C hochgefahren und das Mischungsverhältnis von Dampfmasse zu Luftmasse auf 1,7 : 1 eingeregelt. Nach Erreichen dieses Plateaus werden die Verhältnisse für 72 Stunden konstant gehalten.

Ablaufschema Dampftest:

- Anpassung der Pressenkraft zur Einstellung der gewünschten Rissbreite
- Anfahren der Anlage auf Massenverhältnis Dampf zu Luft von 1,7 bei 5,2 bar und 141 °C
- Beibehaltung konstanter Verhältnisse für 72 Stunden
- Herunterfahren des Drucks Abschaltung der Anlage
- Fortlaufende Messung bis die Leckage aufhört
- Ende des Tests.

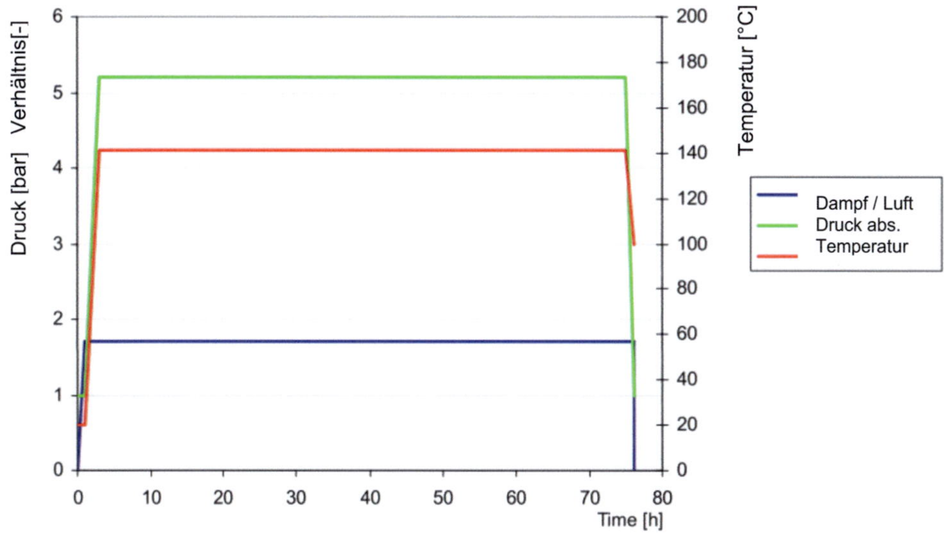

Abb. 5-3 72 h Dampftest Szenario   Zeit [h]

5.4 Aufreißen von VK1

Tab. 5-3 Versuchsergebnisse der Betonproben des Versuchskörpers VK1

		2 Tage	Aufreissen 4 Tage	7 Tage	28 Tage	56 Tage
Druckfestigkeit f$_{cm}$ (Zylinder)	[MPa]	31,7	39,7	43,4	49,5	53,8
E-Modul (Zylinder)	[MPa]		29400		31400	
Spaltzugfestigkeit (Zylinder)	[MPa]		3,5		4,0	
Zugfestigkeit (Probestab)	[MPa]		4,2		3,4	
Biegeenergie (Balken)	[N/m (J/m^2)]				124	

Die Festigkeitsentwicklung des Versuchskörpers wurde anhand von Proben verfolgt, um die gewünschte Anzahl an Rissen zu erhalten (Rissabstand) und zu verhindern, dass die Kapazität der Anlage überschritten wird. Die Versuchsergebnisse der Betonproben sind in Tab. **5-3** angegeben. Bei einer Spaltzugfestigkeit von 3,5 N/mm^2 (nach 4 Tagen) wurde mit der Erzeugung der Risse begonnen. Die detaillierten Protokolle zur Ermittlung der Festigkeiten werden im Anhang 2 dokumentiert

Mithilfe von 12 hydraulischen Pressen wurde eine zentrische Zugkraft auf den Körper aufgebracht und kontinuierlich gesteigert. Der Verlauf der Kraft ist in Abb. 5-4 dargestellt. Der erste Riss "A" entstand bei einer Gesamtkraft von 4250 kN in der Mitte des Versuchskörpers. Bei Steigerung auf 5100 kN gab es zwei weitere Risse außerhalb der Beobachtungsfläche. Als nächstes trat Riss „B" bei 5400 kN neben Riss „A" innerhalb der Beobachtungsfläche auf. Zwei weitere Risse „C" und „D" entstanden bei ca. 6000 kN. Schließlich wurde die Kraft ohne weitere Rissentwicklung bis 6600 kN gesteigert. Nach Aufnahme des Rissbildes erfolgte die Entlastung (vgl. Abb. 5-9).

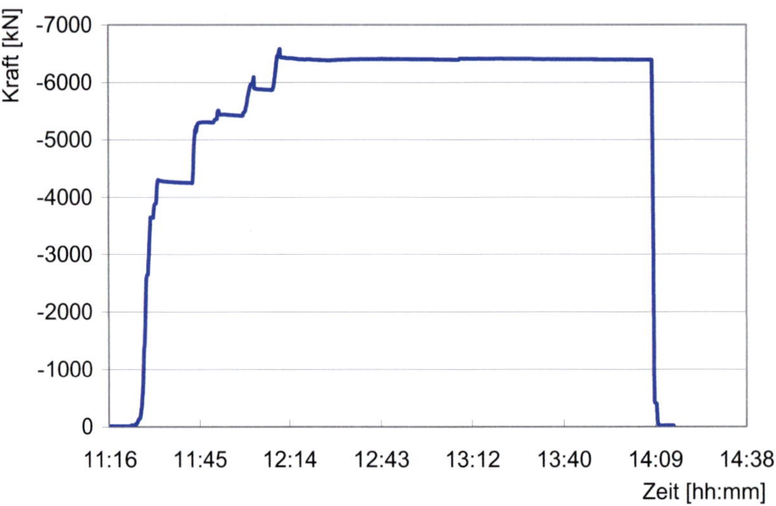

Abb. 5-4 Gesamtpressenkraft beim Aufreißen von VK1

Während der Risserzeugung waren zwei kapazitive Sensoren mit einer Messbasis von 400 mm auf der Oberfläche installiert, welche die Rissentstehung aufzeichneten. Durch die große Messbasis sollte gewährleistet werden, dass mindestens ein Riss im Bereich der Sensoren entsteht.

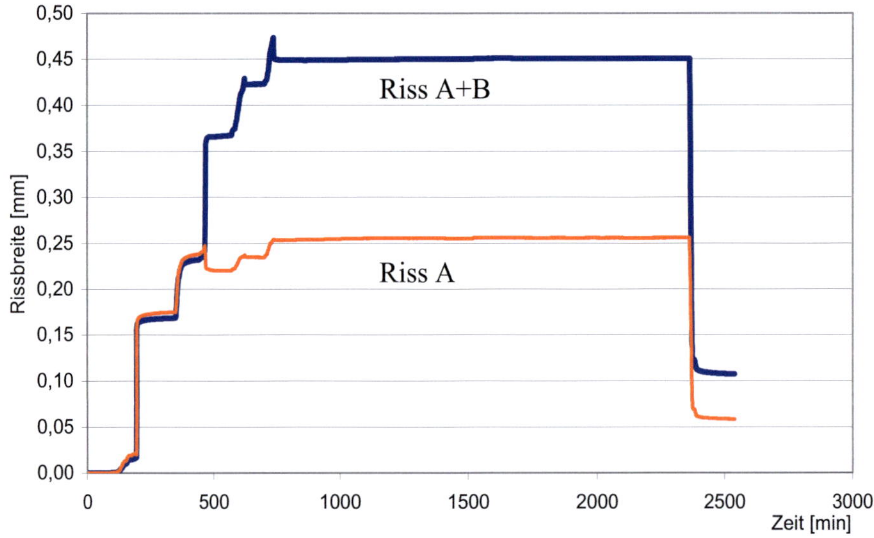

Abb. 5-5 Rissentwicklung der Risse „A" und „B" an der Oberfläche beim Aufreißen von VK1 in Abhängigkeit der Zeit

Der Verlauf der Rissbildung ist in Abb. 5-5 erkennbar. Nach anfänglicher Dehnung des Versuchskörpers werden beide Sensoren von Riss „A" erfasst. Im weiteren Verlauf wird der zweite Sensor zusätzlich von Riss „B" erfasst. Im Moment des

Auftretens von Riss „B" geht die Rissbreite des Risses „A" geringfügig zurück. Nach der Entlastung beträgt die Restrissbreite für Riss „A" ca. 0,06 mm und für beide Risse ca. 0,11 mm zusammen. In Abb-5-6 ist die Verschiebung in Abhängigkeit der Kraft aufgezeichnet. Es fällt die Beeinflussung von Sensor „A" (für beide Risse) bei ca. 6000 kN auf. Die Erschütterung bei der Bildung anderer Risse führt zu einer Vergrößerung der Rissbreite des Risses „B" von 0,05 mm. Während die Belastung stufenförmig erscheint, ist ein weitgehend linearer Rückgang bei der Entlastung zu sehen.

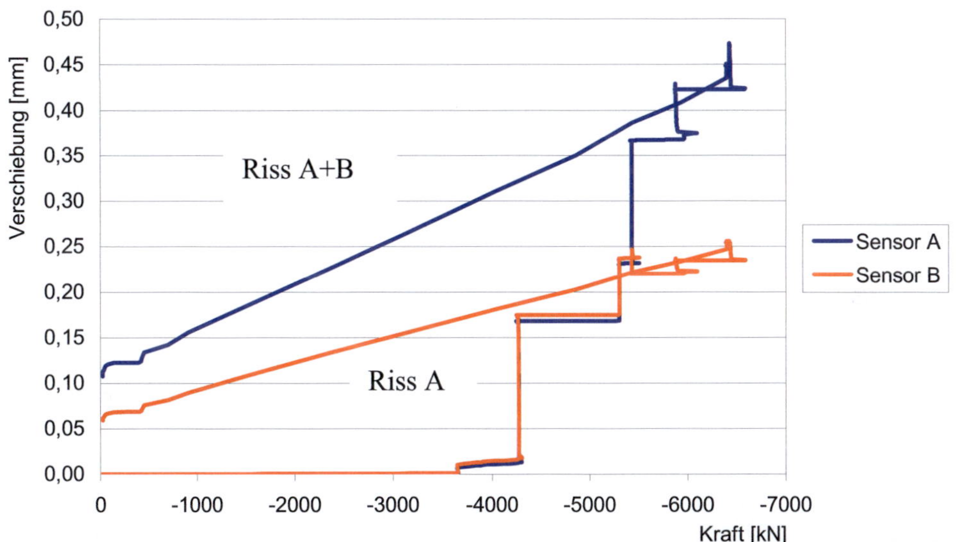

Abb-5-6   Rissentwicklung der Risse „A" und „B" an der Oberfläche beim Aufreißen von VK1 in Abhängigkeit der Pressenkraft

Wie zuvor für die auf der Oberfläche montierten Aufnehmer beschrieben, wurden auch mehrere Aufnehmer innerhalb des Versuchskörpers durch Risse erfasst. Die Abb. 5-7 zeigt die Dehnungsaufnehmer im Beton entlang des Querschnitts in der Versuchskörpermitte. Die Aufnehmer Strain 11 bis 18 sind im Zentrum des Versuchskörpers angeordnet, während Strain 61 bis 67 versetzt und Strain 81 bis 88 in der Nähe des Versuchskörperrands positioniert sind. Die Nummerierung erfolgte aufsteigend von der Oberfläche zur Unterseite. So findet sich z.B. Strain 11 bei der Oberseite, wohingegen Strain 18 bei der Unterseite zu finden ist. Ungerade nummerierte Aufnehmer sind längs und gerade nummerierte quer zur Zugrichtung eingebaut. Die genaue Lage ist den Bewehrungszeichnungen Abb. 3-10 und Abb. 3-15 zu entnehmen.

Obwohl es sich prinzipiell um Dehnungsaufnehmer handelt, sind diese Aufnehmer für einen inhomogenen Baustoff wie Beton mit einer Messbasis von 100 mm groß genug, um von Rissen erfasst zu werden. Offensichtlich wurde der Aufnehmer Strain 17, wie in Abb. 5-7 ersichtlich, von Riss „A" erfasst. Die Aufnehmer Strain 61, 63, 65 sowie Strain 81, 83 und 85 wurden von Riss „B" erfasst. Ausgehend von der Basis 100 mm, unter der Annahme, dass die Dehnung des Betons im Vergleich zur Rissbreite sehr klein ist, entsprechen maximal gemessene 2500 µm einer Rissbreite von 0,25 mm. In Abb. 5-8 wird der Zusammenhang der Rissbildung in Abhängigkeit im Bereich der einbetonierten Sensoren in Abhängigkeit der Kraft gezeigt.

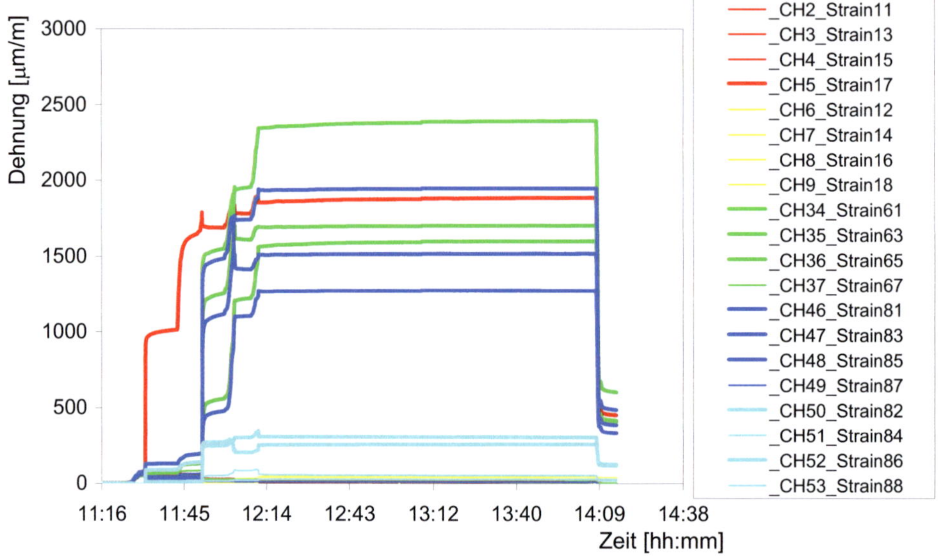

Abb. 5-7   Rissentwicklung Versuchskörper VK1 in Abhängigkeit der Zeit

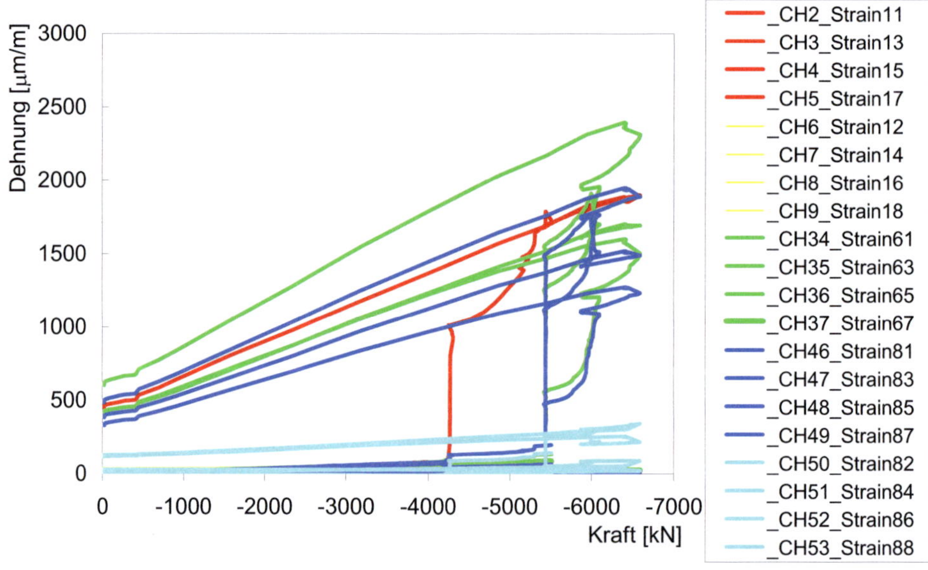

Abb. 5-8   Rissentwicklung Versuchskörper VK1 in Abhängigkeit der Kraft (Lage der Sensoren gemäß Zeichnung)

Oberseite

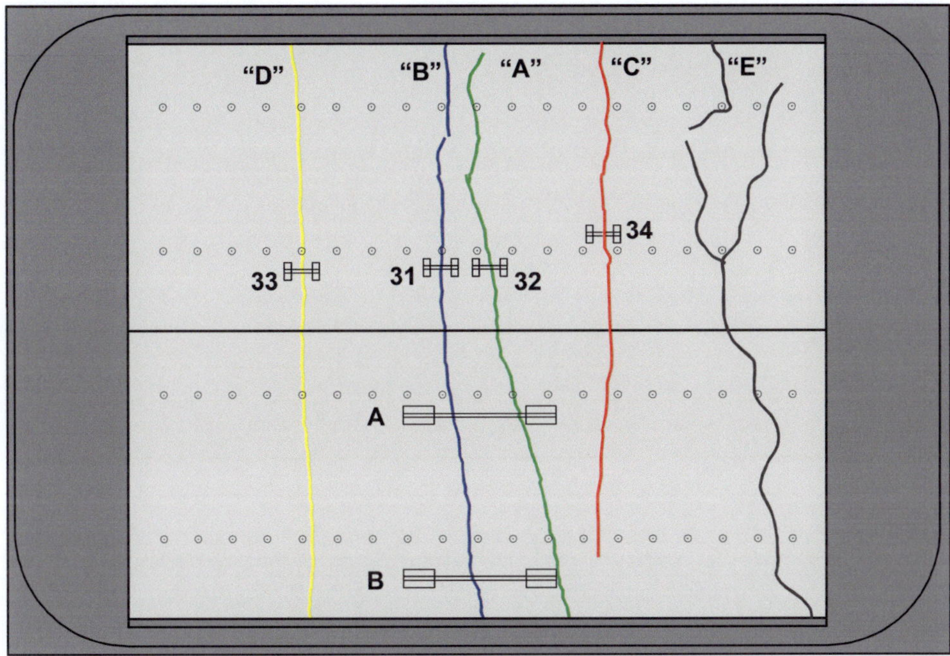

Unterseite

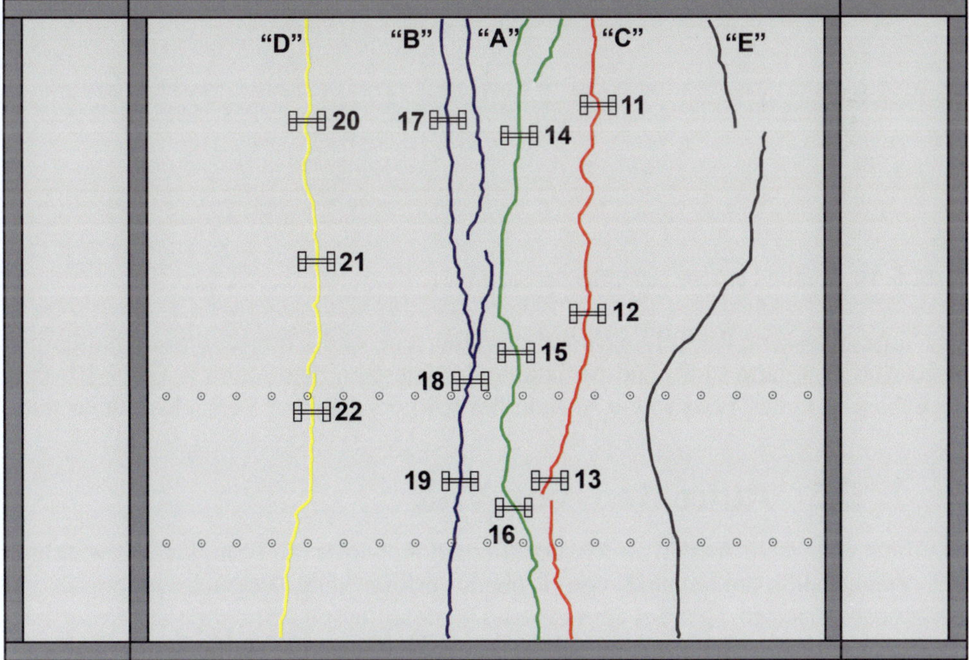

Abb. 5-9 Rissbild auf Ober- und Unterseite von VK1

Vorderseite

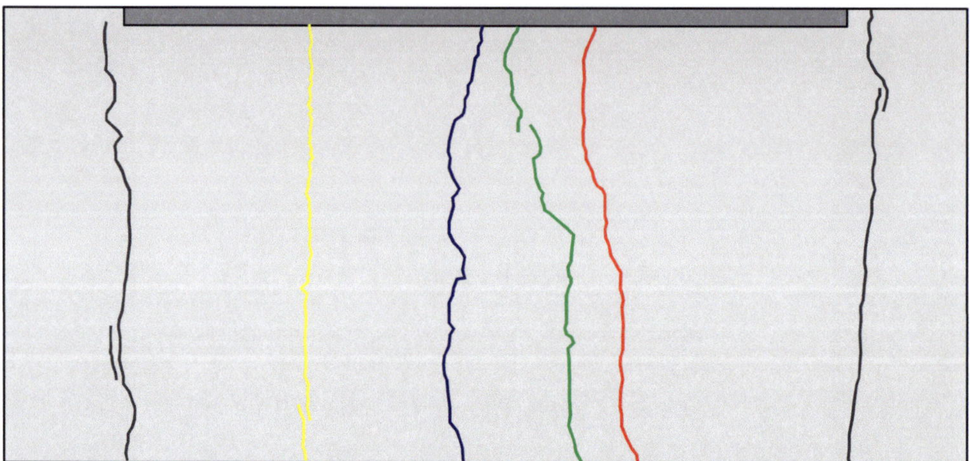

Rückseite

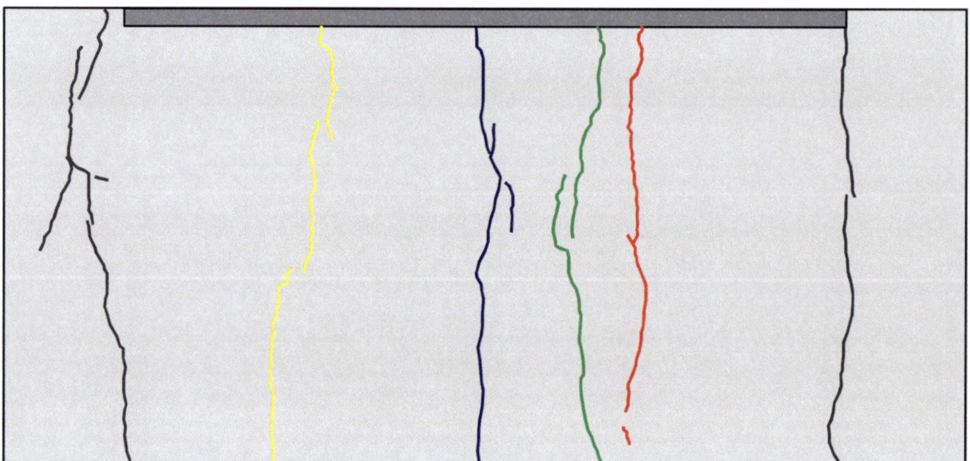

Abb. 5-10 Rissbild an den Seitenflächen von VK1

Das abgeschlossene Rissbild wird auf der Oberseite und Unterseite festgehalten und ist in Abb. 5-9 dargestellt. Die Aufnahme der Risse an den Seiten (Abb. 5-10) fand nach Abschluss der Tests sowie Ausbau des Körpers aus dem Versuchsrahmen statt.

5.5   Aufreißen von VK2

Um die gewünschte Anzahl an Rissen zu erhalten, wurde die Festigkeitsentwicklung des Versuchskörpers anhand von Proben verfolgt. Die Versuchsergebnisse der Betonproben sind in Tab. **5-4** angegeben. Die detaillierten Protokolle zur Ermittlung der Festigkeiten werden im Anhang 3 dokumentiert. Nach 43 Tagen wurde bei einer Spaltzugfestigkeit von 3,7 N/mm^2 mit der Erzeugung der Risse begonnen.

Tab. 5-4 Versuchsergebnisse der Betonproben des Versuchskörpers VK2

		2 Tage	7 Tage	28 Tage	Aufreissen 43 Tage	56 Tage
Druckfestigkeit f_{cm} (Zylinder)	**[MPa]**		24,0	32,7	35,9	
Druckfestigkeit f_{cm} (am Würfel)	**[MPa]**	11,0	21,5	33,3		40,0
E-Modul (Zylinder)	**[MPa]**			26516	26943	
Spaltzugfestigkeit (Zylinder)	**[MPa]**		2,5	3,1	3,7	
Zugfestigkeit (Probestab)	**[MPa]**			3,3	3,5	
Biegeenergie (Balken)	**[N/m (J/m^2)]**				146	

Mithilfe von 12 hydraulischen Pressen wurde eine zentrische Zugkraft auf den Körper aufgebracht und kontinuierlich gesteigert. Der Verlauf der Gesamtpressenkraft ist in Abb. 5-11 dargestellt. Die ersten Risse traten bei 4900 kN außerhalb der Beobachtungsfläche auf. Als erster Riss innerhalb der Beobachtungsfläche erschien Riss "F" bei 5980 kN. Dabei wurden die einbetonierten Dehnungsaufnehmer Strain 35, 37, 53, 55 erfasst und die Kraft ging auf 5780 kN zurück. Während diese Kraft gehalten wurde traten Risse „C" und „D" auf und erfassten die Sensoren Strain 11, 13, 61, 63, 81, 83 in der Mitte des Versuchskörpers. Bei weiterer Steigerung auf maximal 6500 kN gab es noch zwei weitere Risse „A" und „B". Nach Aufnahme des Rissbildes erfolgte dann die Entlastung.

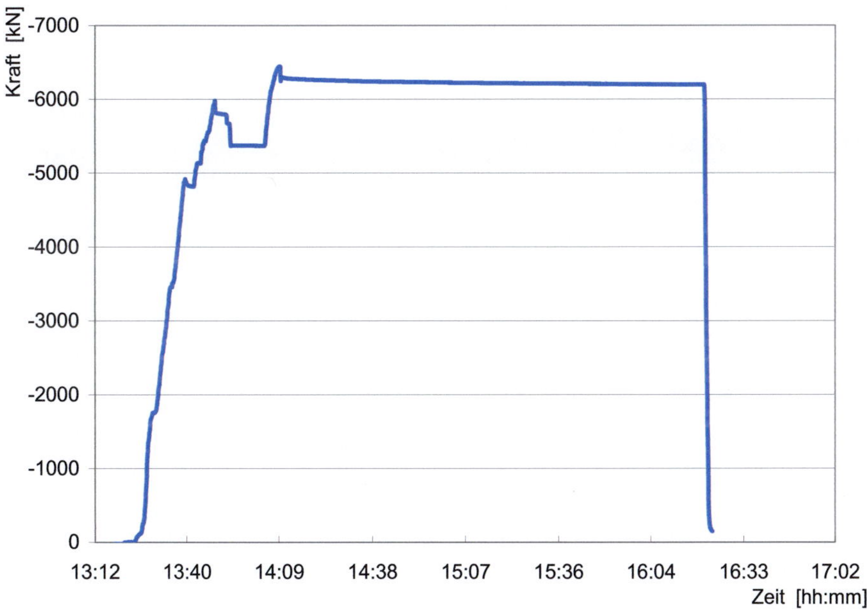

Abb. 5-11 Gesamtpressenkraft beim Aufreißen von VK2

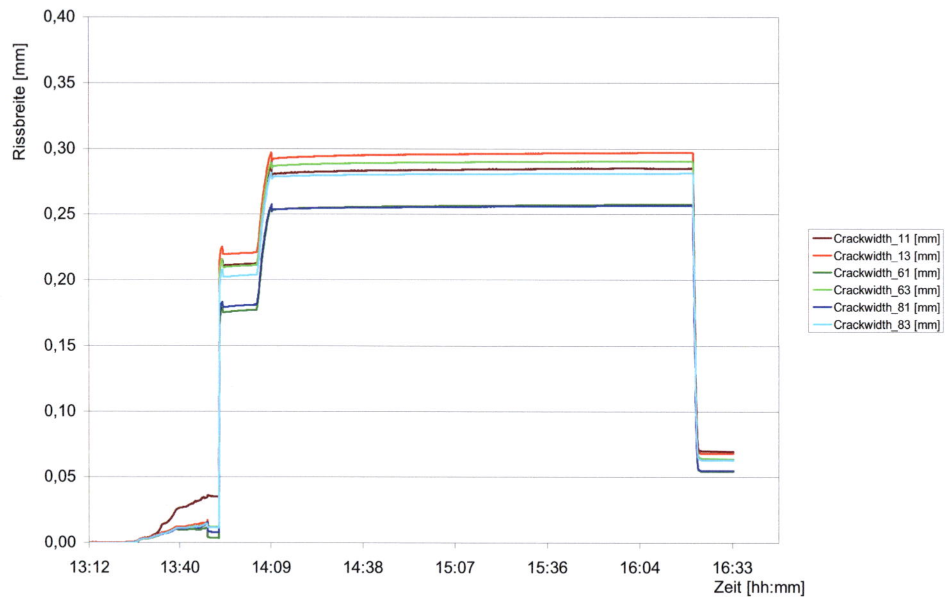

Abb. 5-12 Rissentwicklung von Riss „C" beim Aufreißen von VK2

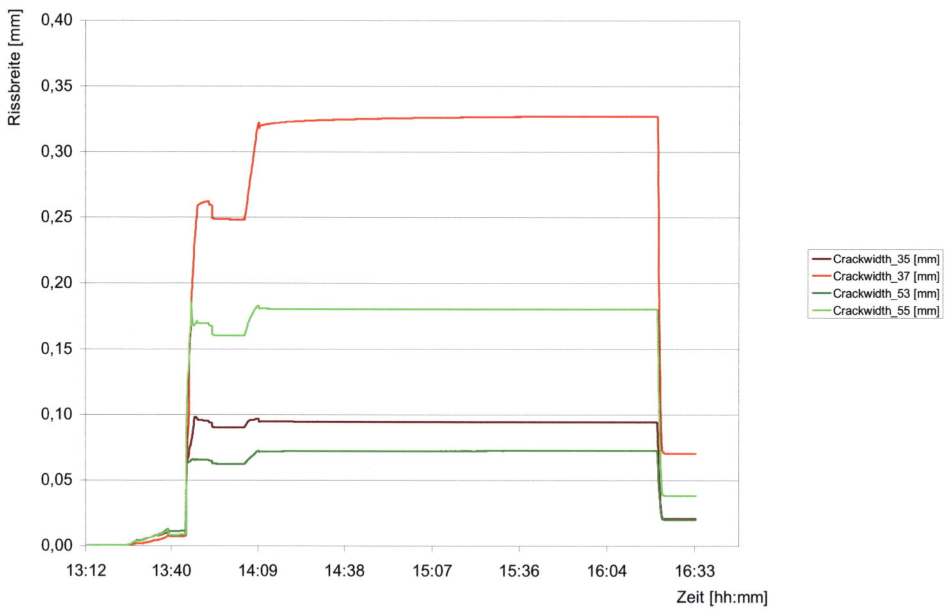

Abb. 5-13 Rissentwicklung von Riss „F" beim Aufreißen von VK2

Oberseite

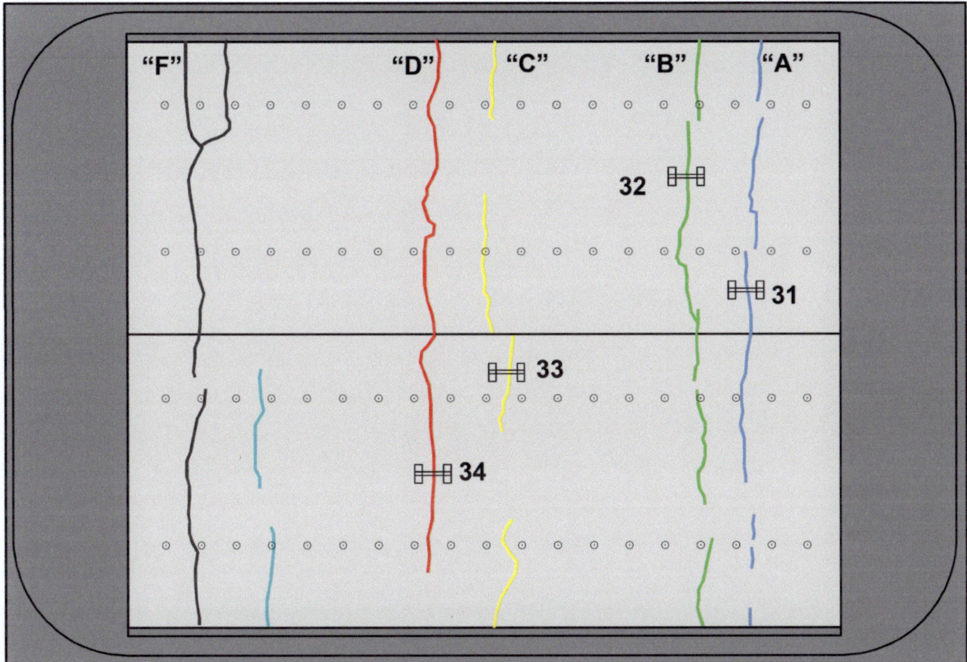

Unterseite

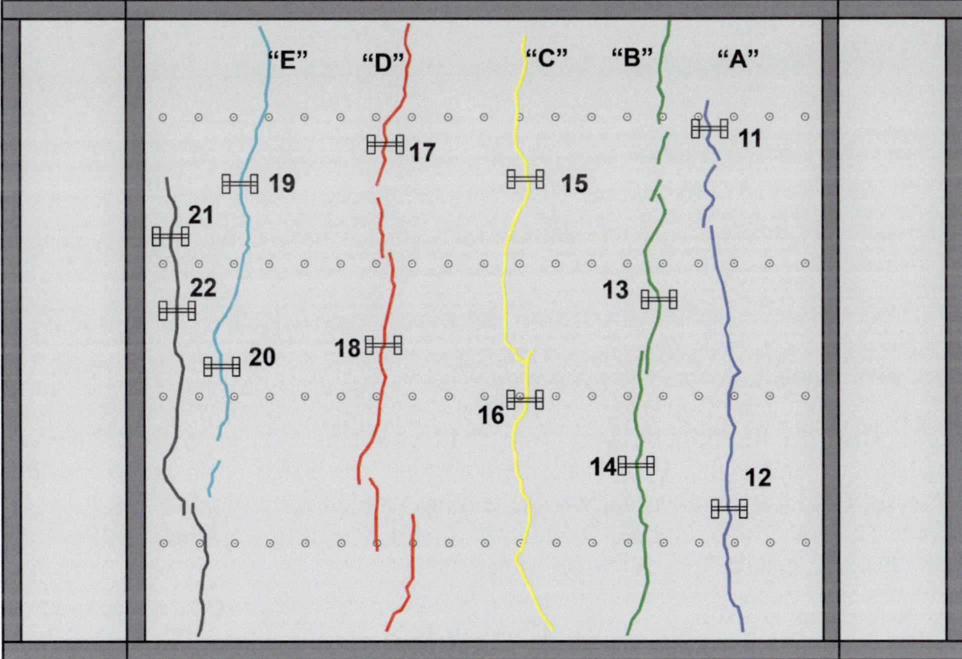

Abb. 5-14 Rissbild auf Ober- und Unterseite von VK2

Vorderseite

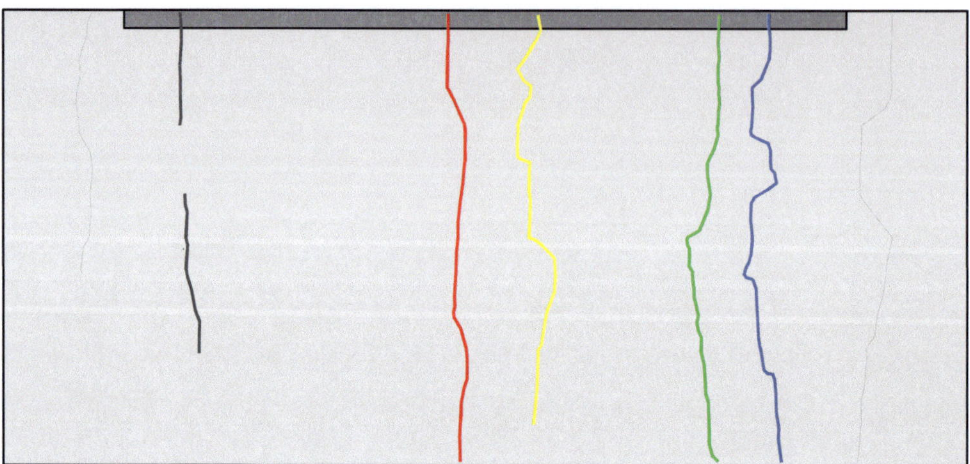

Rückseite

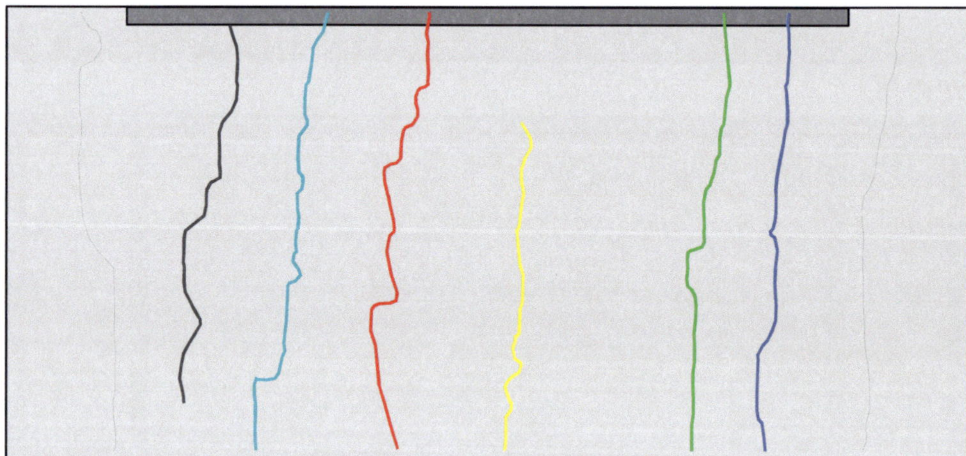

Abb. 5-15 Rissbild an den Seitenflächen von VK2

Der Verlauf der Rissbildung ist in Abb. 5-12 und Abb. 5-13 erkennbar. Nach anfänglicher Dehnung des Versuchskörpers werden die ersten Aufnehmer von Riss „F" erfasst. Im weiteren Verlauf werden weitere Aufnehmer zusätzlich von Riss „C" erfasst. Die Abb. 5-12 zeigt die Dehnungsaufnehmer entlang des Querschnitts in der Mitte des VK, welche Riss „C" zuzuordnen sind.

Die Aufnehmer in Abb. 5-13 sind dem Riss „F" zuzuordnen. Die genaue Lage ist den Bewehrungszeichnungen Abb. 3-10 und Abb. 3-15 zu entnehmen. Ausgehend von der Basis 100 mm, unter der Annahme, dass die Dehnung des Betons im Vergleich zur Rissbreite sehr klein ist entsprechen maximal gemessene 3000 μm einer

Rissbreite von 0,3 mm. Nach Entlastung verbleibt eine Restrissbreite von ca. 0,06 mm.

Das abgeschlossene Rissbild wurde auf der Oberseite und Unterseite festgehalten und ist in Abb. 5-14 dargestellt. Die Risse an den Seiten konnten erst nach Abschluss der Tests, sowie Ausbau des Körpers aus dem Versuchsrahmen aufgenommen werden und sind in Abb. 5-15 dargestellt.

5.6 Aufreißen von VK3

Tab. 5.5 Versuchsergebnisse der Betonproben des Versuchskörpers VK3

		2 Tage	7 Tage	Aufreissen 22 Tage	28 Tage	56 Tage
Druckfestigkeit f_{cm} (Zylinder)	[MPa]	11,5	21,4	28,7	29,9	36,3
Druckfestigkeit f_{cm} (am Würfel)	[MPa]	11,7	23,7		34,1	35,5
E-Modul (Zylinder)	[MPa]			26428	24977	
Spaltzugfestigkeit (Zylinder)	[MPa]			2,7	2,7	
Zugfestigkeit (Probestab)	[MPa]			3,1	3,2	
Biegeenergie (Balken)	[N/m (J/m^2)]				137	

Die Versuchsergebnisse der Betonproben des Versuchskörpers 3 sind in Tab. **5.5** angegeben. Die detaillierten Protokolle zur Ermittlung der Festigkeiten werden im Anhang 4 dokumentiert Nach 22 Tagen wurde bei einer Spaltzugfestigkeit von 2,7 N/mm^2 mit der Erzeugung der Risse begonnen. Die Festigkeitsentwicklung wurde anhand von Proben verfolgt, um den Rissabstand zu steuern.

Die zentrische Zugkraft wurde mithilfe von 12 hydraulischen Pressen auf den Körper aufgebracht und kontinuierlich gesteigert. Der Verlauf der Kraft ist in Abb. 5-16 dargestellt. Bei einer Gesamtkraft von 4300 kN entstanden die ersten Risse außerhalb der Beobachtungsfläche. Als erster Riss innerhalb der Beobachtungsfläche entstand Riss "D" bei einer Gesamtkraft von 5500 kN in der Mitte des Versuchskörpers. Während die Kraft gehalten wurde, entstand Riss "E". Der Aufreißvorgang wurde durch Steigerung der Kraft bis 6000 kN fortgesetzt, dann das abgeschlossene Rissbild aufgenommen und der Versuchskörper entlastet.

Während der Risserzeugung waren zwei kapazitive Sensoren mit einer Messbasis von 400 mm auf der Oberfläche installiert, welche die Rissentstehung aufzeichneten. Durch die große Messbasis sollte gewährleistet werden, dass mindestens ein Riss im Bereich der Sensoren entsteht.

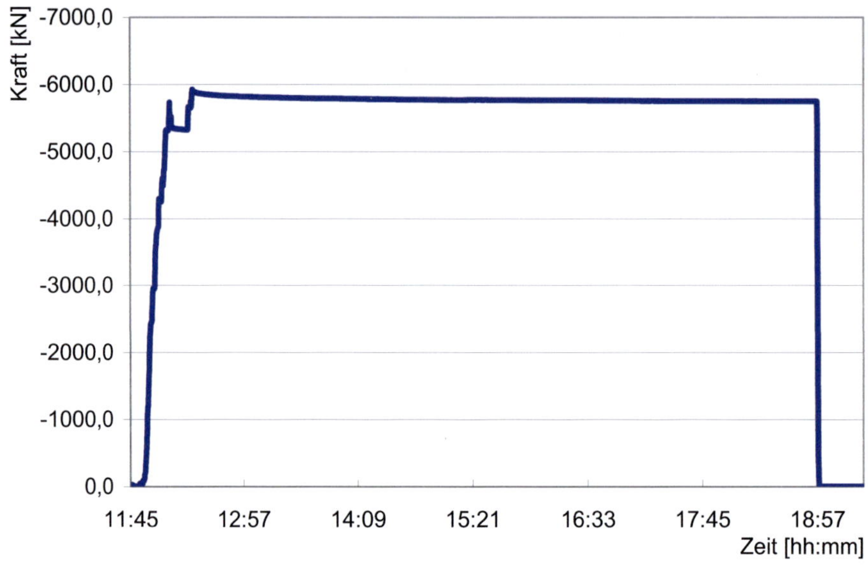

Abb. 5-16 Gesamtpressenkraft beim Aufreißen von VK3

Der Verlauf der Rissbildung ist in Abb. 5-17 erkennbar. Nach anfänglicher Dehnung des Versuchskörpers, werden beide Sensoren von Riss „D" erfasst. Nach Entlastung beträgt die Restrissbreite für Riss „D" ca. 0,06 mm.

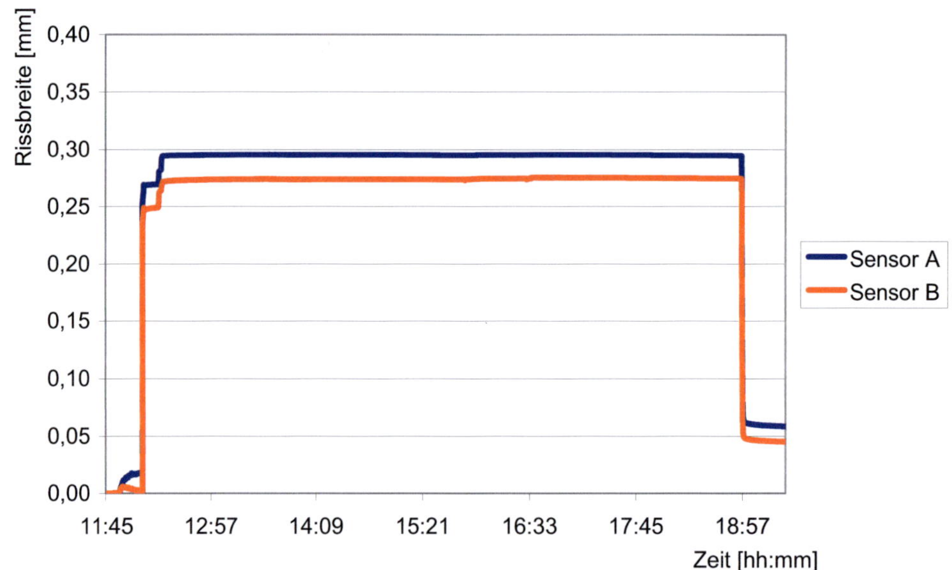

Abb. 5-17 Rissentwicklung von Riss „D" beim Aufreißen von VK3

In Abb. 5-18 ist die Rissbreite in Abhängigkeit der Kraft aufgezeichnet. Während die Belastung stufenförmig erscheint, ist ein weitgehend linearer Rückgang bei der Entlastung zu sehen.

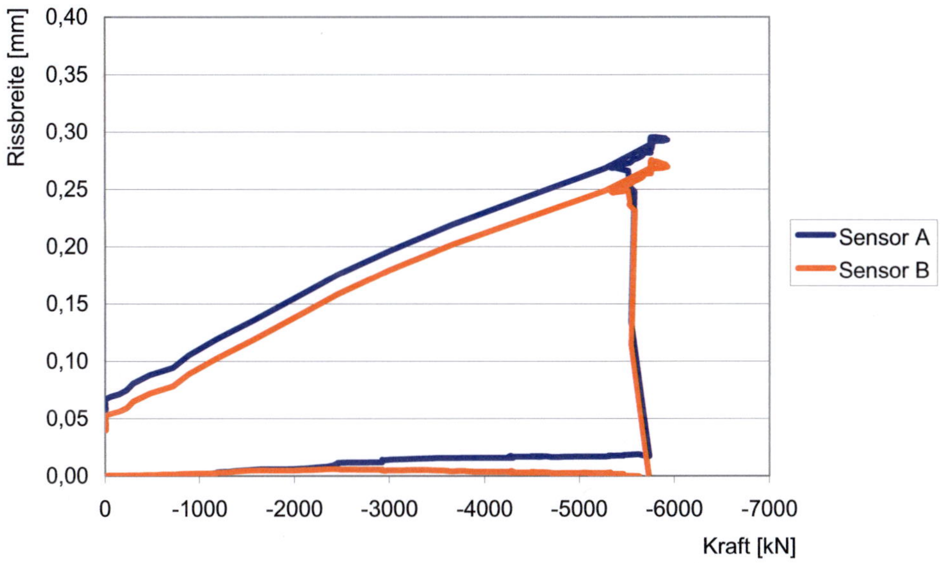

Abb. 5-18 Rissentwicklung von Riss „D" beim Aufreißen von VK3

Wie zuvor für die auf der Oberfläche montierten Aufnehmer beschrieben, wurden auch mehrere Aufnehmer innerhalb des Versuchskörpers durch Risse erfasst. Die Abb. 5-19 zeigt die Dehnungsaufnehmer im Beton entlang des Querschnitts in der Versuchskörpermitte. Die genaue Lage ist den Bewehrungszeichnungen Abb. 3-10 und Abb. 3-15 zu entnehmen. Offensichtlich wurden, die Aufnehmer Strain 11 bis 17, Strain 61 bis 67 sowie Strain 81, bis 87 von Riss „D" erfasst.

Ausgehend von der Basis 100 mm, entsprechen maximal gemessene 3700 µm einer Rissbreite von 0,37 mm. In Abb. 5-20 wird der Zusammenhang der Rissbildung in Abhängigkeit im Bereich der einbetonierten Sensoren in Abhängigkeit der Kraft gezeigt.

Das abgeschlossene Rissbild auf der Oberseite und Unterseite wurde festgehalten und ist in Abb. 5-21 dargestellt. Die Aufnahme der Risse an den Seiten fand bislang nicht statt, da der Körper noch in den Versuchsrahmen eingebaut ist.

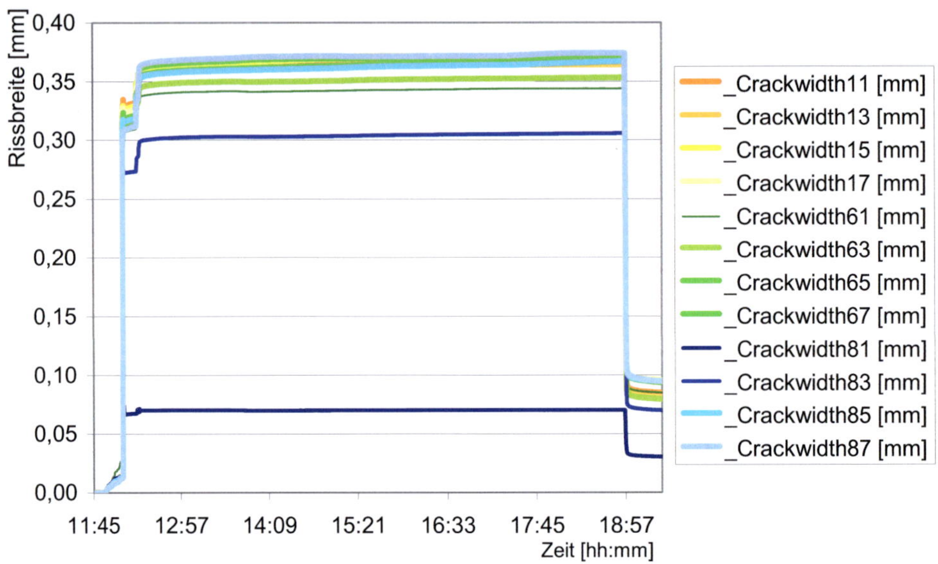

Abb. 5-19 Rissentwicklung von Riss „D" beim Aufreißen von VK3

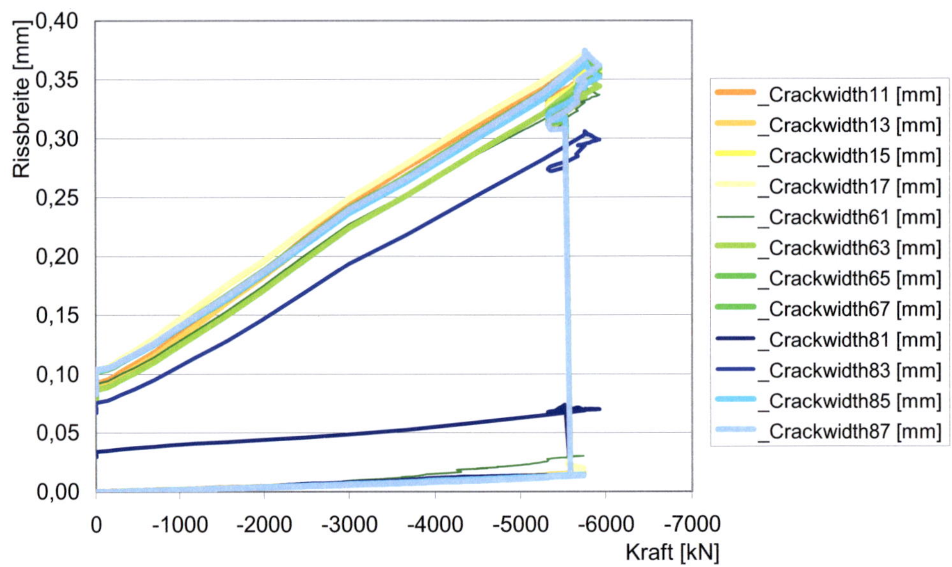

Abb. 5-20 Rissentwicklung von Riss „D" beim Aufreißen von VK3

Oberseite

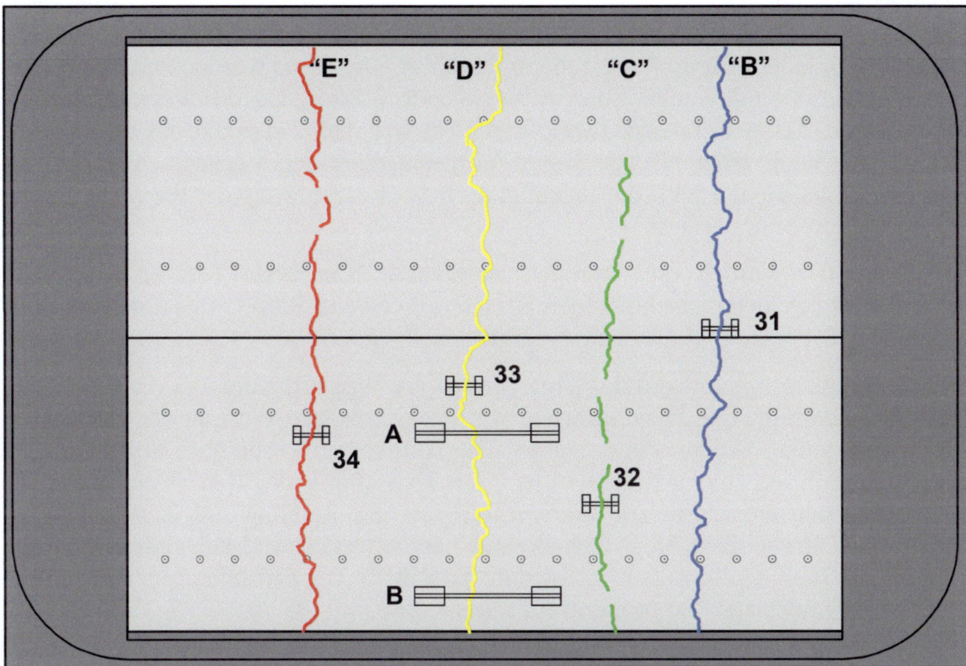

Unterseite

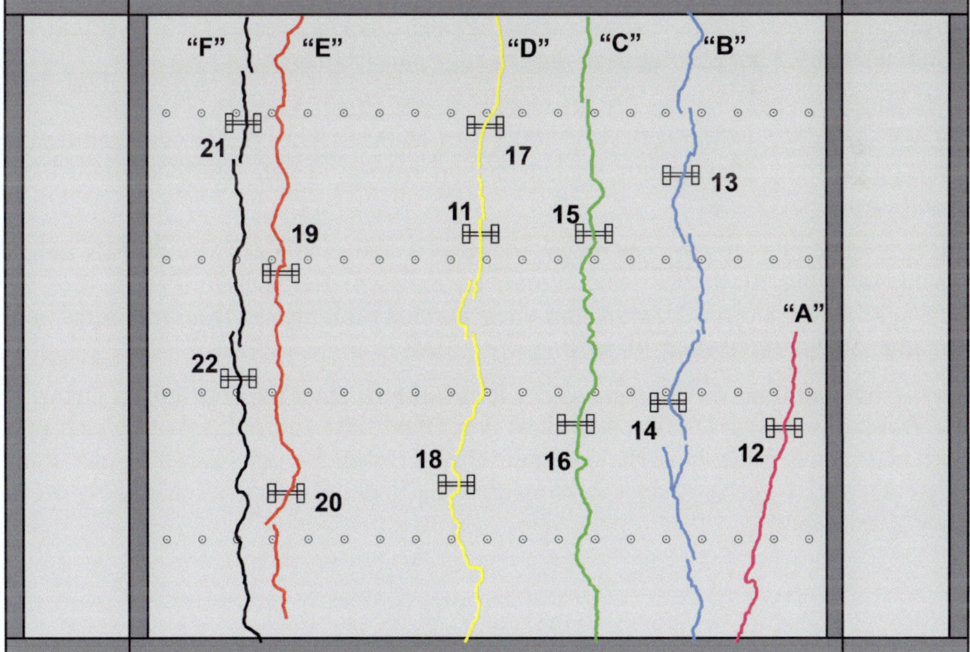

Abb. 5-21 Rissbild auf Ober- und Unterseite von VK3

5.7 Lufttests VK1

Zur Beschreibung der Durchlässigkeit der Risse wurden reine Luftleckageversuche vor und nach jedem Dampf-Versuch durchgeführt. Die Risse wurden vor Beginn des ersten Lufttests eingebracht. Eine weitergehende Schädigung des Versuchskörpers durch Druck, Temperatur oder Dampfdurchtritt war zum Zeitpunkt des ersten Luftleckagetests noch nicht erfolgt. Durch Lufttests nach den Leckageversuchen mit Dampf-Luftgemischen wird die Schädigung bzw. Versinterung der Risse durch den Kondensatdurchfluss erfasst.

Im Normalfall wurden drei Rampen angefahren. Der erste Test erfolgte ohne Pressenkraft bei quasi geschlossenen Rissen. Die zweite Rampe mit mittlerer Rissbreite w = "0,1" mm und die dritte bei mittlerer Rissbreite w = "0,2" mm.

Die Rissbreite wurde anhand des Mittelwertes der Wegaufnehmer an der Unterseite des VK eingestellt. Die Nennrissbreite war der gemessene Wert an der Oberfläche und wurde gemäß Szenario vorgegeben. Die Aufnehmer waren nach der Erstellung der Risse montiert und genullt worden. Zur Einstellung der Rissbreite wurde die Kraft über den erforderlichen Wert erhöht um die Reibung der Zugstangen im System zu überwinden und danach auf das gewünschte Maß reduziert. Eine permanente Nachregelung fand nicht statt. Es gab für die Einstellung der Rissbreite drei Stufen; unbelastet, 0,1 mm und 0,2 mm.

Der erste Lufttest am 1. Versuchskörper wurde mit praktisch geschlossenen Rissen begonnen. Es herrschte zunächst kein hydraulischer Druck in den Pressen. Wie aus der Abb. 5.22 ersichtlich, lag die Leckage auf einem niedrigen Niveau. Bei einem Absolutdruck von 3,6 bar betrug die gemessene Leckagemenge 0,55 kg/h und bei Erhöhung auf 5,2 bar absolut stieg die Leckage auf maximal 1,14 kg/h.

Im nächsten Schritt wurde die Rissbreite durch Steigerung der Pressenkraft auf 260 kN auf einen Mittelwert von w=0,1 mm justiert (Abb. 5-23). Die gemessene Leckage auf dem Plateau mit 3,6 bar absolut betrug 14 kg/h und war bei 5,2 bar absolut maximal 26 kg/h.

Für den letzten Durchgang des ersten Lufttests wurde eine Kraft von 400 kN aufgebracht, um eine Rissbreite von 0,2 mm zu erzielen. Bei diesem Test betrug die Leckage bei 3,6 bar ca. 50 kg/h und stieg durch Erhöhung des Kammerdrucks auf maximal 5,2 bar absolut ca. 78 kg/h.

Wie ersichtlich führt die Steigerung der Rissbreite zu einer exponentiellen Zunahme der Durchflüsse. Der Druck beeinflusst den Durchfluss linear bis parabolisch proportional. Nach Entlastung der hydraulischen Pressen ist ein Rückgang der Rissbreite auf das Ausgangsniveau zu bemerken. Es findet also keine Schädigung durch die Lufttests statt.

5.7.1 Lufttest 1 VK1

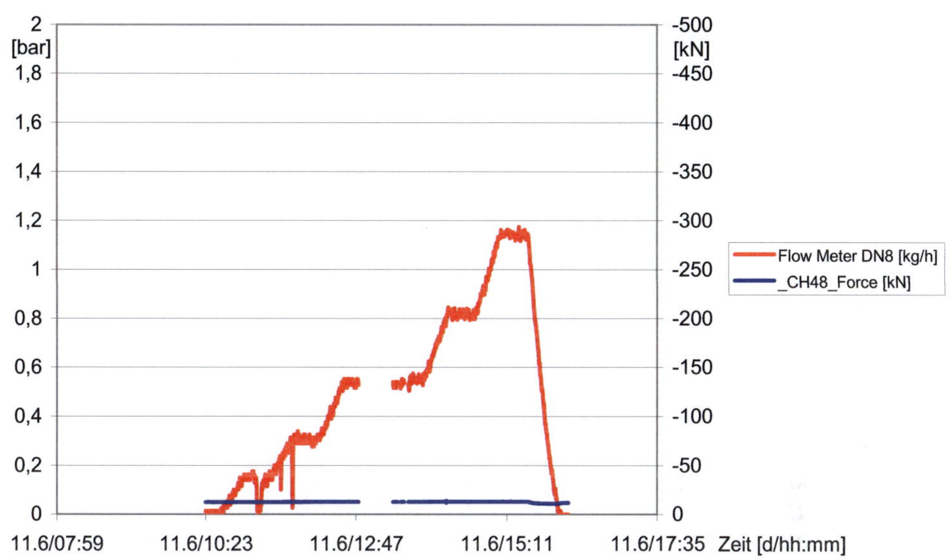

Abb. 5.22 Durchfluss VK1 bei Durchführung des 1. Lufttests

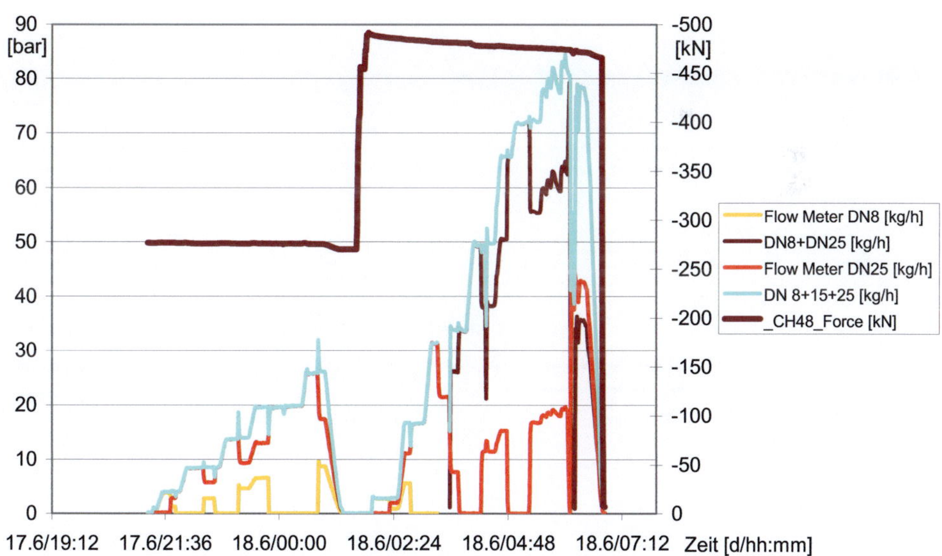

Abb. 5-23 Durchfluss VK1 bei Durchführung des 1. Lufttests

5.7.2 Lufttest 2 VK1

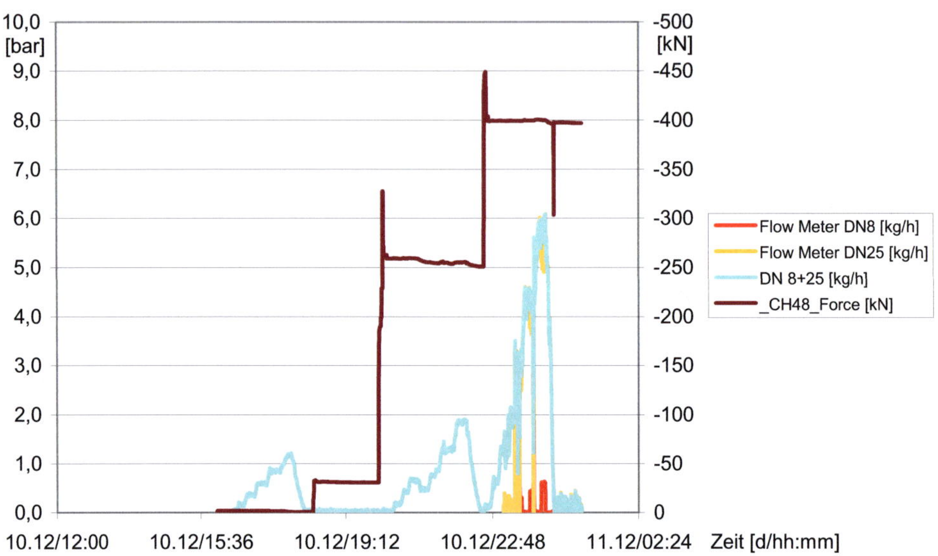

Abb. 5-24 Durchfluss VK1 beim 2. Lufttest VK1

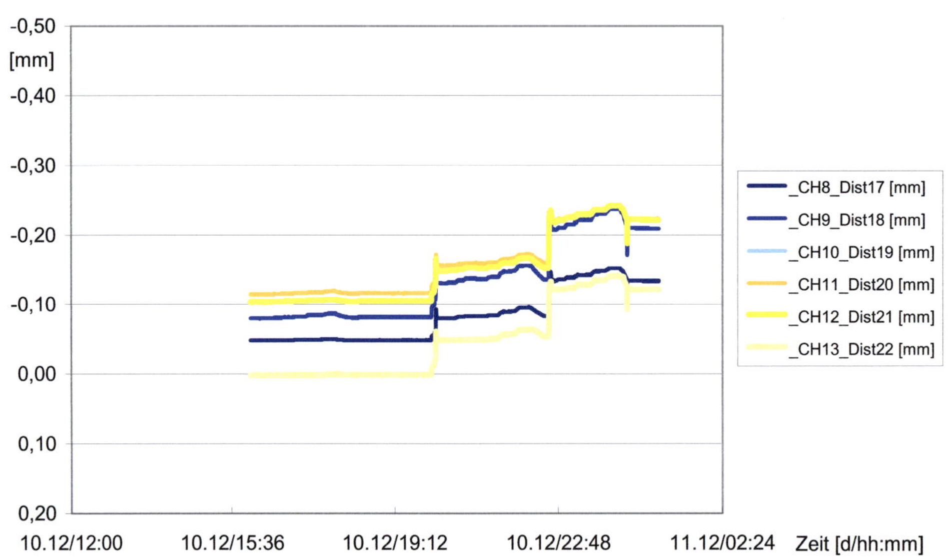

Abb. 5-25 Rissbreite unten beim 2. Lufttest VK1

Der zweite Lufttest am 1 VK wurde wiederum mit möglichst geschlossenen Rissen ohne hydraulischen Druck in den Pressen begonnen. Obwohl eine signifikante Restrissbreite nach dem ersten Dampftest verblieben war, lag die Leckage etwa auf dem Niveau ohne Vorschädigung und geschlossenen Rissen (Abb. 5-24). Bei einem Absolutdruck von 3,6 bar betrug die gemessene Leckagemenge 0,6 kg/h und bei Erhöhung auf 5,2 bar absolut stieg die Leckage auf maximal 1,2 kg/h.

Im nächsten Schritt wurde die Rissbreite durch Steigerung der Pressenkraft auf 260 kN auf einen Mittelwert von w=0,1 mm eingestellt (Abb. 5-25). Die gemessene Leckage auf dem Plateau mit 3,6 bar absolut betrug 0,85 kg/h und war bei 5,2 bar absolut maximal 1,85 kg/h. Die Leckage betrug also nur noch ein Bruchteil des Wertes vor dem Dampftest.

Als letzte Stufe des zweiten Lufttests wurde eine Kraft von 400 kN aufgebracht, um eine Rissbreite von 0,2 mm zu erzielen. Bei diesem Test betrug die Leckage bei 3,6 bar ca. 3,1 kg/h und durch Erhöhung des Kammerdrucks auf maximal 5,2 bar absolut. ca. 5,8 kg/h.

Es war also eine drastische Verringerung des Durchflusses infolge der Durchströmung während des Dampftests festzustellen.

5.7.3 Lufttest 3 VK1

Der 3. Lufttest des 1. Versuchskörpers fand nach Abschluss des zweiten Dampftests und dessen Abkühlung statt. Es wurden nur zwei Rampen gefahren, da zum Schädigungszeitpunkt nach zwei Dampftests der Zustand mit „geschlossenen Rissen" bzw. ohne Pressenkraft schon einer gemessenen Rissbreite von w = „0,1" mm (Abb. 5-27) entsprach.

Die Leckage lag, wie aus Abb. 5-26 ersichtlich, etwa auf dem Niveau vor dem Dampftest ohne Schädigung und geschlossenen Rissen. Bei einem Absolutdruck von 3,6 bar betrug die gemessene Leckagemenge 1,4 kg/h und bei Erhöhung auf 5,2 bar absolut stieg die Leckage auf maximal 2,8 kg/h.

Im nächsten Schritt, der letzten Versuchsstufe des dritten Lufttests, wurde die Rissbreite durch Steigerung der Pressenkraft auf fast 400 kN auf einen Mittelwert von w=0,2 mm eingestellt (Abb. 5-27). Die gemessene Leckage auf dem Plateau mit 3,6 bar absolut betrug 2,7 kg/h und war bei 5,2 bar absolut maximal 5,3 kg/h.

Es war also eine weitere Verringerung des Durchflusses infolge der Durchströmung während des zweiten Dampftests festzustellen.

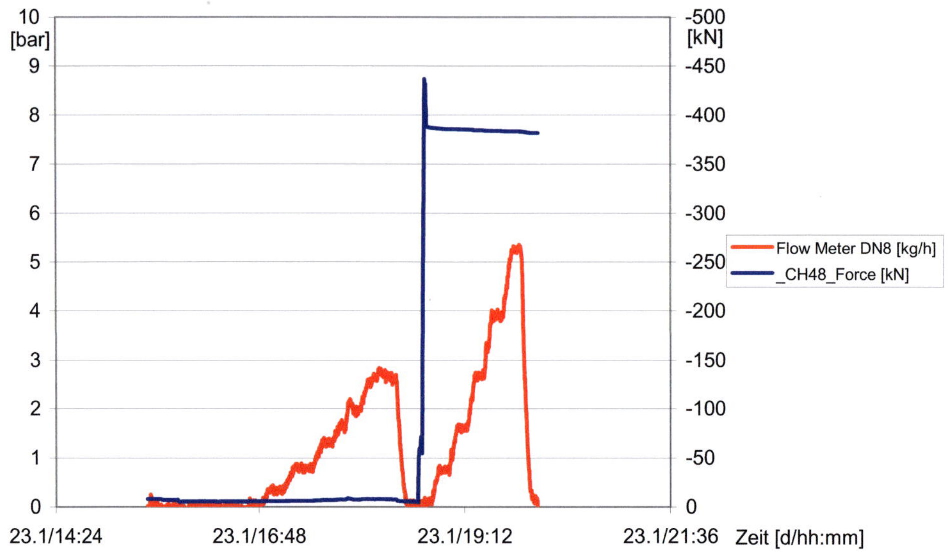

Abb. 5-26 Durchfluss beim 3. Lufttest VK1

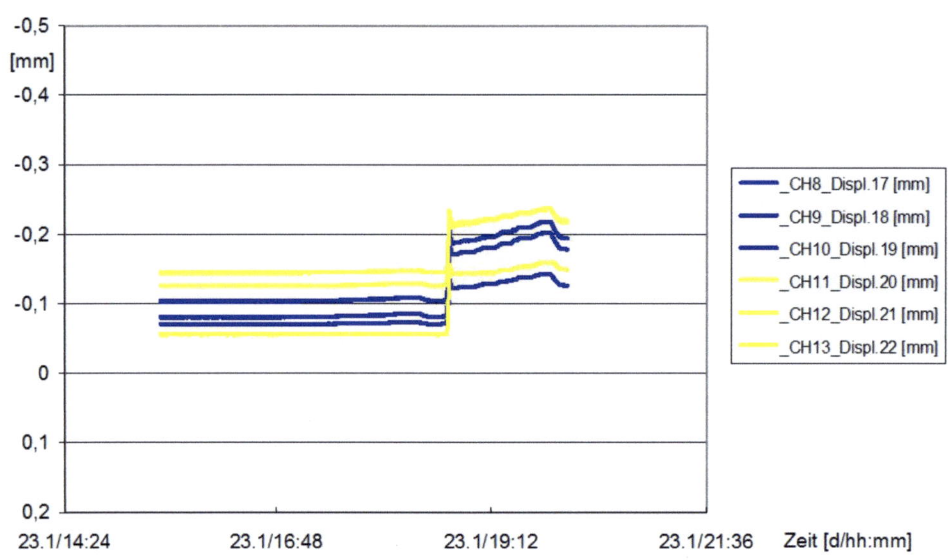

Abb. 5-27 Rissbreite Riss Durchfluss beim 3. Lufttest VK1

5.8 Lufttests VK2

5.8.1 Lufttest 1 VK2

Der erste Lufttest am 2. Versuchskörper wurde mit praktisch geschlossenen Rissen begonnen. Es herrschte zunächst kein hydraulischer Druck in den Pressen. Wie aus der Abb. 5-29 ersichtlich, lag die Leckage auf einem niedrigen Niveau. Bei einem Absolutdruck von 3,6 bar betrug die gemessene Leckagemenge 0,75 kg/h und bei Erhöhung auf 5,2 bar absolut stieg die Leckage auf maximal 1,4 kg/h.

Im nächsten Schritt wurde die Rissbreite durch Steigerung der Pressenkraft auf 240 kN (Abb. 5-28) und auf einen Mittelwert von w=0,1 mm justiert (Abb. 5-30). Bei einem Absolutdruck von 3,6 bar betrug die gemessene Leckagemenge 5,5 kg/h und bei Erhöhung auf 5,2 bar absolut stieg die Leckage auf maximal 12,5 kg/h.

Für den letzten Durchgang des ersten Lufttests wurde eine Kraft von 400 kN aufgebracht, um eine Rissbreite von 0,2 mm zu erzielen. Bei diesem Test betrug die Leckage bei 3,6 bar ca. 45 kg/h und stieg durch Erhöhung des Kammerdrucks auf maximal 5,2 bar absolut auf ca. 86 kg/h.

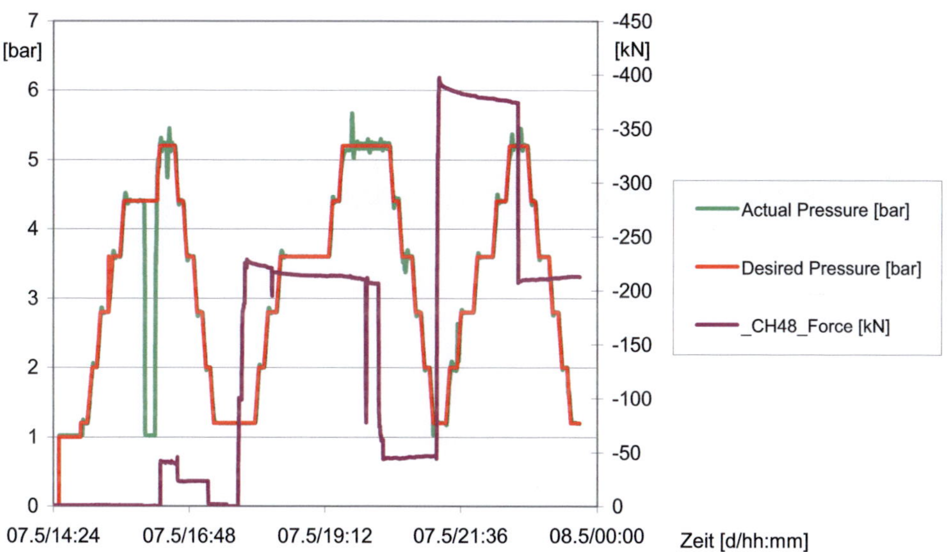

Abb. 5-28 Beaufschlagung VK2 bei Durchführung des 1. Lufttest

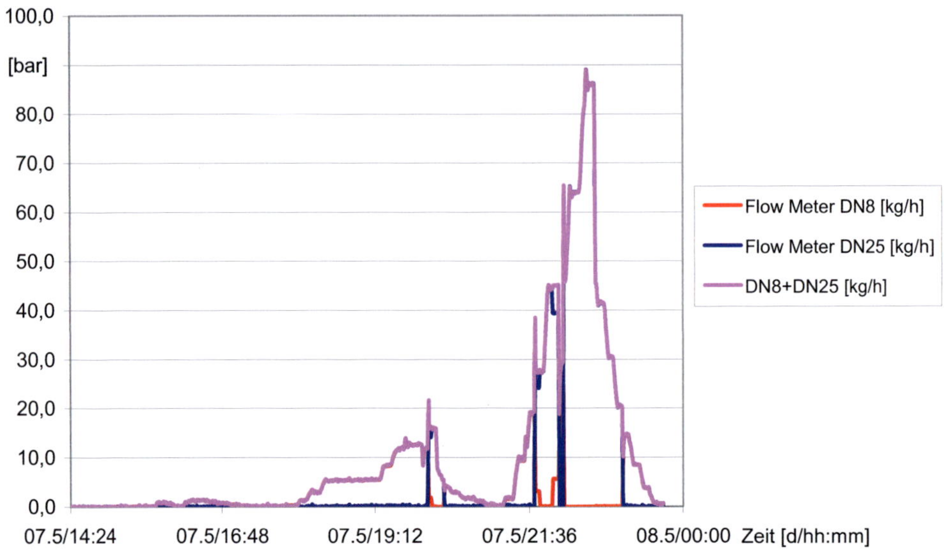

Abb. 5-29 Durchfluss beim 1. Lufttest VK2

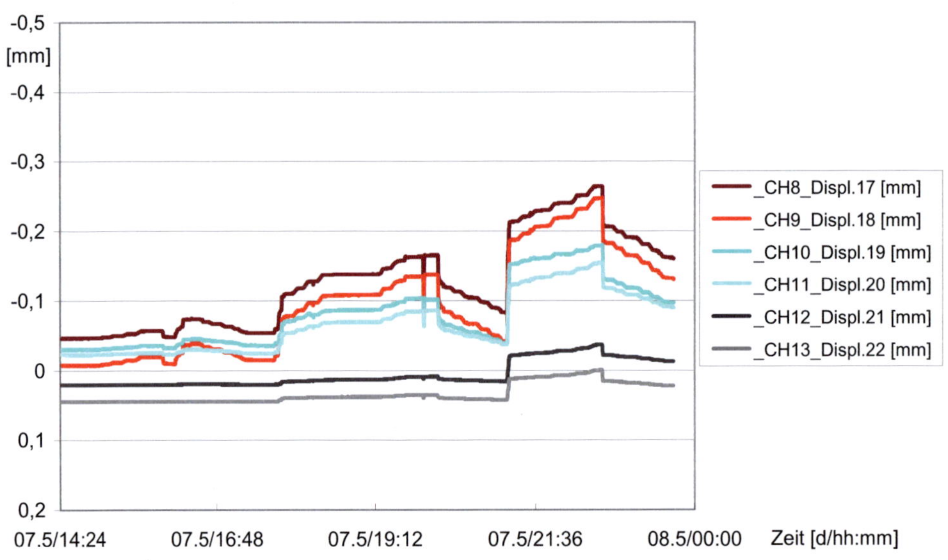

Abb. 5-30 Wegaufnehmer der Risse D, E und F unten beim 1. Lufttest VK2

5.8.2 Lufttest 2 VK2

Der zweite Lufttest am 2. Versuchskörper wurde wiederum mit möglichst geschlossenen Rissen ohne hydraulischen Druck in den Pressen begonnen. Die gemessene Restrissbreite nach dem ersten Dampftest lag schon auf dem Niveau für einen 0,1 mm Versuch (Abb. 5-33). Die gemessene Leckage auf dem Plateau mit 3,6 bar absolut betrug 0,7 kg/h und war bei 5,2 bar absolut maximal 1,6 kg/h (Abb. 5-32).

Im nächsten Schritt wurde die Rissbreite durch Steigerung der Pressenkraft auf 360 kN (Abb. 5-31) auf einen Mittelwert von w=0,2 mm eingestellt. Bei diesem Test betrug die Leckage bei 3,6 bar ca. 20 kg/h und stieg durch Erhöhung des Kammerdrucks auf maximal 5,2 bar absolut auf ca. 44 kg/h.

Die Leckage betrug also nur noch ein Bruchteil des Wertes vor dem Dampftest. Es war also eine drastische Verringerung des Durchflusses infolge der Durchströmung während des Dampftests festzustellen.

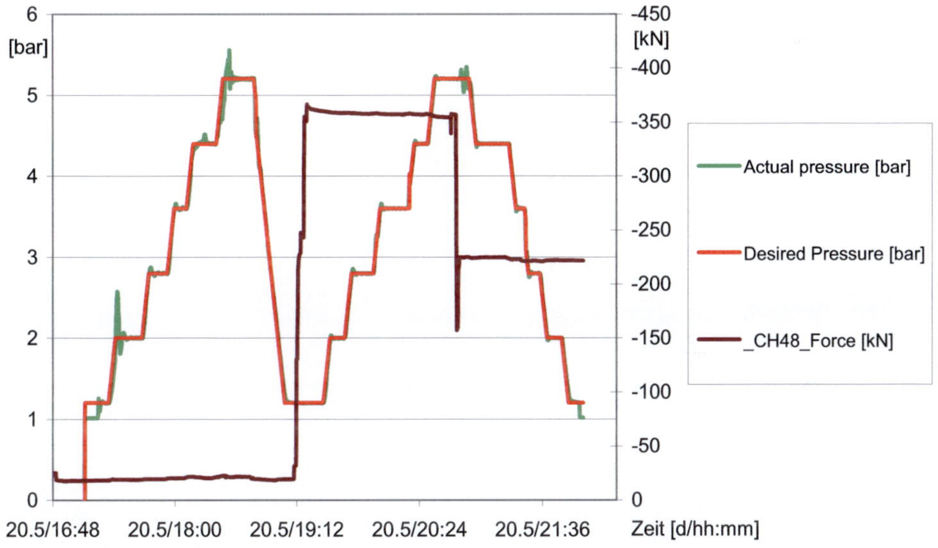

Abb. 5-31 Beaufschlagung VK2 bei Durchführung des 2. Lufttest

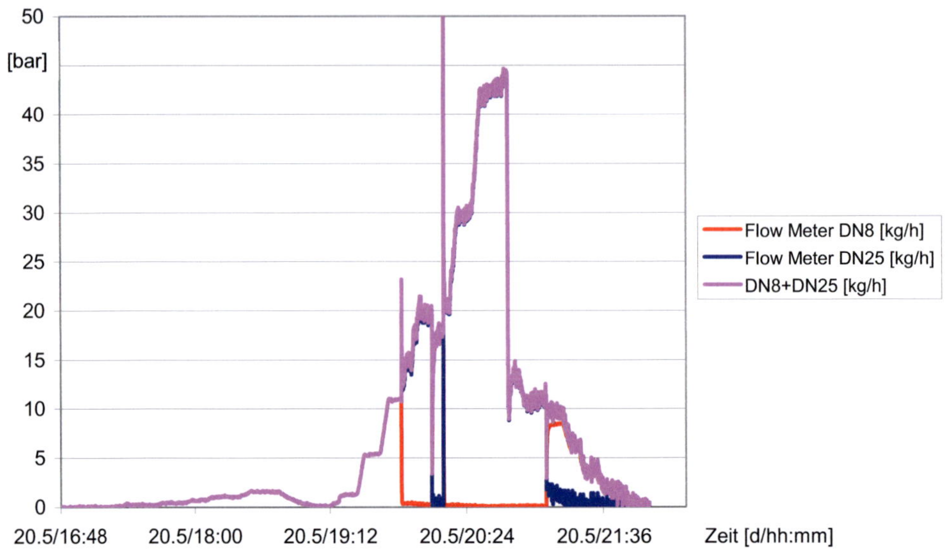

Abb. 5-32 Durchfluss VK2 bei Durchführung des 2. Lufttests

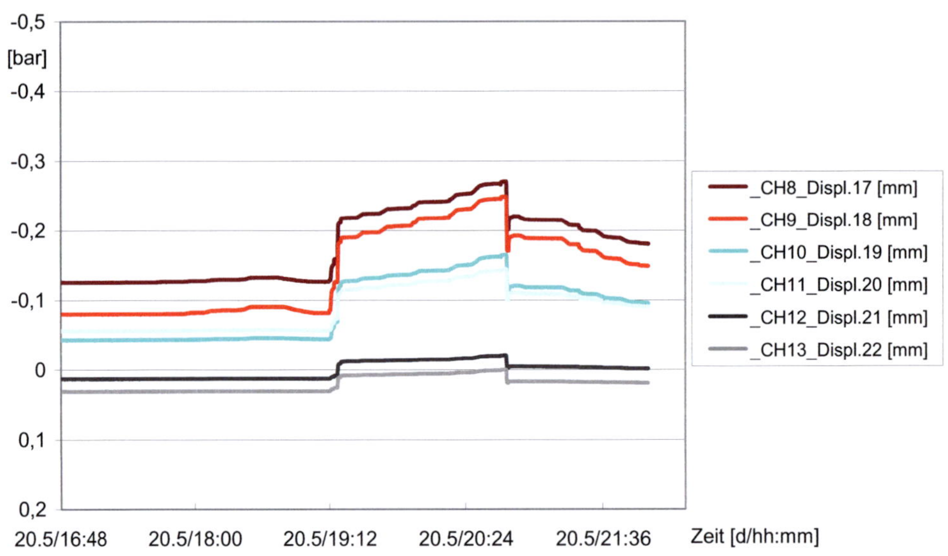

Abb. 5-33 Wegaufnehmer der Risse D, E und F unten beim 2. Lufttest VK2

5.8.3 Lufttest 3 VK2

Der dritte Lufttest des 2. Versuchskörpers fand nach Abschluss des zweiten Dampftests und dessen Abkühlung statt. Es wurden nur zwei Rampen gefahren, da zum Schädigungszeitpunkt nach zwei Dampftests der Zustand ohne Pressenkraft schon einer gemessenen Rissbreite von mehr als w = 0,1 mm (Abb. 5-36) entsprach. Die Leckage lag, wie aus Abb. 5-35 ersichtlich, etwa auf dem Niveau vor dem Dampftest ohne Schädigung und mit geschlossenen Rissen. Die gemessene Leckage mit 3,6 bar absolut betrug 0,7 kg/h und war bei 5,2 bar absolut maximal 1,5 kg/h.

Im nächsten Schritt und in der letzten Versuchsstufe des dritten Lufttests wurde die Rissbreite durch Steigerung der Pressenkraft auf ca. 340 kN (Abb. 5-34) auf einen Mittelwert von w=0,2 mm eingestellt. Bei diesem Test betrug die Leckage bei 3,6 bar ca. 6,5 kg/h und stieg durch Erhöhung des Kammerdrucks auf maximal 5,2 bar absolut um ca. 12,5 kg/h. Es war also eine weitere Verringerung des Durchflusses infolge der Durchströmung während des zweiten Dampftests festzustellen.

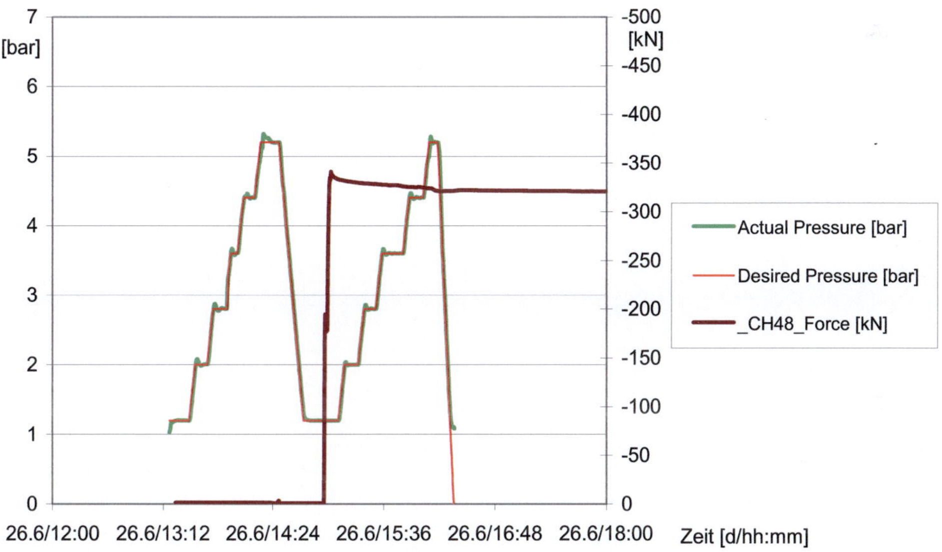

Abb. 5-34 Beaufschlagung VK2 bei Durchführung des 3. Lufttest

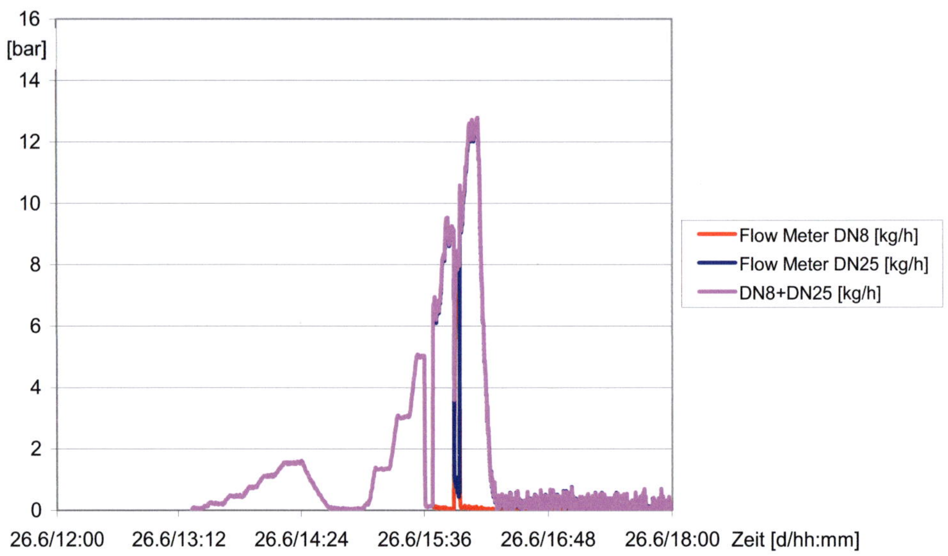

Abb. 5-35 Durchfluss beim 3. Lufttest VK2

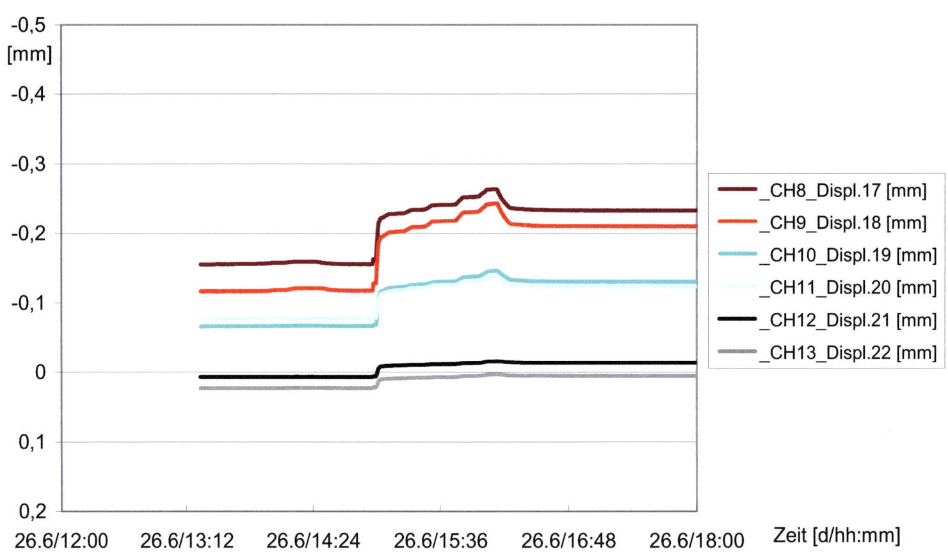

Abb. 5-36 Wegaufnehmer der Risse D, E und F unten beim 3. Lufttest VK2

5.9 Lufttests VK3

5.9.1 Lufttest 1 VK3

Der erste Lufttest am 3. Versuchskörper wurde mit praktisch geschlossenen Rissen begonnen. Es herrschte zunächst kein hydraulischer Druck in den Pressen. Wie aus der Abb. 5-38 ersichtlich, lag die Leckage auf einem niedrigen Niveau. Bei einem Absolutdruck von 3,6 bar betrug die gemessene Leckagemenge 0,4 kg/h und bei Erhöhung auf 5,2 bar absolut stieg die Leckage auf maximal 1,2 kg/h.

Im nächsten Schritt wurde die Rissbreite durch Steigerung der Pressenkraft auf ca. 300 kN (Abb. 5-37) bei einem Mittelwert von w=0,1 mm justiert (Abb. 5-39). Bei einem Absolutdruck von 3,6 bar betrug die gemessene Leckagemenge 16 kg/h und bei Erhöhung auf 5,2 bar absolut stieg die Leckage auf maximal 36 kg/h.

Für den letzten Durchgang des ersten Lufttests wurde eine Kraft von ca. 470 kN aufgebracht, um eine Rissbreite von 0,2 mm zu erzielen. Bei diesem Test betrug die Leckage ca. 54 kg/h bei 3,6 bar und stieg durch Erhöhung des Kammerdrucks auf maximal 5,2 bar absolut auf ca. 92 kg/h.

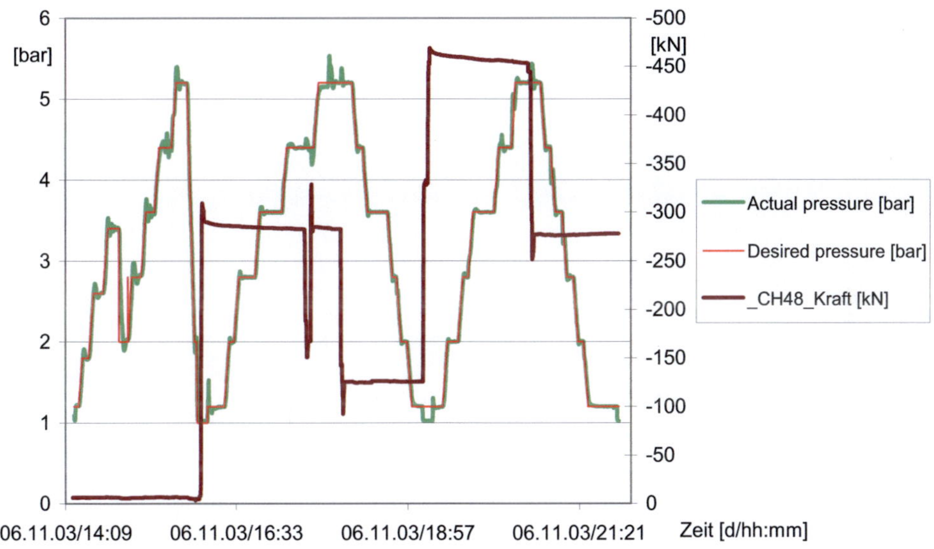

Abb. 5-37 Durchführung des 1. Lufttests VK3

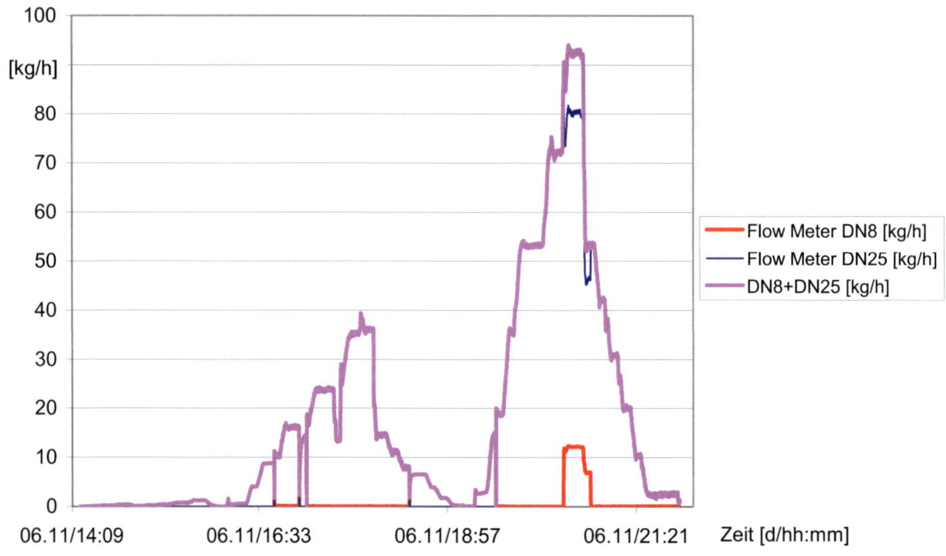

Abb. 5-38 Durchfluss beim 1. Lufttest VK3

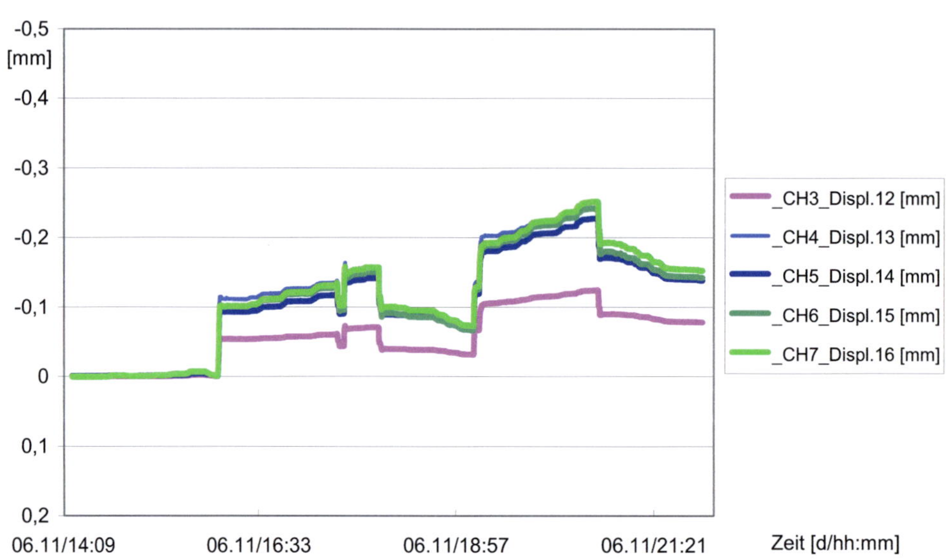

Abb. 5-39 Wegaufnehmer Risse A, B und C unten beim 1. Lufttest VK3

5.9.2 Lufttest 2 VK3

Der zweite Lufttest am 3. Versuchskörper wurde wiederum mit möglichst geschlossenen Rissen ohne hydraulischen Druck in den Pressen begonnen. Die gemessene Restrissbreite nach dem ersten Dampftest lag schon auf dem Niveau für einen Versuch mit 0,1 mm (Abb. 5-42). Die gemessene Leckage auf dem Plateau bei 3,6 bar absolut betrug 1,9 kg/h und war bei 5,2 bar absolut mit 3,5 kg/h (Abb. 5-41) maximal.

Im nächsten Schritt wurde die Rissbreite durch Steigerung der Pressenkraft auf 360 KN (Abb. 5-40) und auf einen Mittelwert von w=0,2 mm eingestellt. Bei diesem Test betrug die Leckage bei 3,6 bar ca. 20 kg/h und stieg durch Erhöhung des Kammerdrucks auf maximal 5,2 bar absolut ca. 36 kg/h.

Die Leckage betrug also nur noch ein Bruchteil des Wertes vor dem Dampftest. Es war also eine drastische Verringerung des Durchflusses infolge der Durchströmung während des Dampftests festzustellen.

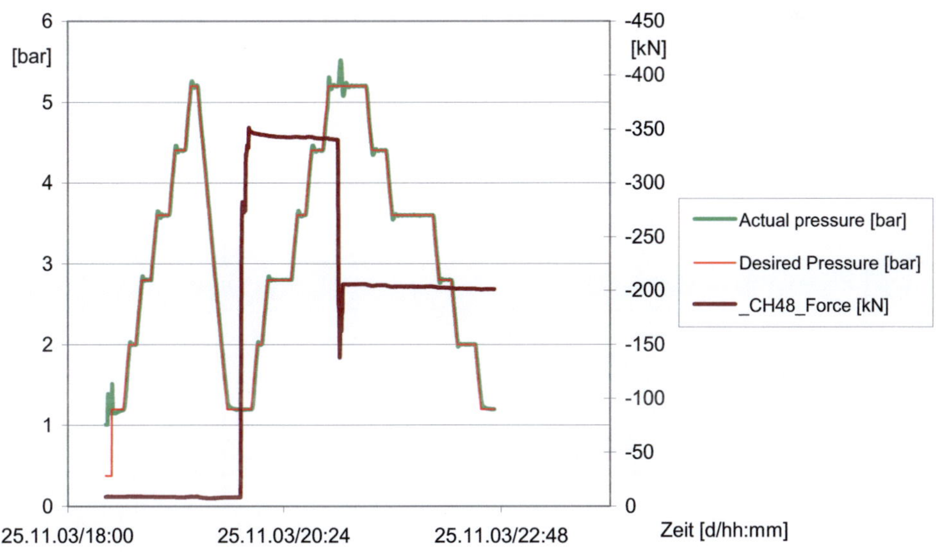

Abb. 5-40 Durchführung des 2. Lufttests VK3

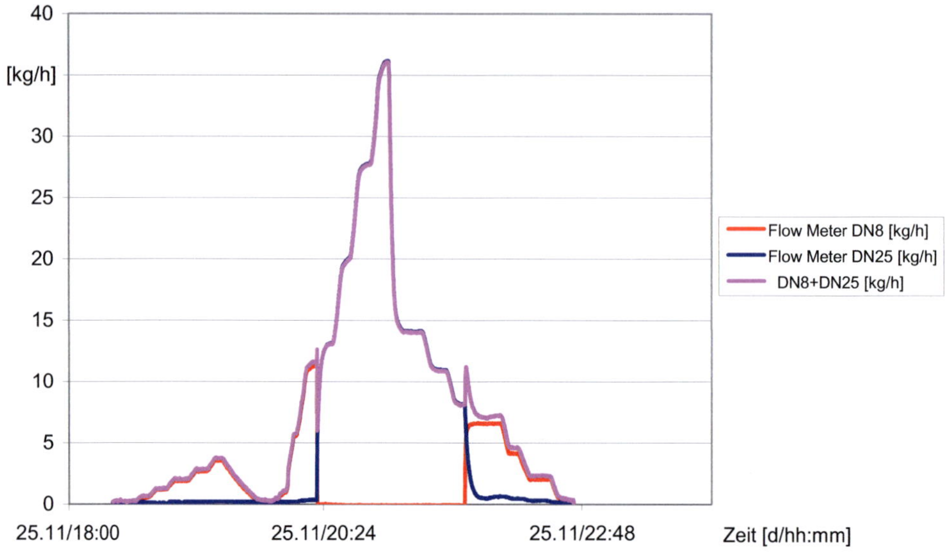

Abb. 5-41 Luftleckage während des 2. Lufttest

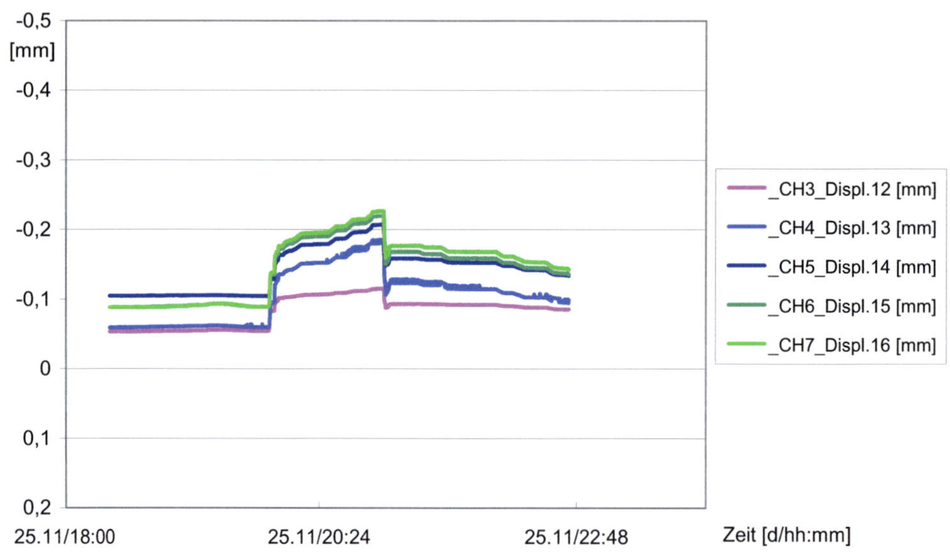

Abb. 5-42 Wegaufnehmer Risse A, B und C unten beim 2 Lufttest VK3

5.9.3 Lufttest 3 VK3

Der dritte Lufttest des 3. Versuchskörpers fand nach Abschluss des zweiten Dampftests und dessen Abkühlung statt. Es wurden nur zwei Rampen gefahren, da zum Schädigungszeitpunkt nach zwei Dampftests der Zustand ohne Pressenkraft schon einer gemessenen Rissbreite von mehr als $w = 0,1$ mm (Abb. 5-45) entsprach. Die Leckage lag, wie aus Abb. 5-44 ersichtlich, etwa auf dem Niveau vor dem Dampftest ohne Schädigung und mit geschlossenen Rissen. Die gemessene Leckage mit 3,6 bar absolut betrug 2,9 kg/h und war bei 5,2 bar absolut maximal 5 kg/h.

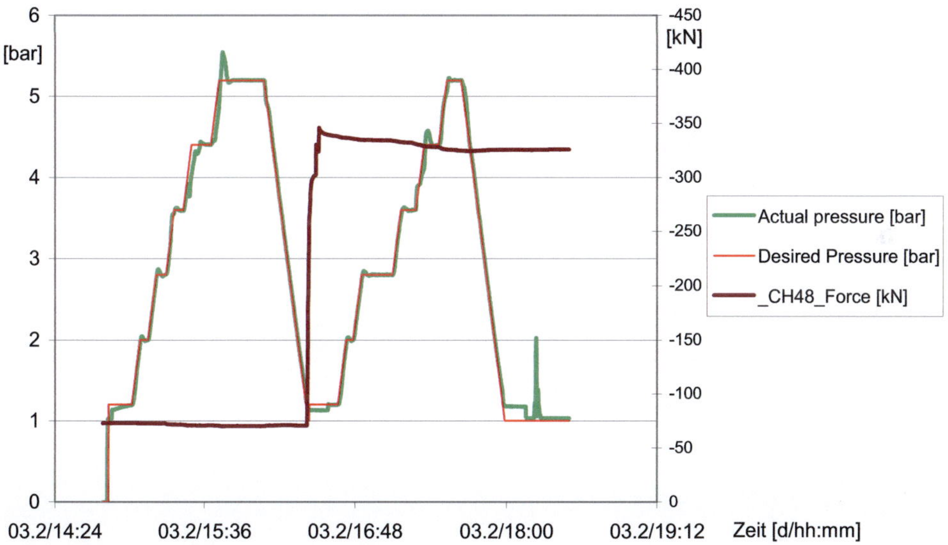

Abb. 5-43 Durchführung des 2. Lufttests VK3

Im nächsten Schritt und in der letzten Versuchsstufe des dritten Lufttests wurde die Rissbreite durch Steigerung der Pressenkraft auf ca. 340 kN (Abb. 5-43) auf einen Mittelwert von w=0,2 mm eingestellt. Bei diesem Test betrug die Leckage bei 3,6 bar ca. 17 kg/h und stieg durch Erhöhung des Kammerdrucks auf maximal 5,2 bar absolut um ca. 31 kg/h. Es war also eine weitere Verringerung des Durchflusses infolge der Durchströmung während des zweiten Dampftests festzustellen.

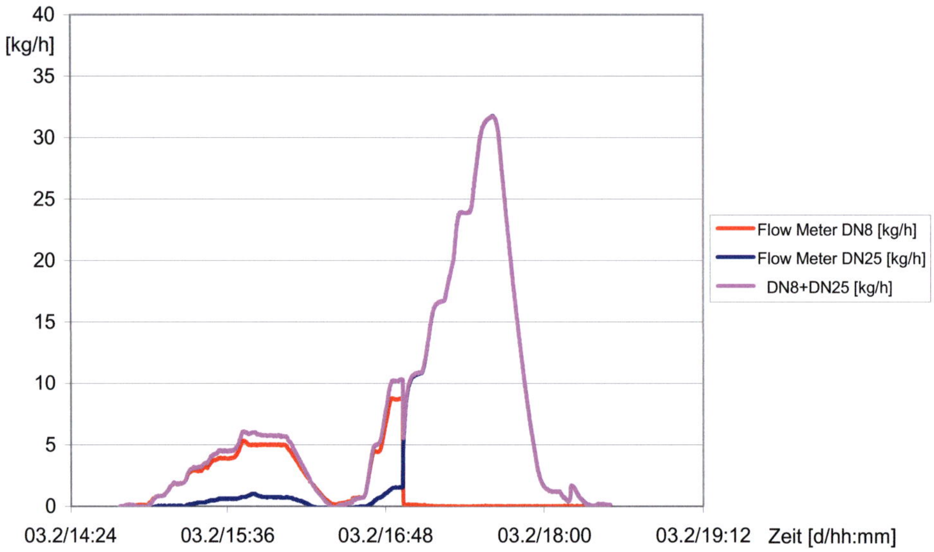

Abb. 5-44 Durchfluss beim 3 Lufttest VK3

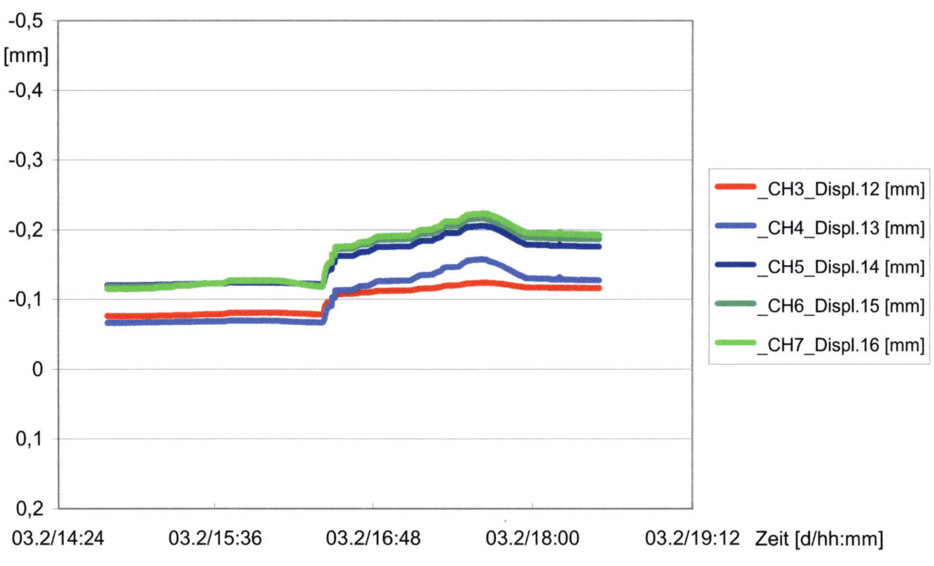

Abb. 5-45 Wegaufnehmer Risse A, B und C unten beim 3 Lufttest VK3

5.10 Dampftests VK1

Zunächst wurde der Versuchskörper durch Erhöhung der Pressenkraft auf die gewünschte Rissbreite aufgezogen. Danach wurden die Überhitzer angefahren und das Dampf-Luft-Gemisch in die Druckkammer geleitet. Durch die Erhöhung des Drucks auf 5,2 bar, stieg automatisch auch die Dampftemperatur und somit die Gesamttemperatur in der Druckkammer. Statt eine sehr langsame Rampe mit Einregelung aller Parameter zu fahren, wurde, wie beispielsweise bei einem Störfall, der Druck unmittelbar auf 5,2 bar erhöht. Bei Erreichen des Zieldrucks erfolgte die Einregelung des Gemischs auf das Massenverhältnis von 1,7 kg Dampf zu 1,0 kg Luft.

Kurz nach Erreichen des Plateaus für Druck und Mischungsverhältnis wurde auch die Temperatur laut Vorgabe erzielt. Dieses Start-Up Szenario war so schnell, dass die vollständige Einregelung aller Parameter erst auf dem Plateau erfolgte.

Der Druck stellte regelungstechnisch den maßgeblichen Parameter dar, in Abhängigkeit dessen auch das Massenverhältnis Dampf zu Luft nachgeregelt wurde. Die Temperatur war mit Abstand der langsamste Parameter, da die Erhitzer äußerst träge arbeiteten.

Nach Erreichen des gewünschten Sollzustands von 5,2 bar absolut, 141 °C Temperatur und einem Massenverhältnis von 1,7 von Dampf zu Luft, wurden die Bedingungen für mindestens 72 Stunden konstant gehalten. Danach wurde der Druck auf den Umgebungsdruck heruntergefahren und die Dampf-Gemischanlage ausgeschaltet.

5.10.1 Dampftest 1 VK1

Die Durchführung des 1. Dampftests am 1. Versuchskörper fand vom 20.06. bis 23.06.2002 statt. Die Abb. 5-46 zeigt die Steuerung des Dampfszenarios. Im Bild zu sehen sind der gefahrene Druck, das Verhältnis von Dampf zu Luft- sowie die Temperatur in der Druckkammer. Die drei Zielwerte wurden zu Beginn des Tests schnell angefahren. Der Druck in der Kammer und das Massenverhältnis von Dampf zu Luft wurden zügig im Sollbereich gehalten. Anfänglich lag die gefahrene Temperatur noch leicht oberhalb des Sollwertes, konnte dann jedoch angepasst und in der Folge bis zum Schluss des Szenarios gehalten werden.

In Abb. 5-47 sind die Durchflüsse während des 1. Dampftests des 1. Versuchskörpers dargestellt. Nach einem großen Anfangsdurchfluss ging die gemessene Leckage stark zurück, um im späteren Verlauf wieder stark anzusteigen. Dieser temporäre Einbruch des Durchfluss wurde durch den lokalen Verschluss der Risse an der Oberfläche infolge Temperaturbeaufschlagung verursacht. Es folgt eine Abflachung des Temperaturverlaufs hin zu einer leichten, aber stetigen Abnahme. Einhergehend mit einem kontinuierlichen Anstieg der Temperatur geht die Erhöhung der absoluten Feuchte. Die Schwankungen der Gasmessblende DN 8 könnten dabei auf Kondensattröpfchen im Messkanal, infolge steigender Feuchte, zurückzuführen sein. Der Test erfolgte ohne Zwangskühlung des Durchflusses zur Auskondensation der Feuchte und ohne anschließende Überhitzung der gasförmigen Phase. Die Restfeuchtigkeit im Gas ist quantitativ im Vergleich zur Wasserleckage vernachlässigbar. Der Durchfluss gegen Ende des Szenarios betrug etwa 7 kg Wasser und 3 kg Luft pro Stunde.

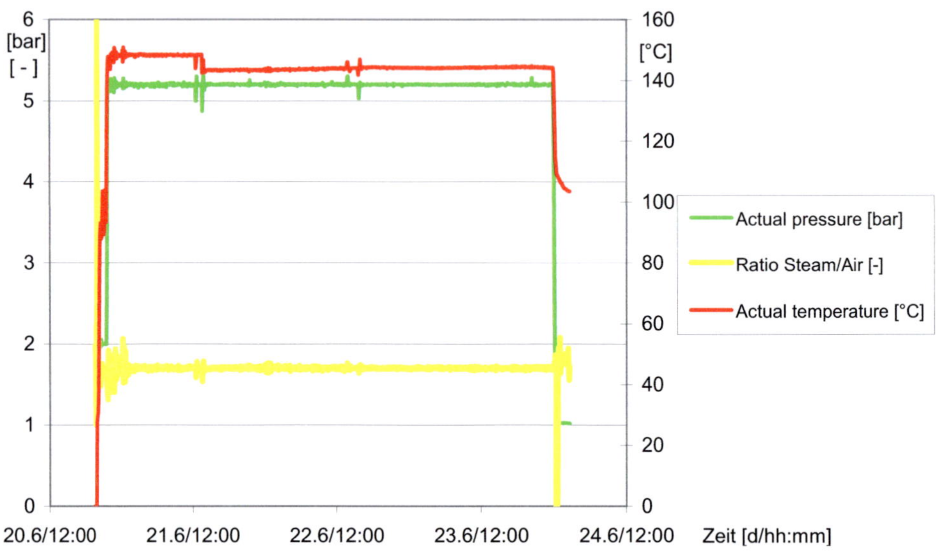

Abb. 5-46 Durchführung des 1. Dampftests VK 1

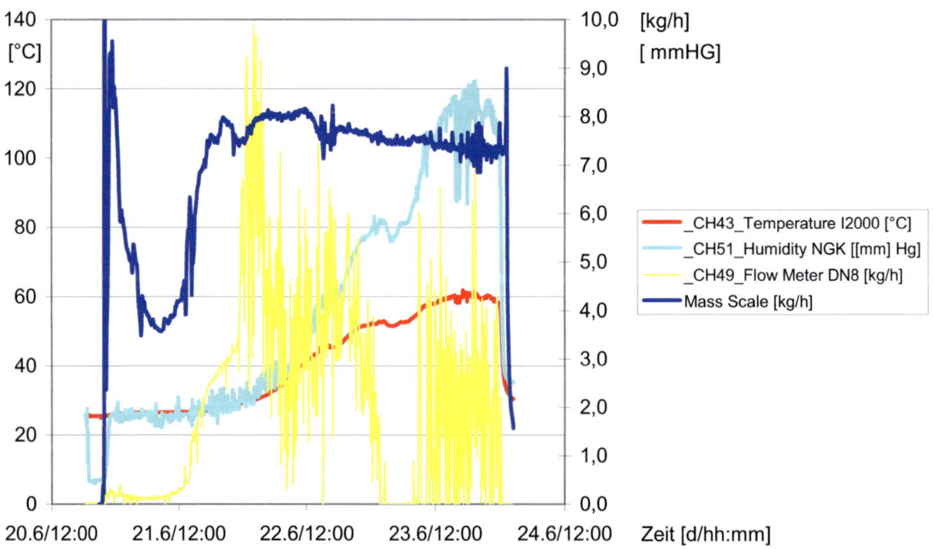

Abb. 5-47 Durchfluss VK1 bei Durchführung des 1. Dampftests

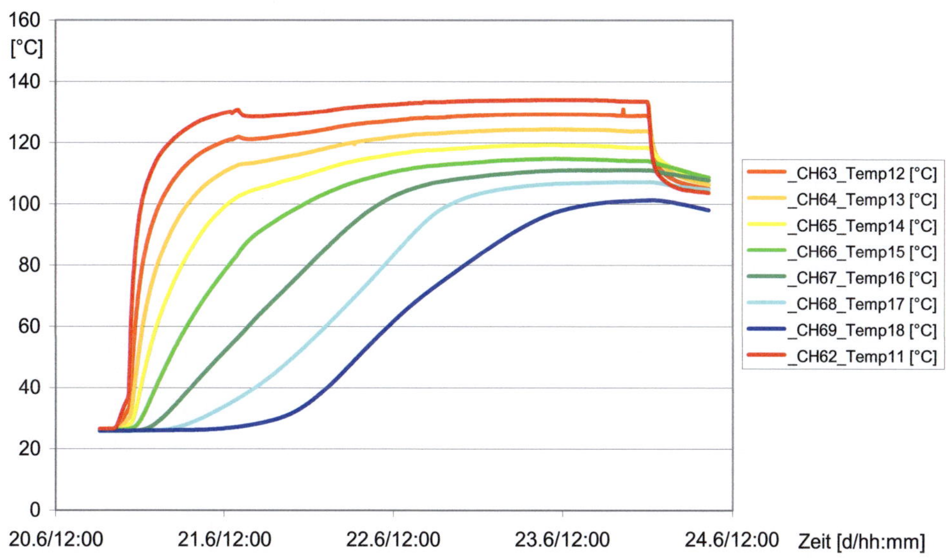

Abb. 5-48 Temperatur in der Mitte v. VK1 bei Durchführung des 1. Dampftests

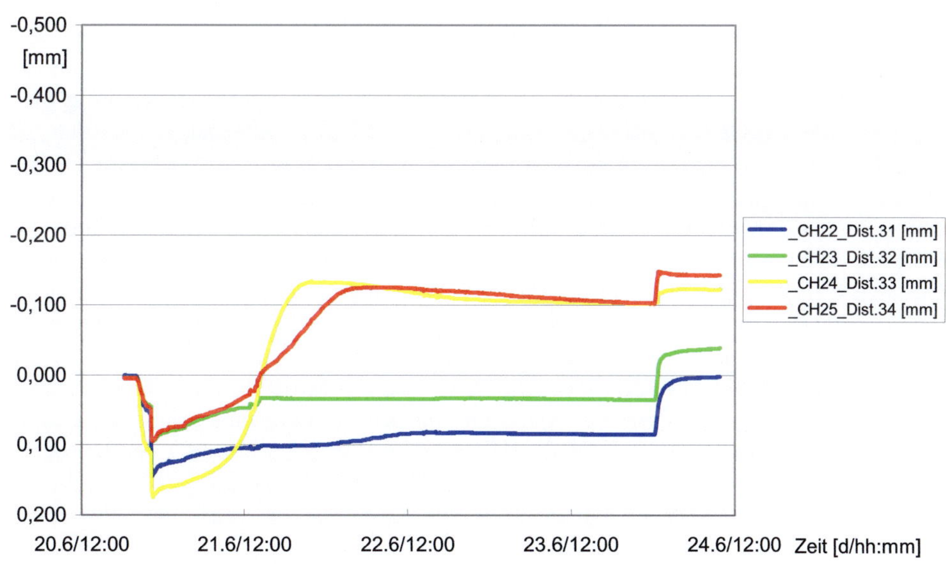

Abb. 5-49 Risse oben bei Durchführung des 1. Dampftests VK1

Der Verlauf der Temperaturaufnehmer in der Mitte des Versuchskörpers ist in Abb. 5-48 dargestellt. Die Aufnehmerabstände verdichten sich zur Versuchskörperoberfläche. Nach zügiger Erwärmung an der Oberfläche ist die Durchwärmung des Versuchsköpers mit Übergang zu stationären Verhältnissen erkennbar. Der Knick im Verlauf der Beaufschlagungstemperatur in Abb. 5-46 ist auch in Abb. 5-48 erkennbar.

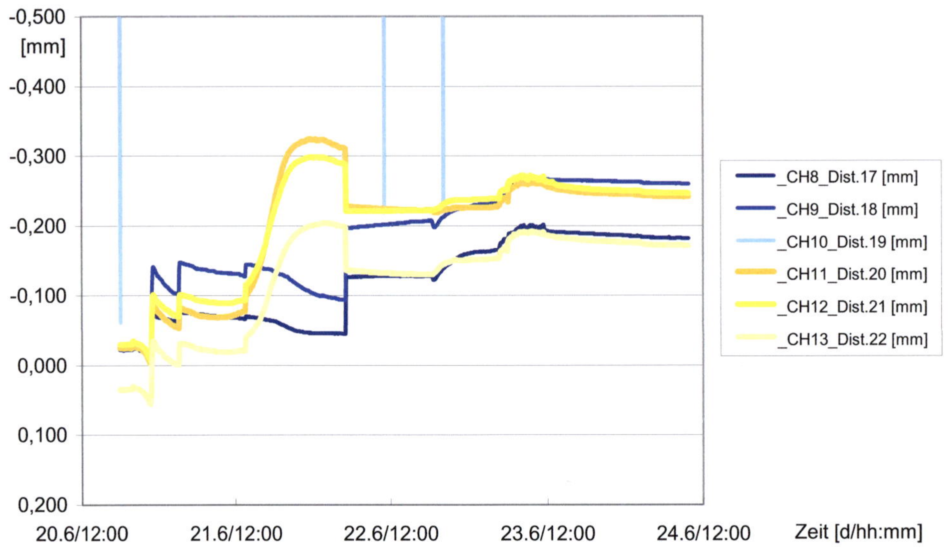

Abb. 5-50 Risse B und D unten bei Durchführung des 1. Dampftests VK1

Die Verteilung der Wegaufnehmer auf der Ober und Unterseite ist in Abb. 5-9 wiedergegeben. Die Abb. 5-49 zeigt den Verlauf der Messung durch die Wegaufnehmer in der Druckkammer auf der Oberseite des Versuchskörpers. Je ein Aufnehmer wurde über den Rissen A, B, C und D montiert. In der Darstellung ist erkennbar, wie die Risse auf den Sollwert von 0,1 mm aufgezogen werden. Die Dampfbeaufschlagung der Oberfläche ist als Veränderung der Rissbreite in Folge der Temperaturen ersichtlich. Nach anfänglicher Öffnung werden die Risse verschlossen. Die folgende Reduktion des Durchflusses wird auch in Abb. 5-47 deutlich. Abb. 5-50 zeigt den Rissbreitenverlauf der Risse B und D auf der Unterseite des Versuchskörpers, welche mit je 3 Wegaufnehmern pro Riss bestückt wurden. Tendenziell ist eine Verringerung der Rissbreite durch Verlängerung (Kraftverlust) erkennbar, welche mehrfach durch Nachregeln der Kraft ausgeglichen wurde. Des Weiteren ist die Umverteilung durch spontanes Aufreißen der Risse A und B mit gleichzeitigem Rückgang der Rissbreite bei Riss D erkennbar. Gegen Versuchsende wird ein konstanter Verlauf der Rissbreiten von Riss B und D ersichtlich. In Abb. 5-51 ist der Rissbreitenverlauf der Risse C und A wiedergegeben. Neben der Nachregelung der Rissbreite ist die spontane Zunahme bei Aufreißen des Riss A erkennbar.

Zusätzlich zu den an der Oberfläche montierten Aufnehmern lässt sich das Verhalten der Risse anhand der einbetonierten Dehnungsmesser, die von Rissen gekreuzt wurden, studieren. In Abb. 5-52, Abb. 5-53 und Abb. 5-54 erkennt man den Verlauf der Aufnehmer in der Mitte des Versuchskörpers, die von Riss A erfasst wurden. Die Nummerierung der Aufnehmer erfolgte jeweils aufsteigend von der beaufschlagten Oberfläche bis zur Austrittsseite. Die oberflächennahen Aufnehmer wurden wie ersichtlich komprimiert, während weiter tiefer im Versuchskörper Zug auftrat. Die noch tiefer liegenden Aufnehmer verhielten sich hingegen weitgehend neutral.

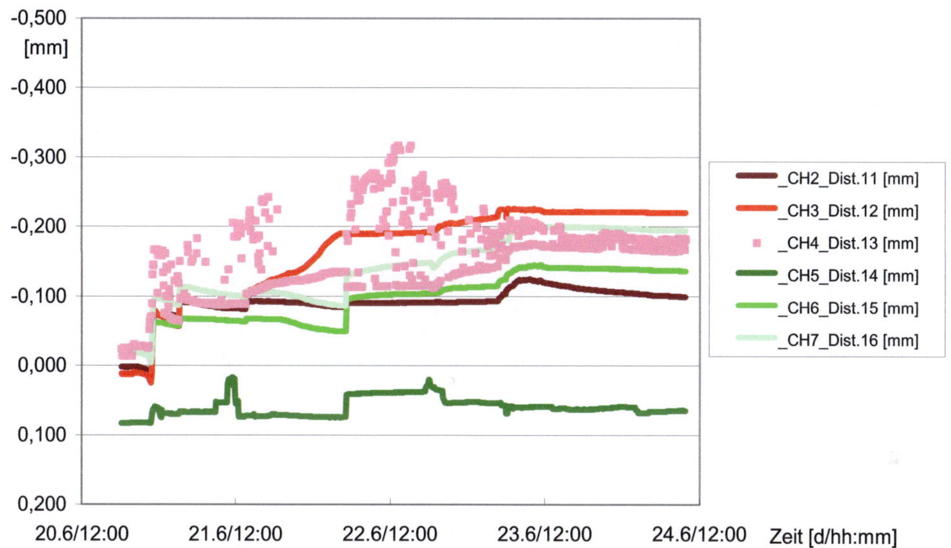

Abb. 5-51 Risse A und C unten bei Durchführung des 1. Dampftests VK1

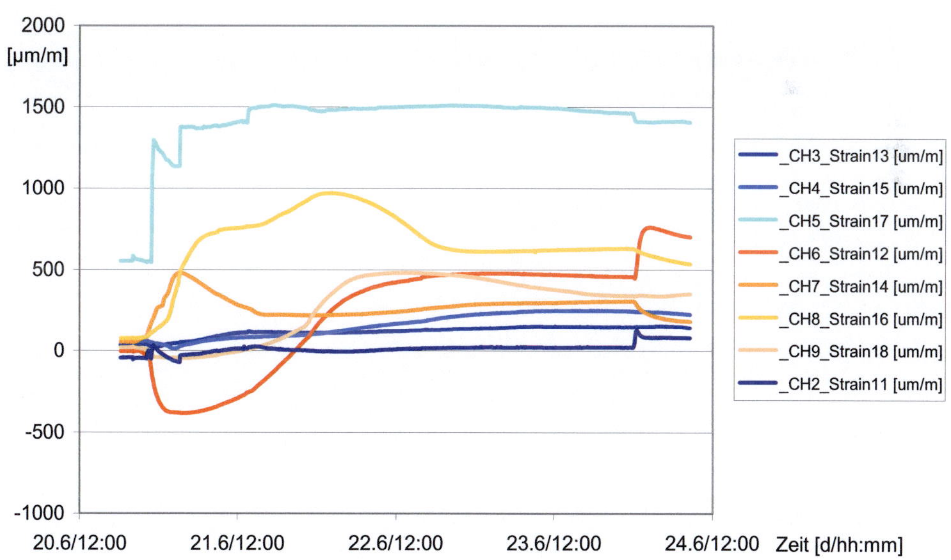

Abb. 5-52 Dehnungsmesser im Zentrum beim 1. Dampftest VK1

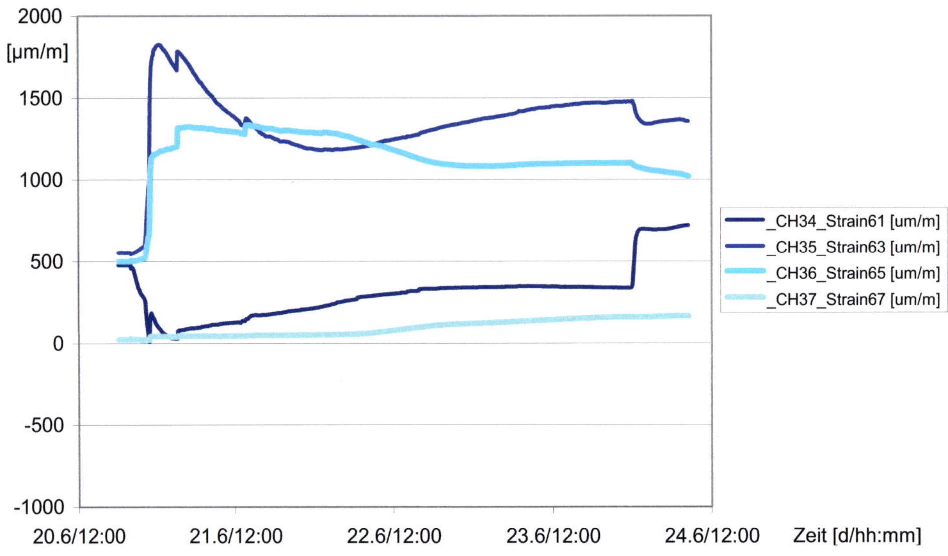

Abb. 5-53 Dehnungsmesser beim 1. Dampftest VK1

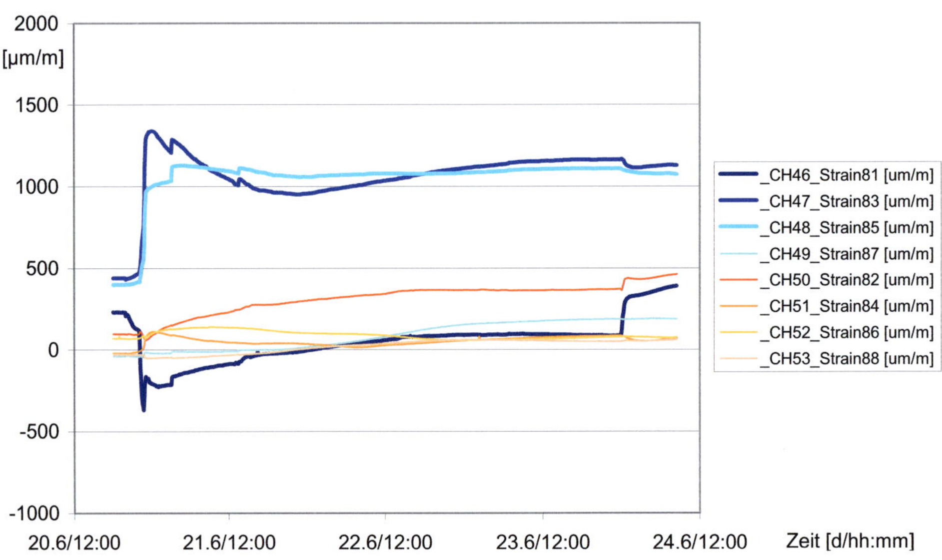

Abb. 5-54 Dehnungsmesser am Rand beim 1. Dampftest VK1

5.10.2 Dampftest 2 VK1

Die Durchführung des 2. Dampftests am 1. Versuchskörper fand vom 12.12. bis zum 15.12.2002 statt. Die Abb. 5-55 zeigt die Steuerung der Sollwerte Druck, Luft-Dampf-Gemisch und Druckkammertemperatur. Es waren konstante Verhältnisse mit 5,2 bar absolut, 141°C und ein Verhältnis von Dampf zu Luft von 1,7 : 1 vorgegeben. Aufgrund der zügigen Steigerung der Werte kam es zu einer kurzen Überschwingung des Kammerdrucks. Nach Erreichen des Zieldrucks wurden kurzfristig auch das Massenverhältnis Dampf zu Luft und schließlich die Solltemperatur eingeregelt. Die Werte wurden darauf bis zum Ende des Versuchs konstant gehalten.

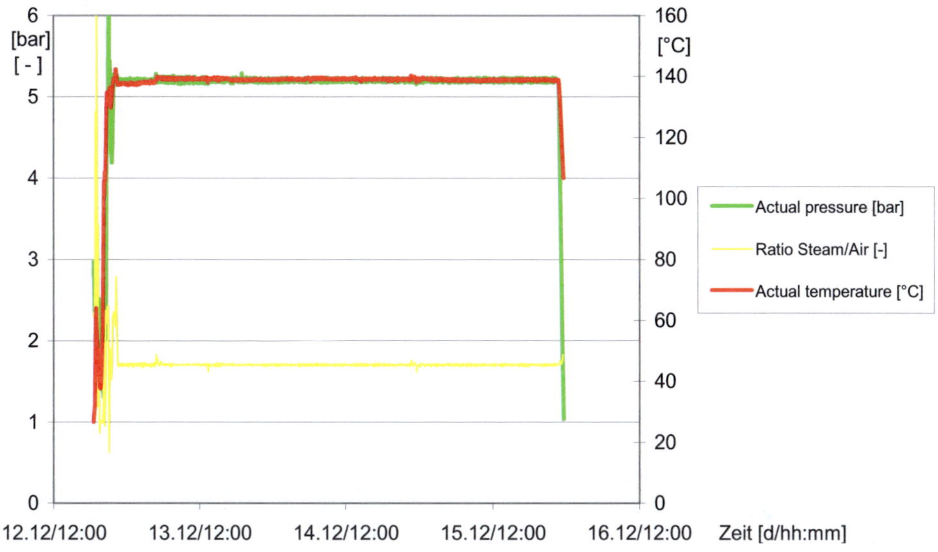

Abb. 5-55 Steuerung VK1 beim 2. Dampftests VK1

In Abb. 5-56 ist die Durchflussmessung in der Messwanne wiedergegeben. Am Auffälligsten ist der Wasserdurchfluss, welcher nach einem Spitzenwert von ca. 8 kg/h auf einen Wert unter 4 kg/h einbricht. In der Folge nimmt der Durchfluss dann zunächst leicht zu um danach langsam abzufallen. Auffällig ist, dass es dabei zu periodischen Schwankungen mit erhöhtem Durchfluss kommt. Diese Schwankungen könnten durch den Durchfluss selbst verursacht werden. Während der Durchflussphase verschließt der Riss aufgrund des heißen Mediums. Ist der Riss verschlossen, fehlt der Wärmezufluss und der Riss kann wiederum abkühlen. Parallel wird der Durchfluss der gasförmigen Phase gemessen, welche kontinuierlich steigt und dann weitgehend konstant bleibt. Der Durchfluss gegen Ende des Szenarios betrug etwa 2,5 kg Wasser und 2,8 kg Luft pro Stunde.

Die gemessene Temperatur im Durchflussmessrohr steigt stetig von Anfang an. Um der Kondensation von Feuchte entgegenzuwirken, wurde dann die Zusatzheizung eingeschaltet und die Temperatur eingeregelt. Die absolute Restfeuchte nach Abscheiden des Wassers wurde ebenfalls gemessen und war durchweg verschwindend gering.

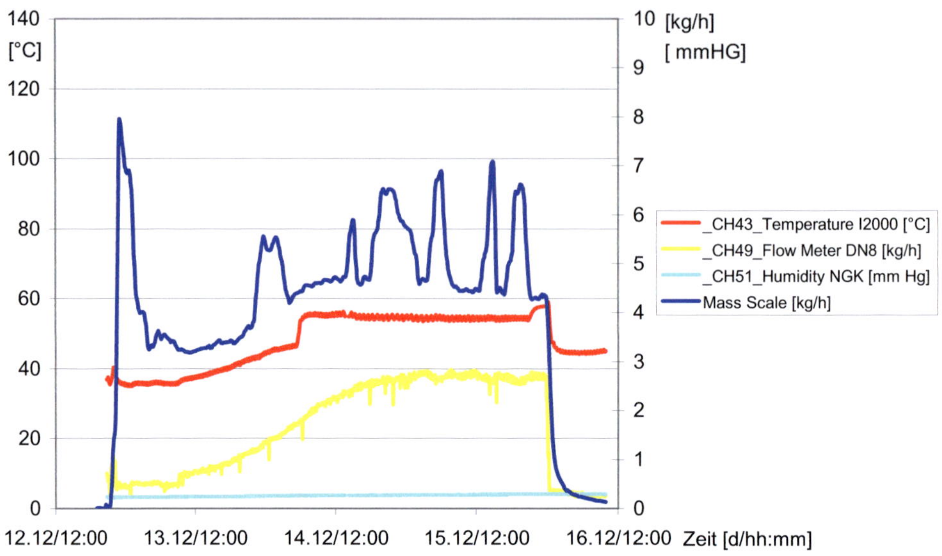

Abb. 5-56 Durchfluss VK1 beim 2. Dampftests VK1

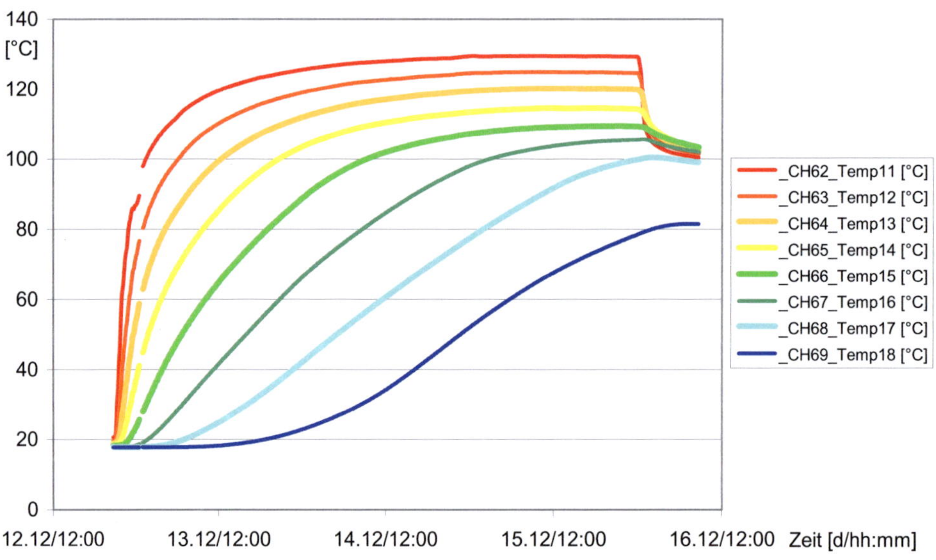

Abb. 5-57 Temperatur im Zentrum VK1 beim 2. Dampftests VK1

In Abb. 5-57 ist der Temperaturverlauf im Zentrum des Versuchskörpers zu sehen. Die Abstände der Aufnehmer verdichten sich zur Oberseite. Die oberflächennahen Aufnehmer werden schneller erhitzt wie die tiefer liegenden Aufnehmer und streben nach Anfangs starker Erwärmung zügig einem konstanten Verlauf entgegen. Die Mitte des Versuchskörpers erwärmt sich langsamer, wobei sich gegen Ende des Versuchs stationäre Verhältnisse mit gleichbleibendem Temperaturverlauf über die Versuchskörperdicke abzeichnen.

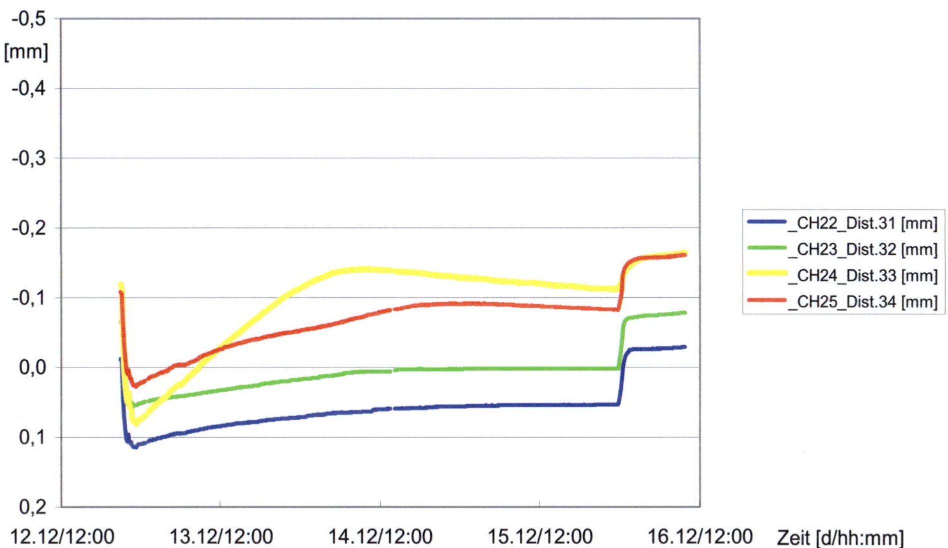

Abb. 5-58 Aufnehmer oben (Druckkammer) beim 2. Dampftests VK1

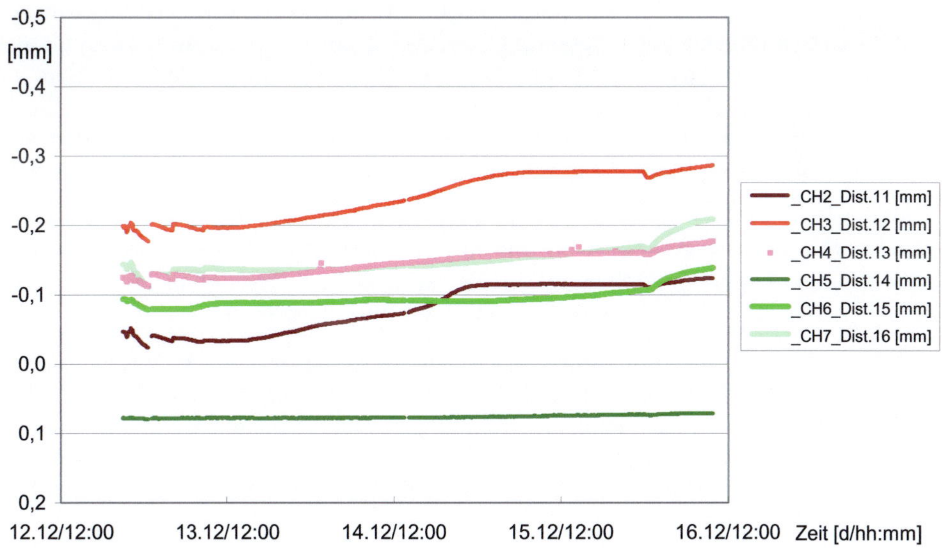

Abb. 5-59 Risse A und C Aufnehmer unten (Kontrollkammer) 2. Dampftest VK1

139

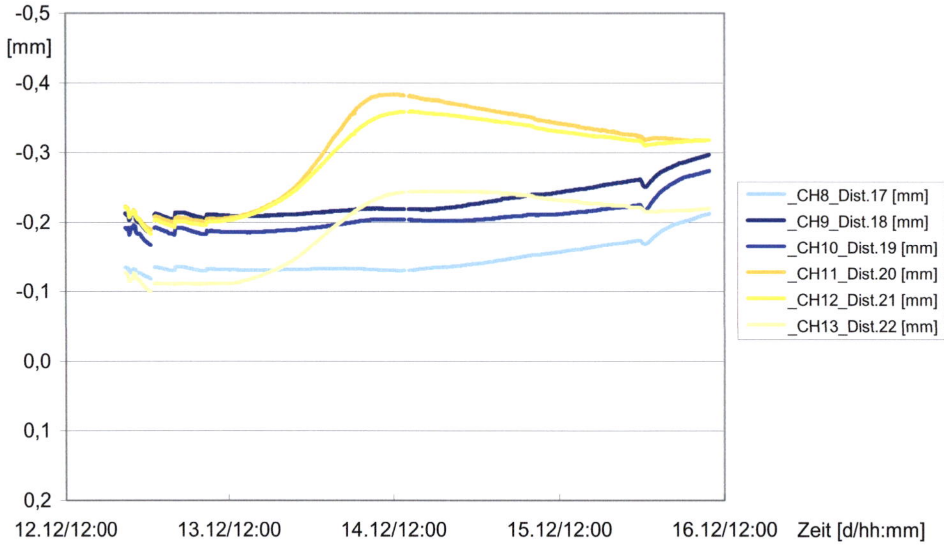

Abb. 5-60 Risse B und D Aufnehmer unten (Kontrollkammer) 2. Dampftest VK1

Zur Aufzeichnung der Rissbreite und zur Steuerung wurden Wegaufnehmer auf der Oberfläche über den Rissen montiert. Wie in Abb. 5-59 und in Abb. 5-60 ersichtlich, wurde die Anfangsrissbreite auf der Unterseite zunächst im Mittel auf ca. 0,2 mm eingestellt. Mit Beginn der Temperaturbeaufschlagung war eine Verringerung der Rissbreitenmessung an der Oberseite (Abb. 5-58) um ca. 0.1 mm festzustellen. In der Folge verringerte sich der Durchfluss in Abb. 5-56. Im weiteren Verlauf des Tests öffneten sich die Risse jedoch wieder. In der Anfangsphase ging durch die Erwärmung und durch die Ausdehnung des Versuchskörpers die Pressenkraft (Wegsteuerung) und dadurch die Rissbreite zurück, was durch Nachregelung der Pressen kompensiert wurde.

Für Riss D (gelb) ist in Abb. 5-58 und in Abb. 5-60 eine starke Vergrößerung um fast 0,2 mm an Unter- und Oberseite im Verlauf des Tests feststellbar. Die restlichen Aufnehmer wurden in gleicher Zeit nur um 0,05 mm vergrößert.

In Abb. 5-61, Abb. 5-62 und Abb. 5-63 ist die Messung der in den Versuchskörper einbetonierten Dehnungsaufnehmer. Da einige Aufnehmer von Rissen erfasst wurden, zeigen diese nicht mehr die Dehnung des ungerissenen Betons an, sondern geben indirekt die Rissbreite wieder. Dazu ist die Umrechnung der Dehnung über die Messbasis der Aufnehmer (1000 µm/m entspricht 0,1 mm Rissbreite) erforderlich.

Die oberflächennahen Aufnehmer werden komprimiert während tiefer liegender Aufnehmer zusätzlich gezogen werden. Gegen Ende des Versuchs sind die Aufnehmer wieder auf einem Niveau, was für eine Vergleichmäßigung spricht.

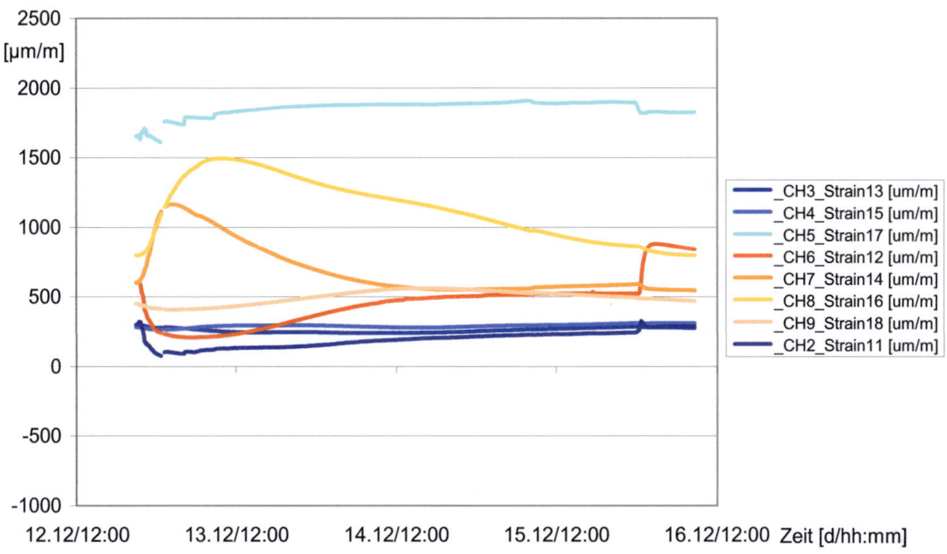

Abb. 5-61 Dehnungsmesser im Zentrum beim 2. Dampftest VK1

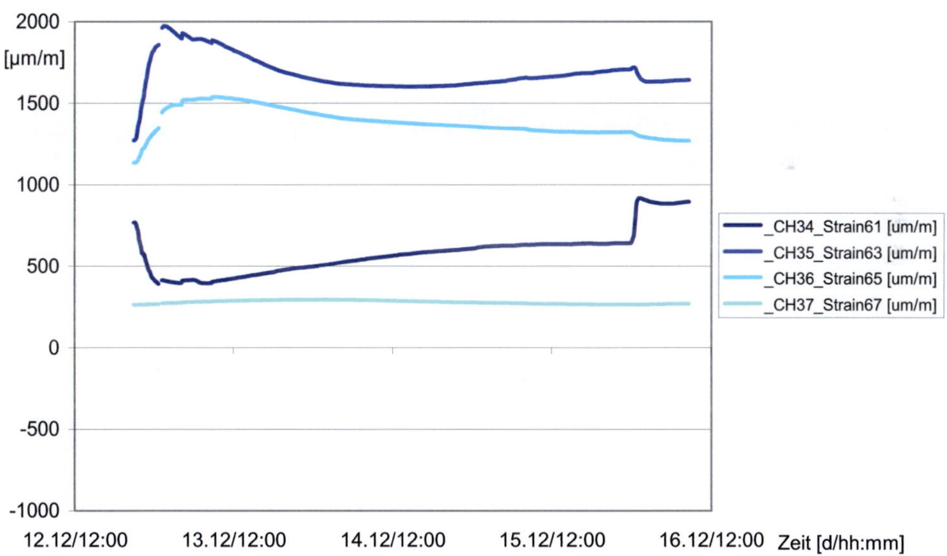

Abb. 5-62 Dehnungsmesser beim 2. Dampftest VK1

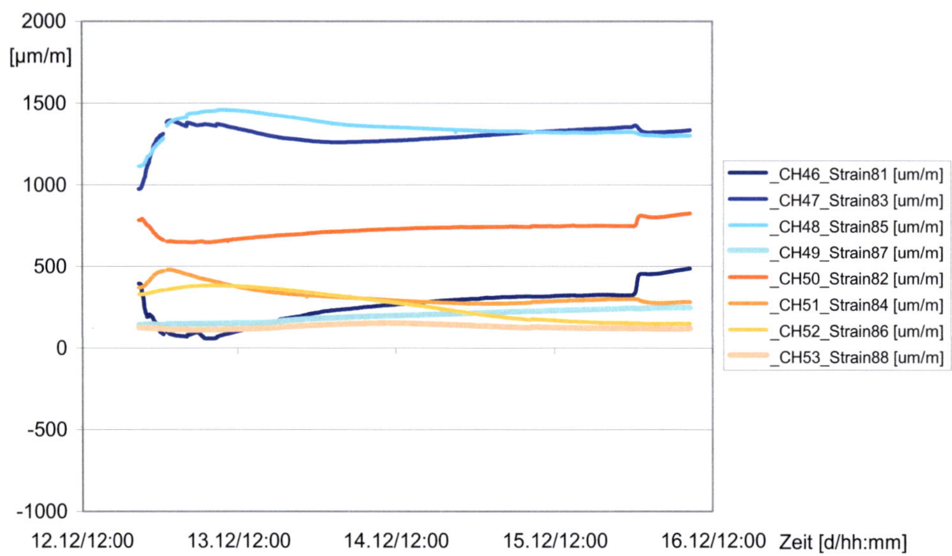

Abb. 5-63 Dehnungsmesser am Rand beim 2. Dampftest VK1

5.11 Dampftests VK2

5.11.1   Dampftest 1 VK2

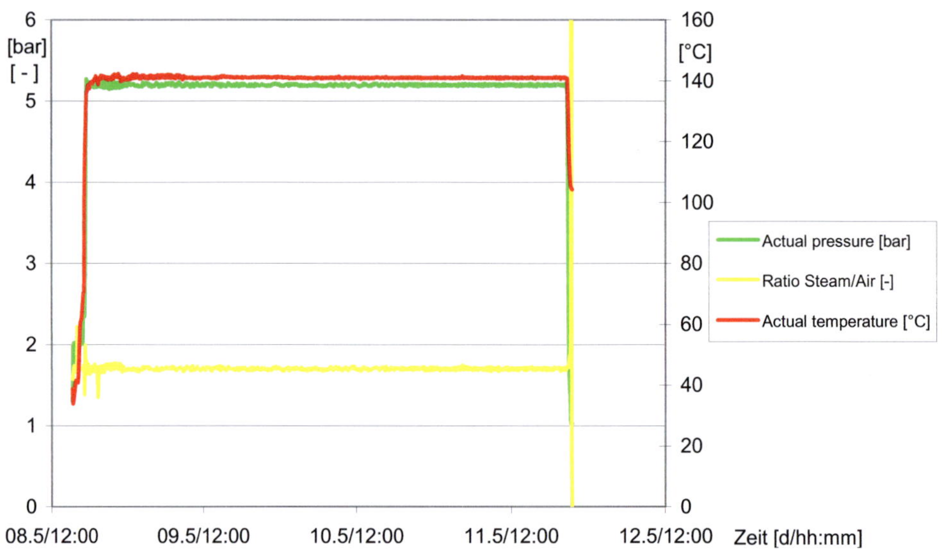

Abb. 5-64 Beaufschlagung VK2 bei Durchführung des 1. Dampftests

Die Durchführung des 1. Dampftest am 2. Versuchskörper fand vom 8.05. bis zum 11.05.2003 statt. Zu Beginn des Versuchs wurde die Beaufschlagung möglichst schnell auf den Sollwert gesteigert und dann konstant gehalten (Abb. 5-64). Zunächst erfolgte die Einregelung des Solldrucks auf 5.2 bar absolut, dann wurde das Massenverhältnis 1,7 : 1 von Dampf zu Luft und schließlich die Solltemperatur von 141 °C eingeregelt.

In Abb. 5-65 ist die Leckagemessung auf der Unterseite des Versuchskörpers dargestellt. Es wurden die Wasserleckage, die Gasleckage sowie die Feuchte und Temperatur des Gases gemessen. Die Temperatur wurde durch Zusatzheizung so hoch eingestellt, dass kein Kondensatanfall im Bereich der Gasmessblende auftrat.

Nach einem kurzen Maximum zu Beginn des Tests, schließen sich die Risse, um sich in der Folge wieder zu öffnen. Die Wasserleckage nimmt im Verlauf des Tests kontinuierlich ab. Die Gasleckage nimmt teilweise kurzfristig um 1 kg/h zu, um dann parallel zur Wasserleckage kontinuierlich zurückzugehen. Der Durchfluss gegen Ende des Szenarios betrug etwa 1 kg Wasser und 1,6 kg Luft pro Stunde

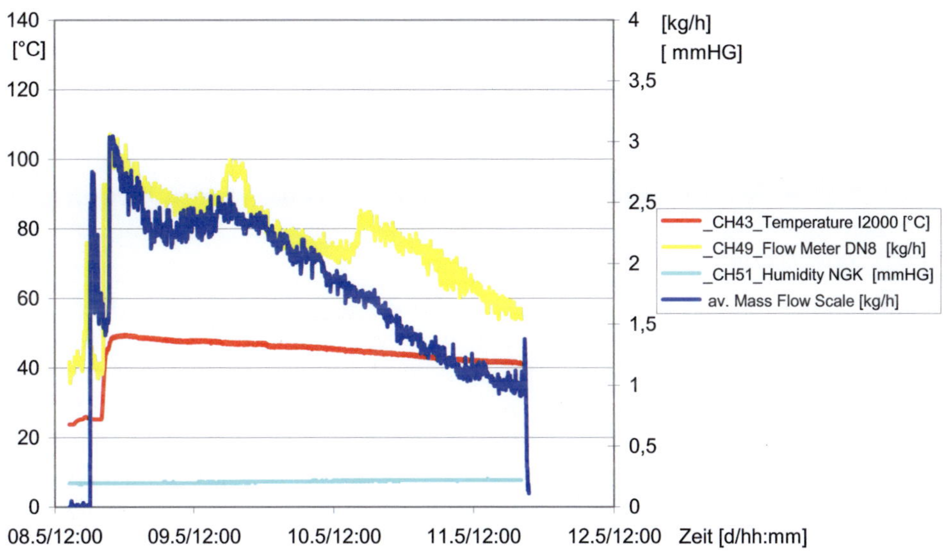

Abb. 5-65 Durchfluss VK2 bei Durchführung des 1. Dampftests

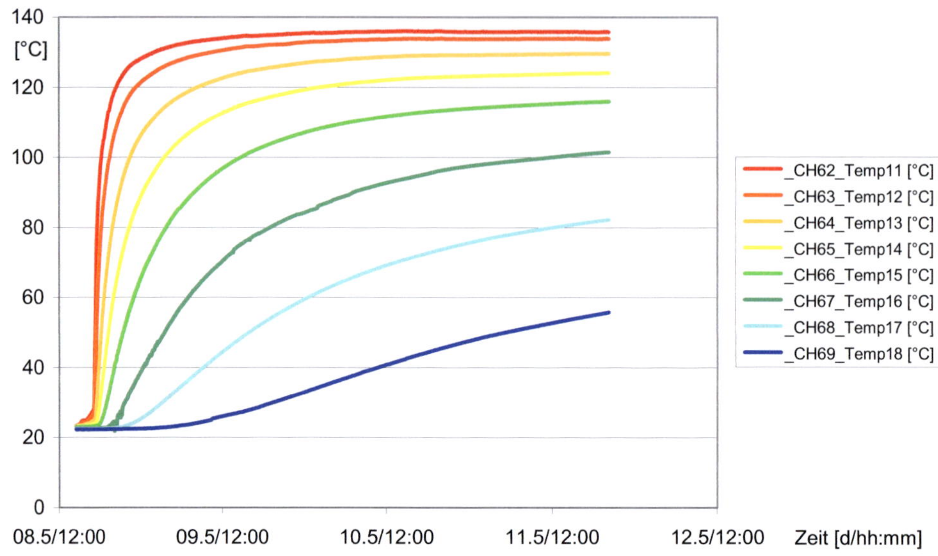

Abb. 5-66 Temperatur in der Mitte v. VK2 bei Durchführung des 1. Dampftests

Die Temperaturverläufe der Aufnehmer in der Mitte des Versuchskörpers 2 sind in Abb. 5-66 dargestellt. Neben der zügigen Erwärmung der oberflächennahen Schichten wurde die gleichmäßige Durchwärmung des VK2 mit Tendenz zu stationären Verhältnissen gegen Ende des Tests aufgezeichnet.

Zur Aufnahme des Rissbreitenverlaufs während der Tests, wurden Wegaufnehmer über den Rissen auf die Oberfläche montiert. Die Lage der Wegaufnehmer ist in Abb. 5-14 wiedergegeben

In Abb. 5-68 ist der Verlauf der Rissbreite für die Risse A, B und C aufgezeichnet. Die Messung der Wegaufnehmer über den Rissen D, E und F wird in Abb. 5-69 wiedergegeben. Zunächst ist erkennbar, wie die Risse an der Unterseite des Versuchskörpers auf ca. 0,1 mm eingestellt wurden. Gleichzeitig wurde eine Rissbreite an der Oberseite des Versuchskörpers von ca. 0,1 mm gemessen (Abb. 5-67).

Zu Beginn der Beaufschlagung mit Dampf wurde ein drastischer Rückgang der Rissbreite an der Oberseite gemessen, was praktisch einen Verschluss der Risse an der Oberfläche zur Folge hatte. Später öffneten sich die Risse langsam wieder, um dann einem konstanten Niveau entgegenzustreben.

An der Unterseite war ein Rückgang der Rissbreite durch die Erwärmung des Versuchskörpers feststellbar. Dieser Rückgang wurde mithilfe der hydraulischen Pressen nochmals auf 0,1 mm nachgeregelt. Im weiteren Verlauf der Durchwärmung des Versuchskörpers steigt die Rissbreite langsam an.

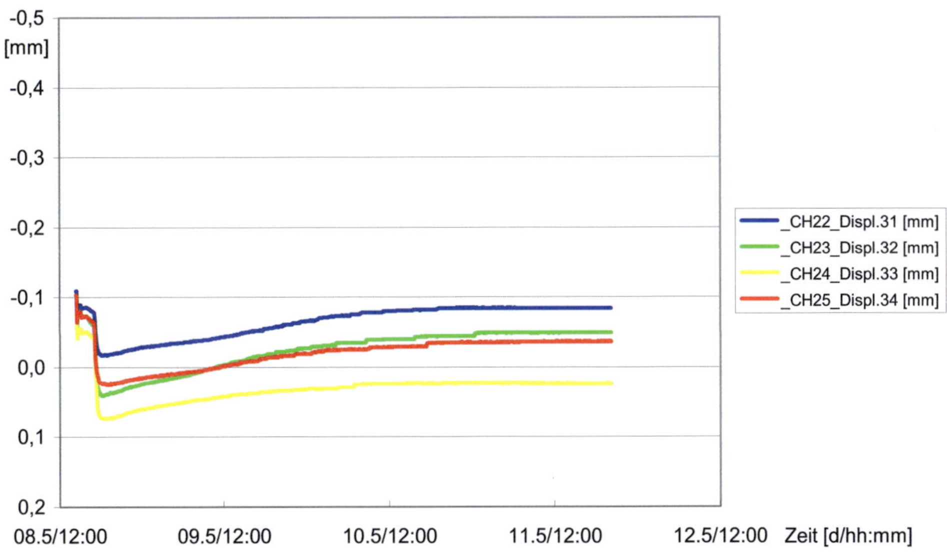

Abb. 5-67 Risse oben (Druckkammer) Durchführung des 1. Dampftests VK2

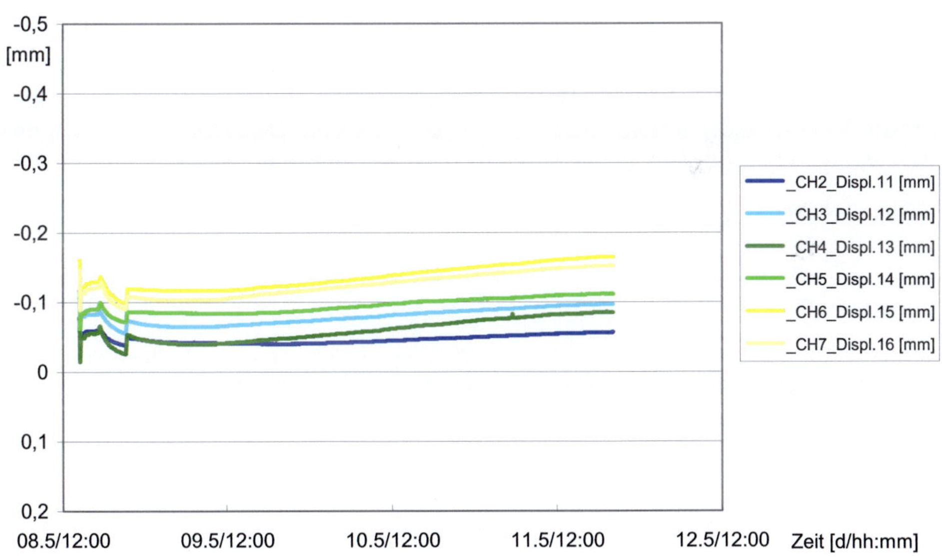

Abb. 5-68 Risse A, B und C unten bei Durchführung des 1. Dampftests VK2

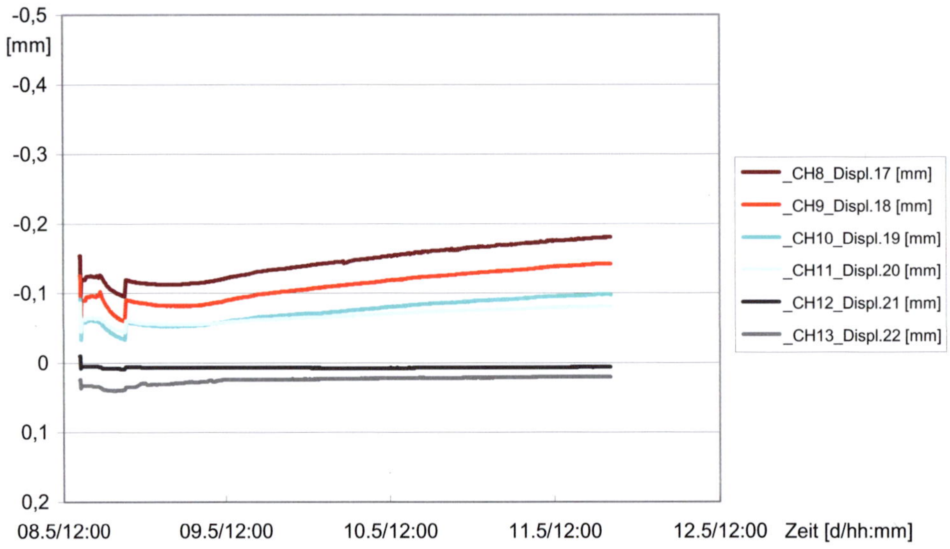

Abb. 5-69 Risse D, E und F unten bei Durchführung des 1. Dampftests VK2

In der Abb. 5-70, Abb. 5-71 und Abb. 5-72 sind die Dehnungsaufnehmer im Versuchskörper über dem Zeitverlauf aufgetragen. Die Aufnehmerserien 13-18 sind im Zentrum, die Aufnehmer 61-67 und 81-88 seitlich zum Rand versetzt angeordnet. Die drei Serien wurden von Riss C erfasst. Generell ist der Verlauf der Aufnehmer über die Versuchskörperdicke erkennbar. Die gemessene Dehnung von 1000 µm/m entspricht bei einer der Messbasis 100 mm einer Rissbreite von 0,1 mm.

Zunächst werden die oberflächennahen Aufnehmer (11, 61 und 81) überdrückt. Parallel dazu vergrößert sich dadurch der Abstand der angrenzenden Aufnehmer (13, 63 und 83) durch Zugbeanspruchung. Mit der Zeit ist eine Vergleichmäßigung der Verläufe erkennbar.

Es ist ersichtlich, dass der Verschluss der Risse durch die Temperaturbeaufschlagung lokal begrenzt in den oberflächennahen Schichten abläuft.

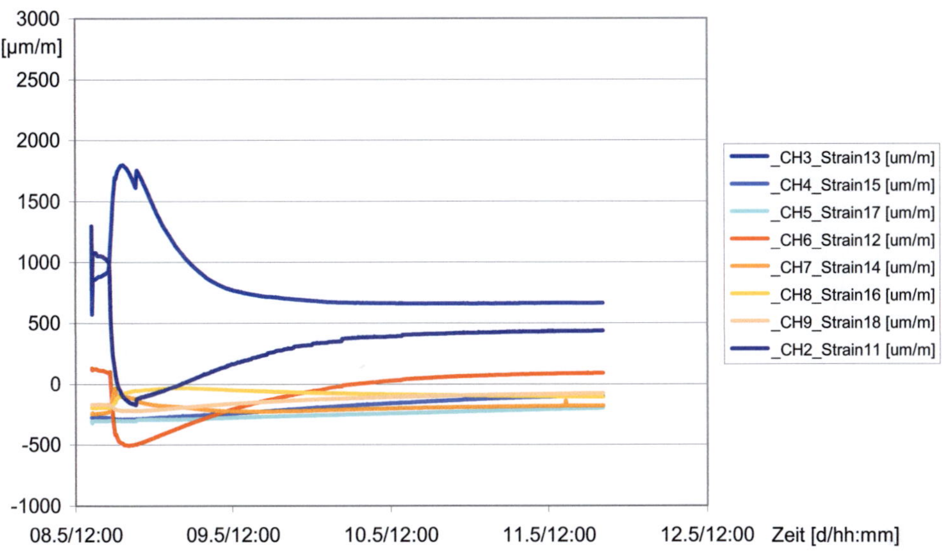

Abb. 5-70 Dehnungsmesser im Zentrum beim 1. Dampftest VK2 (bei Riss C)

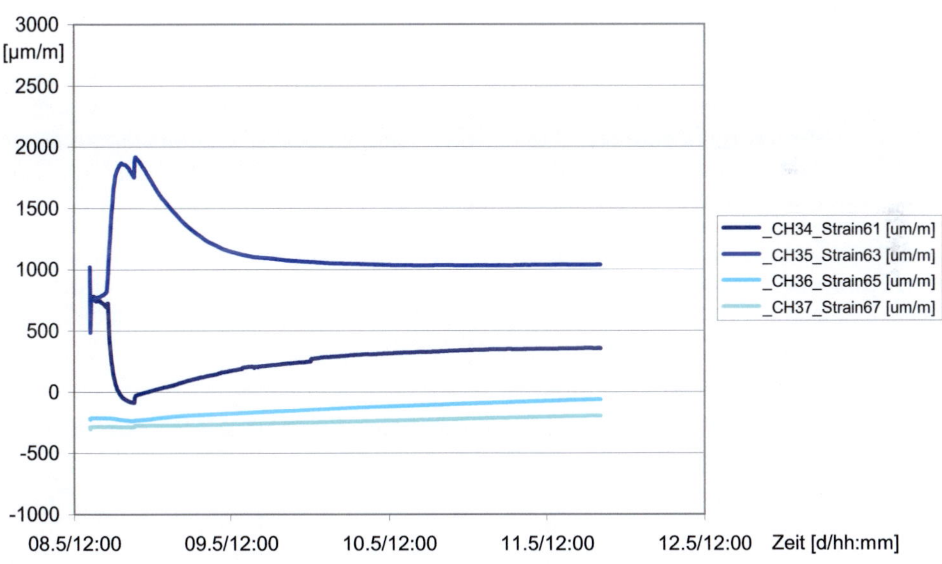

Abb. 5-71 Dehnungsmesser beim 1. Dampftest VK2 (bei Riss C)

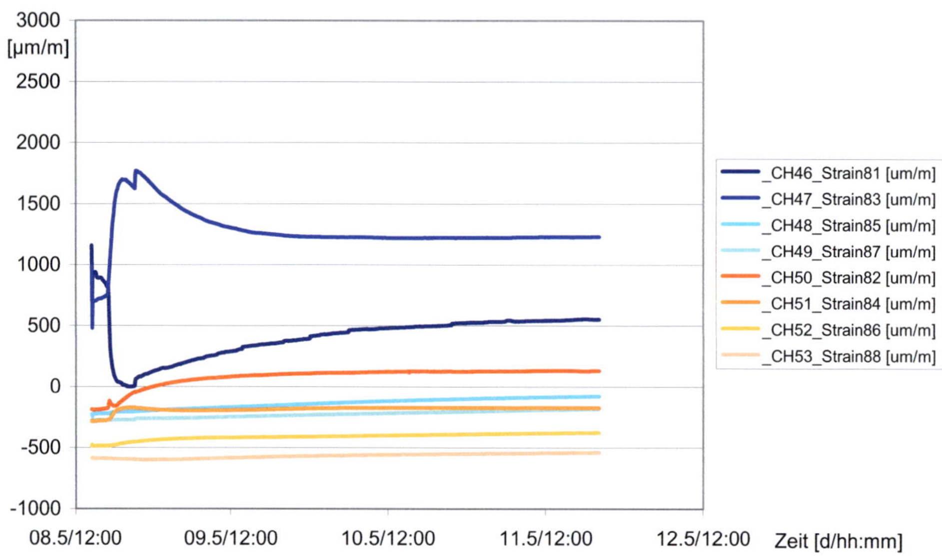

Abb. 5-72 Dehnungsmesser am Rand beim 1. Dampftest VK2 (bei Riss C)

5.11.2   Dampftest 2 VK2

Die Durchführung des 2. Dampftests des 2. Versuchskörpers fand vom 22.05. bis zum 26.05.2003 über einen Zeitraum von mehr als 72 Stunden statt. Zu Beginn des Versuchs wurden die Parameter Druck, das Dampf-Luft Mischungsverhältnis und die Temperatur eingestellt. Nach dem Einregeln (Abb. 5-73) wurden die Verhältnisse bis zum Ende der Tests konstant gehalten.

In Abb. 5-74 sind der Wasser- und der Gasdurchfluss, sowie die Gastemperatur an der Messblende erfasst. Die Temperatur wurde mittels Zusatzheizung angehoben, um Kondensat im Durchflussmessgerät zu verhindern. Die Restfeuchte wurde ebenfalls erfasst, sie ist jedoch im Vergleich zur Wasserleckage vernachlässigbar gering.

Nach einem kurzfristigen Maximum zu Beginn der Beaufschlagung ging der Durchfluss zurück. In der Folge war eine kontinuierliche Zunahme der Wasser- und Gasleckage zu beobachten. Dann nahm die Wasserleckage schlagartig zu. Im weiteren Verlauf war dann eine kontinuierliche Abnahme der Wasser- und Gasleckage zu beobachten. Zunächst gab es verschlossene Risse, welche sich langsam öffneten. Bei wenig durchlässigen Rissen trat zunächst vorwiegend Gas aus, während nur wenig Kondensat durch die verschlossenen Risse gelang. In dieser Phase nahm die Leckage kontinuierlich zu. Mit dem plötzlich eintretenden Kondensatdurchfluss setzte parallel verstärkt Versinterung ein, was einen kontinuierlichen Rückgang der Leckage verursachte. Der Durchfluss gegen Ende des Szenarios betrug etwa 4,7 kg Wasser und 3,8 kg Luft pro Stunde

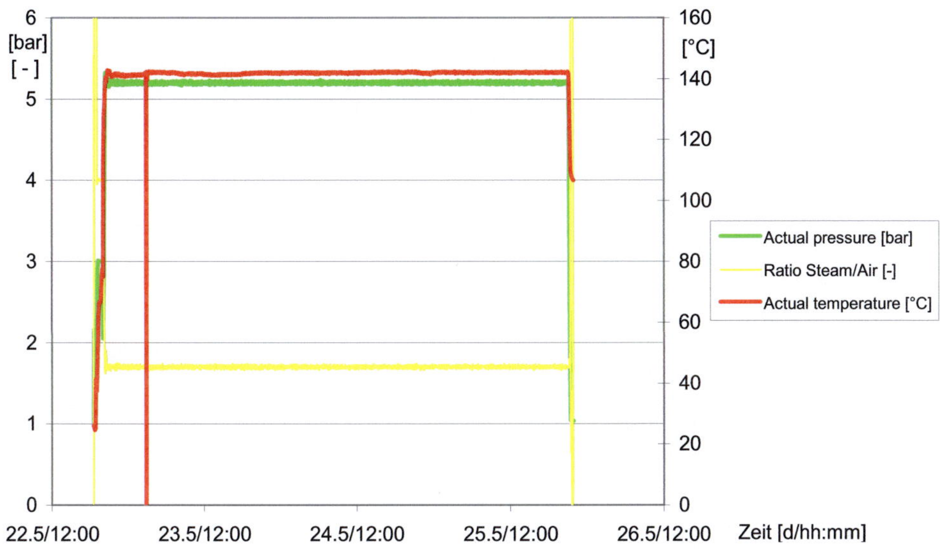

Abb. 5-73 Beaufschlagung VK2 bei Durchführung des 2. Dampftest

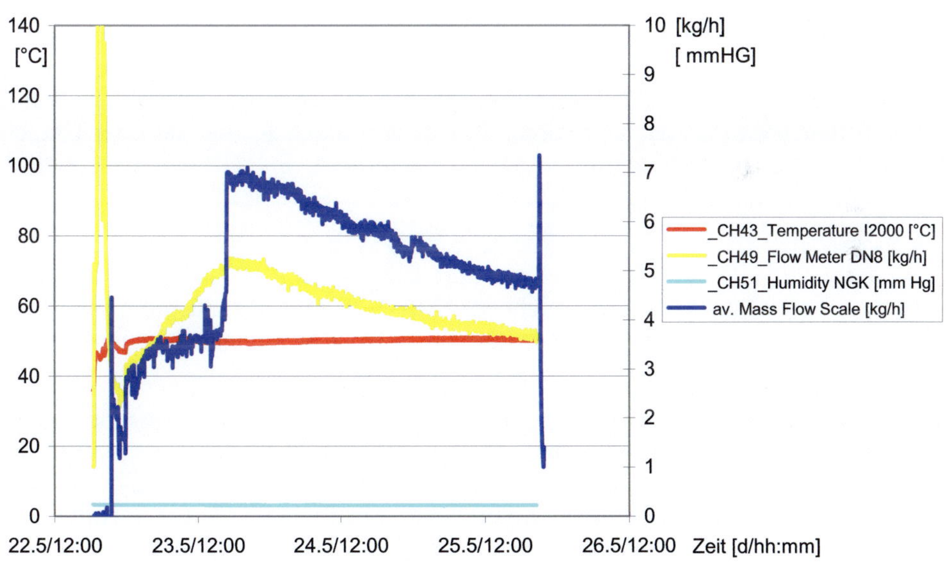

Abb. 5-74 Durchfluss VK2 bei Durchführung des 2. Dampftest

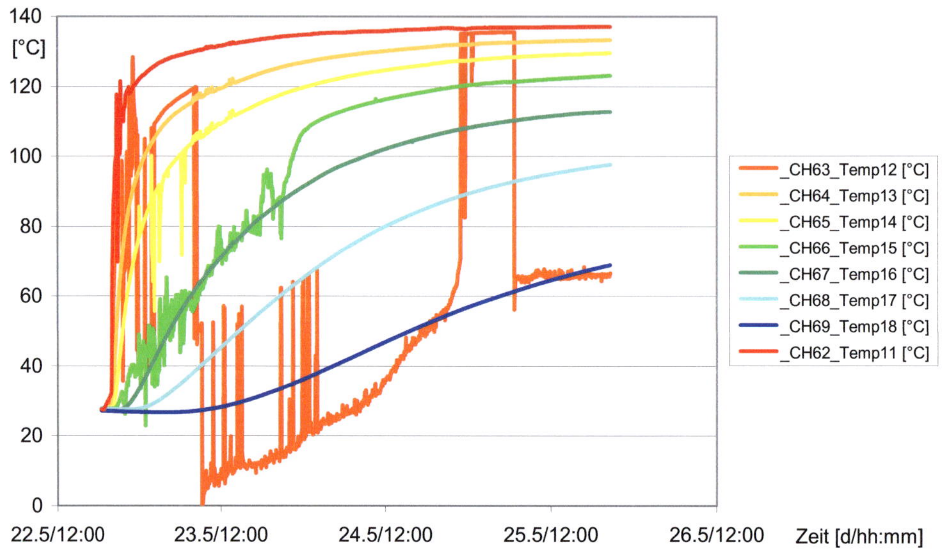

Abb. 5-75 Temperatur in der Mitte v. VK2 bei Durchführung des 2. Dampftests

In Abb. 5-75 ist die Temperaturentwicklung über die Höhe des VK zu erkennen. Zeitweilig sind mehrere Aufnehmer ausgefallen, was sich in unrealistisch niedrigen Temperaturen widerspiegelte. Jedoch ist die schnelle Durchwärmung des VK anhand der verbleibenden Aufnehmer noch gut nachvollziehbar. Vermutlich wurden die betroffenen Aufnehmer von Rissen erfasst und durch Kondensat oder Undichtheiten der Aufnehmerkapselung zeitweilig beeinflusst. Es fällt auf, dass sich die Aufnehmer zeitweise wieder erholen und kein Totalausfall eintritt.

Der Verlauf der Rissbreite an der Oberseite ist in Abb. 5-76 aufgetragen. In Abb. 5-77 sind die Verläufe der Wegaufnehmer über den Rissen A, B und C auf der Unterseite des Versuchskörpers aufgezeichnet. Abb. 5-78 gibt die entsprechenden Verläufe für die Risse D, E und F wieder. Die Lage der Wegaufnehmer ist in Abb. 5-14 wiedergegeben

Die Voreinstellung der Rissbreite an der Unterseite des Versuchskörpers war 0,2 mm im Mittel. Die Messung der Aufnehmer an der Oberseite betrug ~ 0,15 mm. Nach dem Start des Tests ging die Rissbreite oben stark zurück und die Risse wurden teilweise überdrückt. Nach anfänglicher Abnahme wurde die Rissbreite einmal auf 0,2 mm an der Unterseite nachjustiert. Im weiteren Verlauf erfolgte dann eine Vergleichmäßigung und ein leichter Anstieg.

In Abb. 5-79, Abb. 5-80 und Abb. 5-81 wird das Verhalten der einbetonierten Dehnungsaufnehmer aufgezeigt. Die genaue Einbaulage der Aufnehmer ist den Schalplänen im Anhang zu entnehmen.

Wie bei vorangegangenen Tests ist die primäre Beeinflussung der oberflächennahen Aufnehmer zu sehen. Bei einsetzender Temperaturlast werden die unmittelbar unter der Oberfläche einbetonierten Aufnehmer (um ca. 0,15 mm) komprimiert, während die darunterliegenden Aufnehmer zusätzlich (um ca. 0,06 mm) gedehnt werden. Die quer zur Hauptlastrichtung eingebauten und offensichtlich nicht von Rissen betroffenen Aufnehmer zeigen gleichzeitig kaum Veränderungen. Weiter ist festzustellen, dass je weiter die Einbaulage seitlich im Versuchskörper ist, (von 11 im Zentrum über 61 bis 81 am Rand) umso geringer fällt der Einfluss aus.

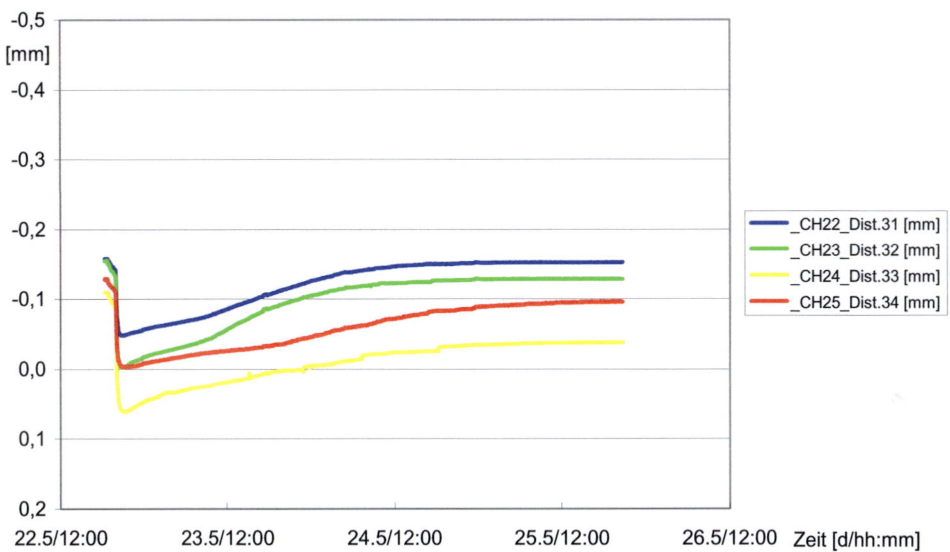

Abb. 5-76 Risse oben (Druckkammer) Durchführung des 1. Dampftests VK2

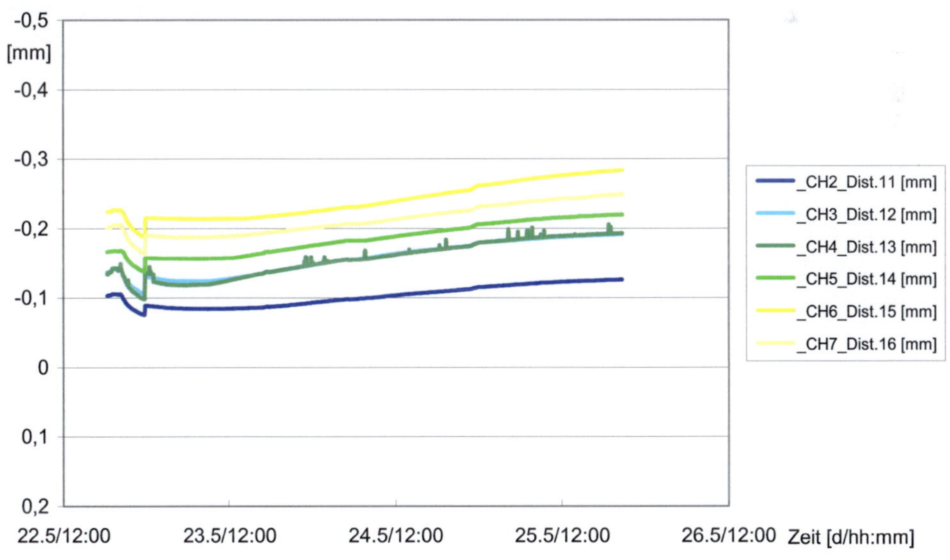

Abb. 5-77 Risse A, B und C unten bei Durchführung des 1. Dampftests VK2

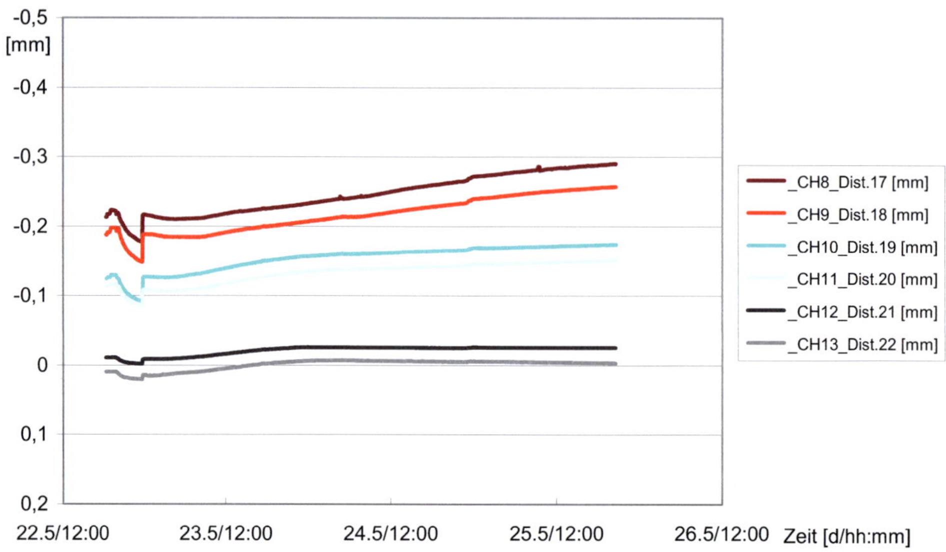

Abb. 5-78 Risse D, E und F unten bei Durchführung des 1. Dampftests VK2

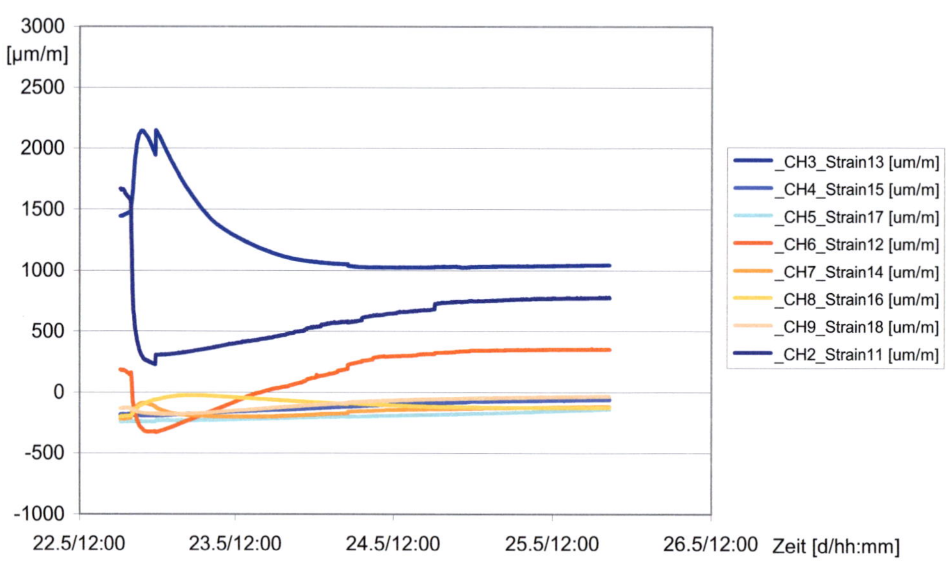

Abb. 5-79 Dehnungsmesser im Zentrum beim 2. Dampftest VK2

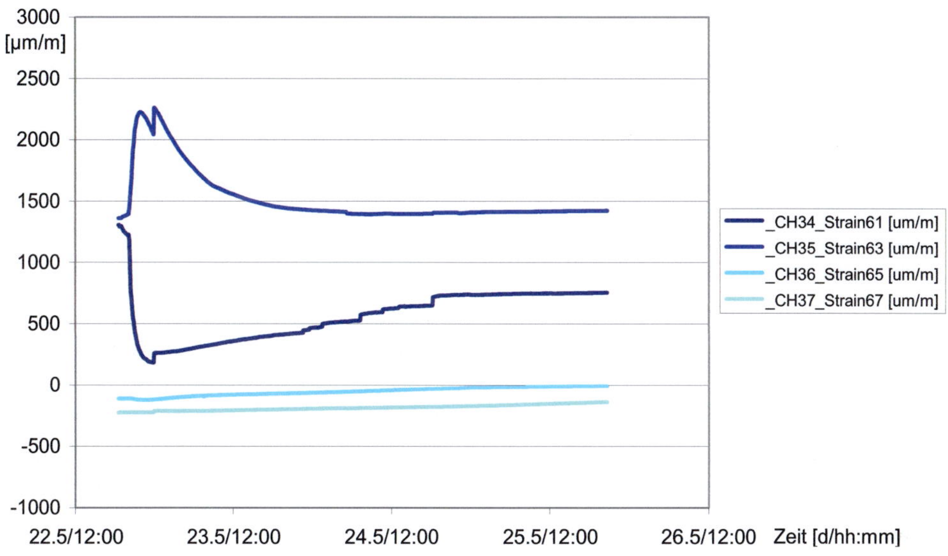

Abb. 5-80 Dehnungsmesser beim 2. Dampftest VK2

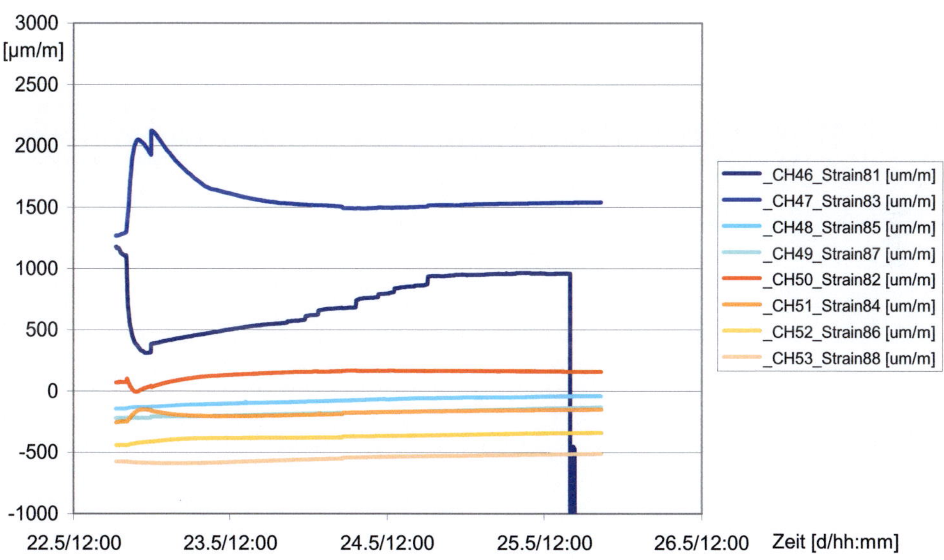

Abb. 5-81 Dehnungsmesser am Rand beim 2. Dampftest VK2

5.12 Dampftests bei VK3

5.12.1 Dampftest 1 VK3

Das Szenario Dampftest 1 am Versuchskörper 3 wurde vom 7.11. bis zum 10.11.2003 durchgeführt. Zunächst wurden die Risse mittels hydraulischer Pressen auf eine Sollrissbreite von 0,1 mm im Mittel auf der Versuchskörperunterseite eingestellt. Danach wurde direkt mit der Dampfbeaufschlagung begonnen. Die Sollwerte wurden zügig angefahren und bis zum Versuchsende über einen Zeitraum von mehr als 72 Stunden gehalten (Abb. 5-82).

In Abb. 5-83 sind der Wasserdurchfluss, der Gasdurchfluss und die Temperatur, sowie die absolute Restfeuchte aufgetragen. Der Anfangsdurchfluss zu Beginn des Szenarios bricht aufgrund der Temperaturbeaufschlagung deutlich ein und nimmt danach erneut zu.

Abb. 5-82 Beaufschlagung VK3 bei Durchführung des 1. Dampftests

Der Sprung im Verlauf ist die Folge der Nachregelung der Rissbreite an der Unterseite auf den Sollwert von 0,1 mm. Die Zunahme der Wasserleckage führte zu Versinterung, was dann eine kontinuierliche Durchflussreduzierung zur Folge hatte. Der Durchfluss gegen Ende des Szenarios betrug etwa 5,6 kg Wasser und 2,9 kg Luft pro Stunde. Die Temperatur der Gasleckage wurde mittels Zusatzheizung angehoben um eine Kondensation zu verhindern. Die gleichzeitig gemessene Restfeuchte war vernachlässigbar klein.

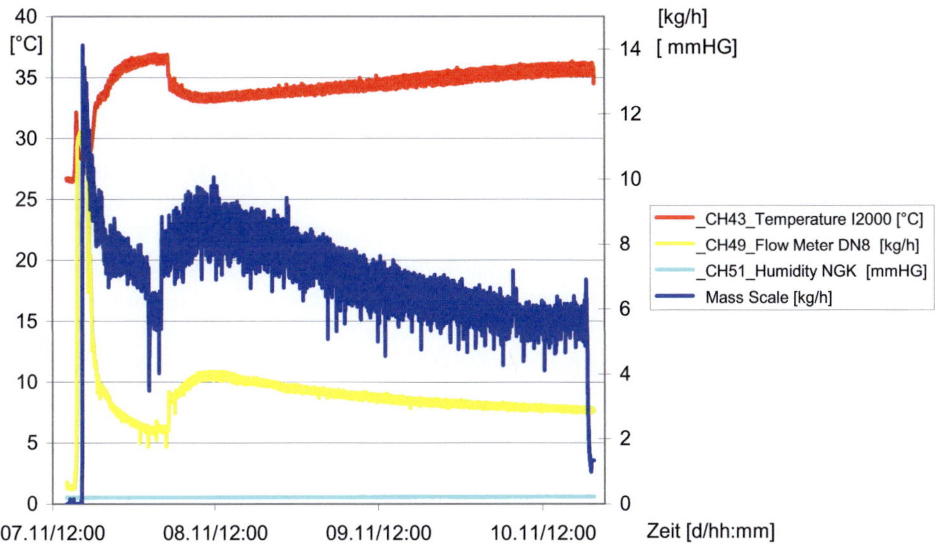

Abb. 5-83 Durchfluss VK3 bei Durchführung des 1. Dampftests

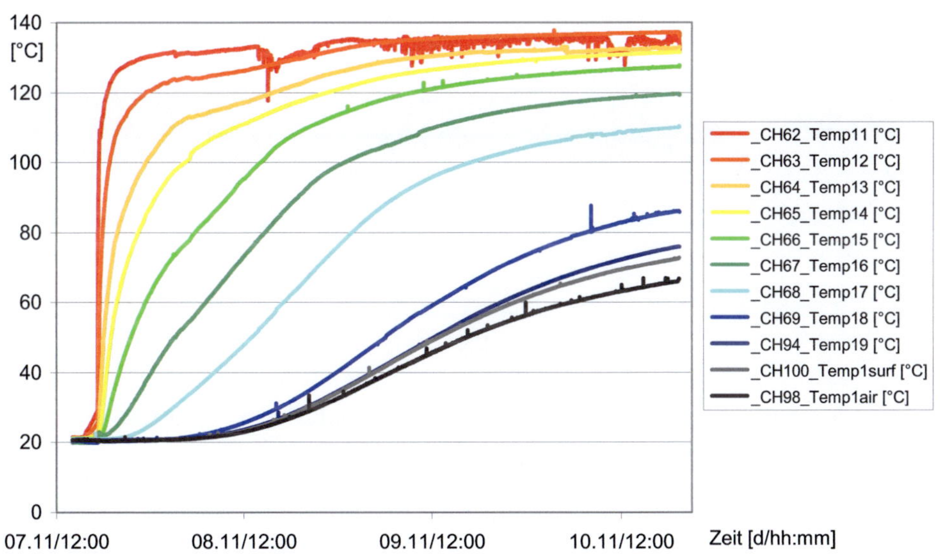

Abb. 5-84 Temperatur im Zentrum VK3 bei Durchführung des 1. Dampftests

In Abb. 5-84 ist der Temperaturverlauf im Zentrum des Versuchskörpers dargestellt. Man erkennt eine zügige Durchwärmung des Versuchskörpers mit der Tendenz zu stationären Verhältnissen gegen Ende des Versuchs. Es ist festzustellen, dass die oberflächennahen Aufnehmer zwar arbeiten, aber zeitweilig zu geringe Temperaturen anzeigen. Als Ursache kommt Kondensation im Umfeld der Aufnehmer in Betracht.

Zu Beginn des Versuchs wurden die Risse auf der Unterseite des Versuchskörpers auf eine Rissbreite von 0,1 mm aufgezogen. Die Rissbreite der Risse auf der Unterseite wurde von Wegaufnehmern erfasst und ist für die Risse A, B, C in der Abb. 5-86 und für die Risse D, E und F in Abb. 5-87 dargestellt. Die Lage der Wegaufnehmer über den Rissen ist in Abb. 5-21 wiedergegeben.

Die Wegaufnehmer an der Oberseite (Abb. 5-85) zeigten vor Beaufschlagung mit Dampf ebenfalls eine Rissbreite von ca. 0,1 mm an. Nach Beginn des Tests und der Erwärmung der Oberfläche durch die Temperaturbeaufschlagung werden die Aufnehmer oben überdrückt. Gleichzeitig wird durch Ausdehnung des Versuchskörpers eine reduzierte Rissbreite unten gemessen. Die Rissbreite unten wurde durch Nachregelung wieder auf 0,1 mm eingeregelt, was einen Sprung im Verlauf der Aufnehmer (Abb. 5-87) verursacht. Die Risse an der Oberseite öffnen sich mit fortschreitender Durchwärmung des Versuchskörpers anfangs langsam, mit größerer Leckage dann zügiger.

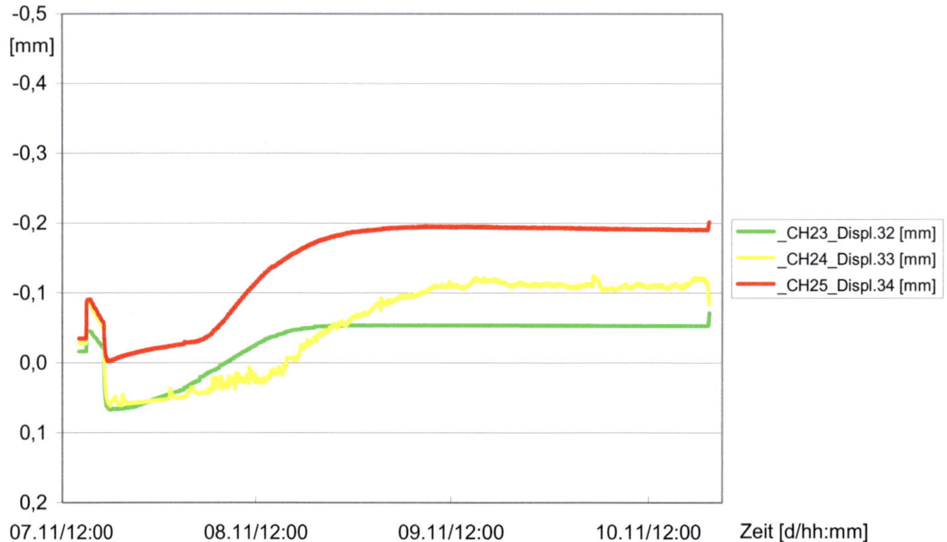

Abb. 5-85 Risse oben (Druckkammer) Durchführung des 1. Dampftests VK3

Die einbetonierten Dehnungsmesser im Versuchskörper werden teilweise durch Risse erfasst. In der Folge wird nicht mehr die Betondehnung, sondern die Rissbreite gemessen. Eine gemessene Dehnung von 1000 µm/m entspricht unter Berücksichtigung der Messbasis von 100mm des eingesetzten Dehnungsmessgeräts für Beton einer Rissbreite von 0,1 mm.

Statt nur Aussagen bezüglich der Oberfläche treffen zu können, wird es möglich, den Rissbreitenverlauf über die Versuchskörperdicke zu verfolgen.

Die Aufnehmer in Abb. 5-88, Abb. 5-91 und Abb. 5-89 werden von Riss D erfasst. Die Aufnehmer in Abb. 5-90 zeigen die Veränderung von Riss E. Während jeweils der Aufnehmer in unmittelbarer Nähe der Oberfläche komprimiert wird, erhalten alle tiefer im Beton eingebauten Dehnungsaufnehmer zusätzlichen Zug. Im Verlauf der Durchwärmung wird dieser ungleichmäßige Zwang wieder abgebaut.

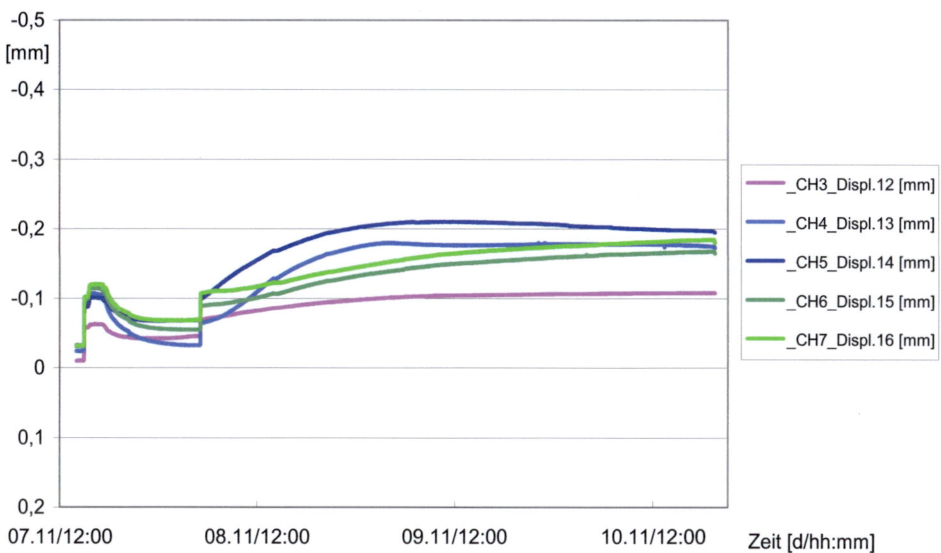

Abb. 5-86 Risse A, B und C unten bei Durchführung des 1. Dampftests VK3

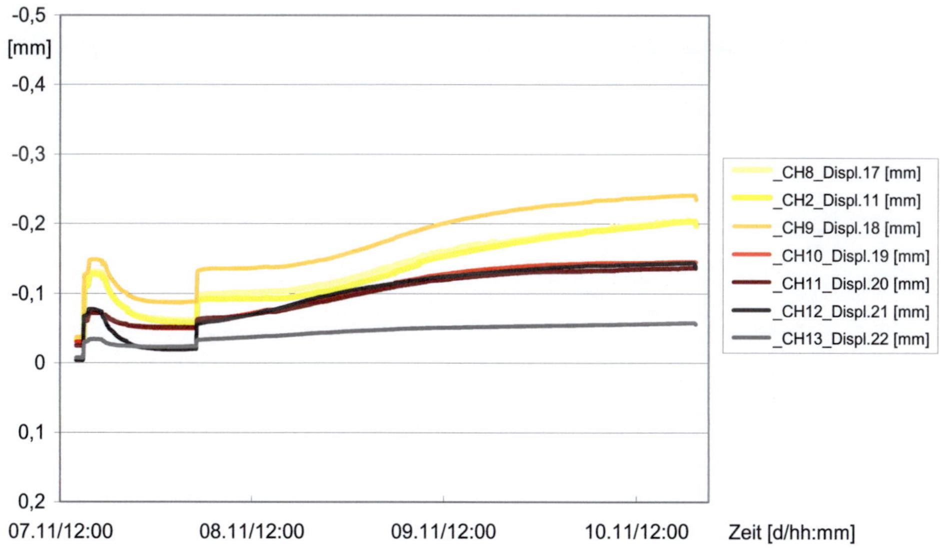

Abb. 5-87 Risse D, E und F unten bei Durchführung des 1. Dampftests VK3

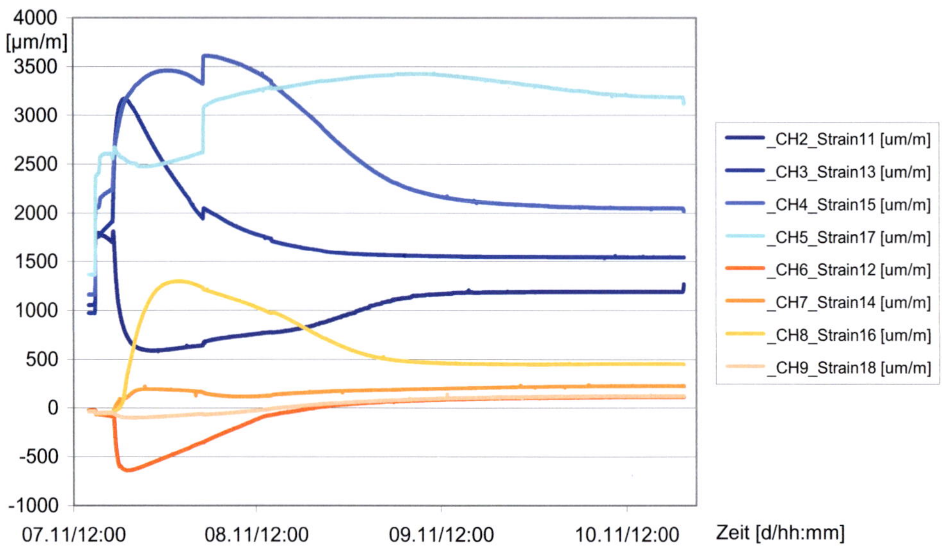

Abb. 5-88 Dehnungsmesser im Zentrum beim 1. Dampftest VK3 (Riss D)

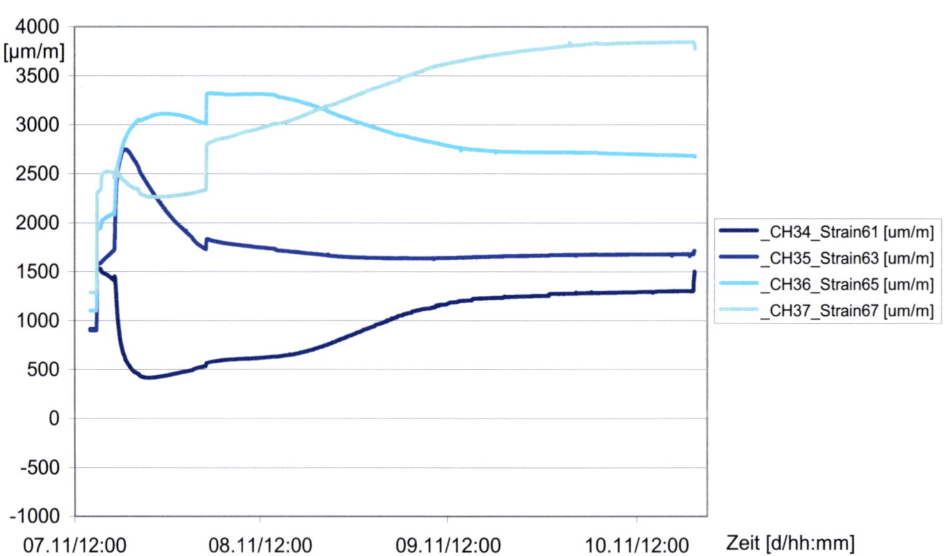

Abb. 5-89 Dehnungsmesser beim 1. Dampftest VK3 (Riss D)

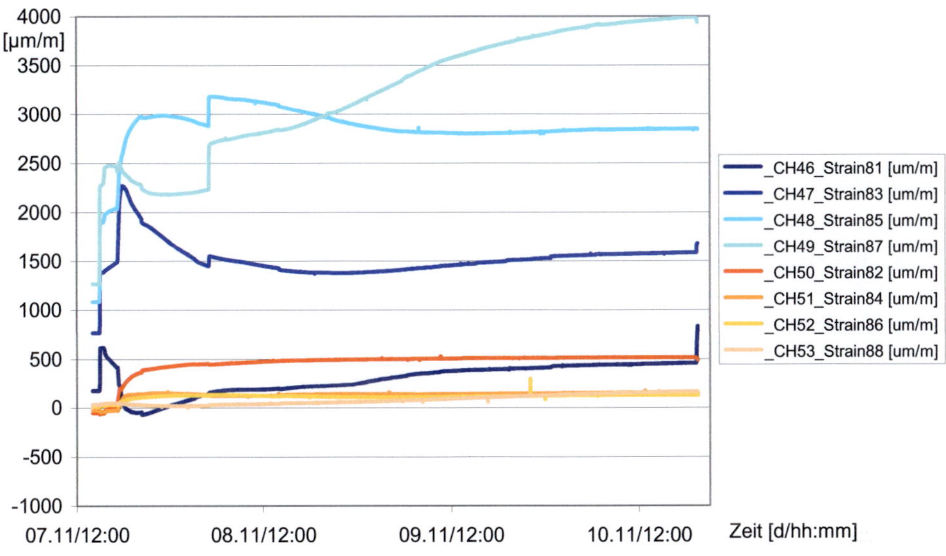

Abb. 5-90 Dehnungsmesser beim 1. Dampftest VK3 (Riss D)

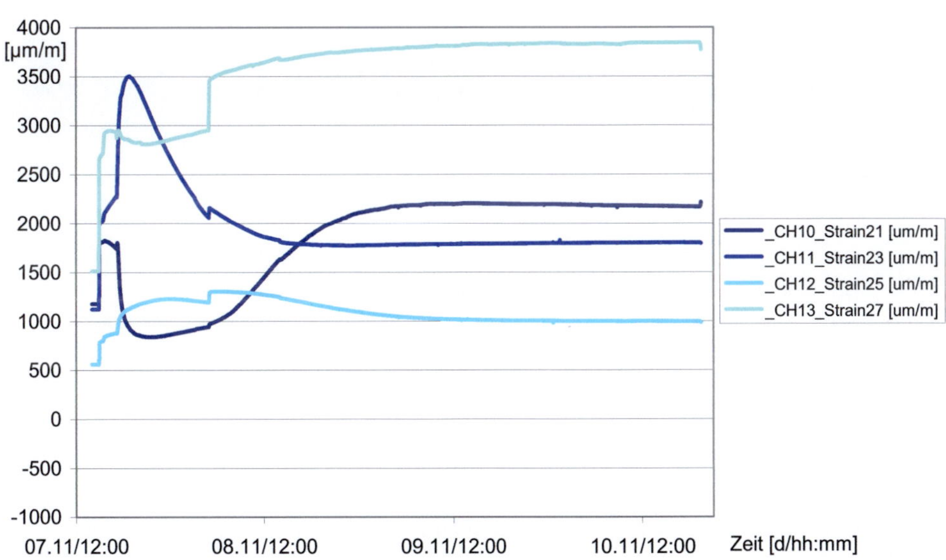

Abb. 5-91 Dehnungsmesser beim 1. Dampftest VK3 (Riss E)

5.12.2 Dampftest 2 VK 3

Das Szenario Dampftest 2 am Versuchskörper 3 wurde vom 27.11. bis zum 30.11.2003 über einen Zeitraum von mehr als 72 Stunden durchgeführt. Die Rissbreite an der Unterseite des Versuchskörpers betrug bei diesem Test 0,2 mm. Die Beaufschlagung in der Druckkammer wurde wie bei den früheren Dampftests zügig angefahren und bis zum Versuchsende konstant gehalten (Abb. 5-92).

In Abb. 5-93 sind der Wasserdurchfluss, der Gasdurchfluss und die Temperatur, sowie die absolute Restfeuchte aufgetragen. Trotz der Temperaturbeaufschlagung war kein ausgeprägter Einbruch der Leckage erkennbar. Jedoch ist eine kontinuierliche Abnahme der Wasserleckage von anfangs 18 kg/h feststellbar. Die Gasleckage nahm im Verlauf des Tests vergleichsweise geringfügig ab. Der Durchfluss gegen Ende des Szenarios betrug etwa 10 kg Wasser und 4 kg Luft pro Stunde. Im Verlauf des Tests wurde die Zusatzheizung im Gasmessrohr zugeschaltet, um Kondensat in der Gasmessblende zu verhindern.

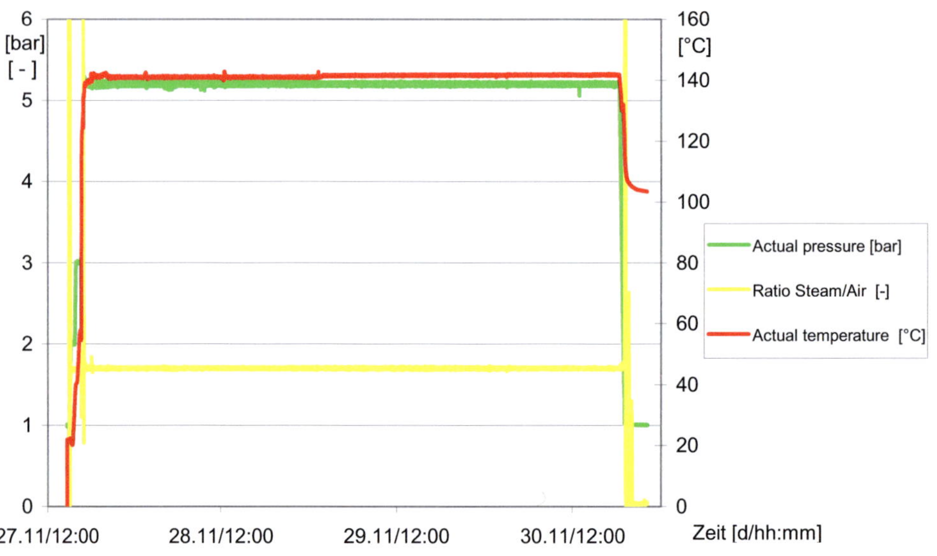

Abb. 5-92 Beaufschlagung VK3 bei Durchführung des 2. Dampftests

In Abb. 5-94 wird der Temperaturverlauf im Zentrum des Versuchskörpers wiedergegeben. Mehrere Aufnehmer zeigen zeitweilig zu niedrige Werte an. Die Ursache könnte in der Beaufschlagung mit Kondensat zu sehen sein. Insgesamt ist die kontinuierliche Aufheizung des Versuchskörpers mit der Tendenz zu stationären Verhältnissen erkennbar.

In Abb. 5-95 ist der Verlauf der Wegaufnehmer an der Oberseite des Versuchskörpers abgebildet. Die Wegaufnehmer an der Unterseite des Versuchskörpers sind für die Risse A, B und C in Abb. 5-96 und für die Risse D, E und F in der Abb. 5-97 dargestellt.

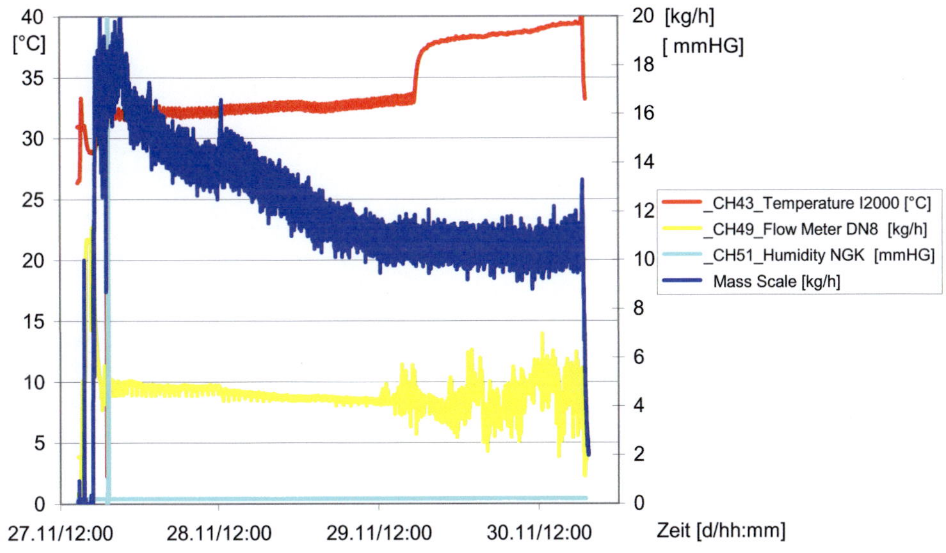

Abb. 5-93 Durchfluss VK3 bei Durchführung des 2. Dampftests

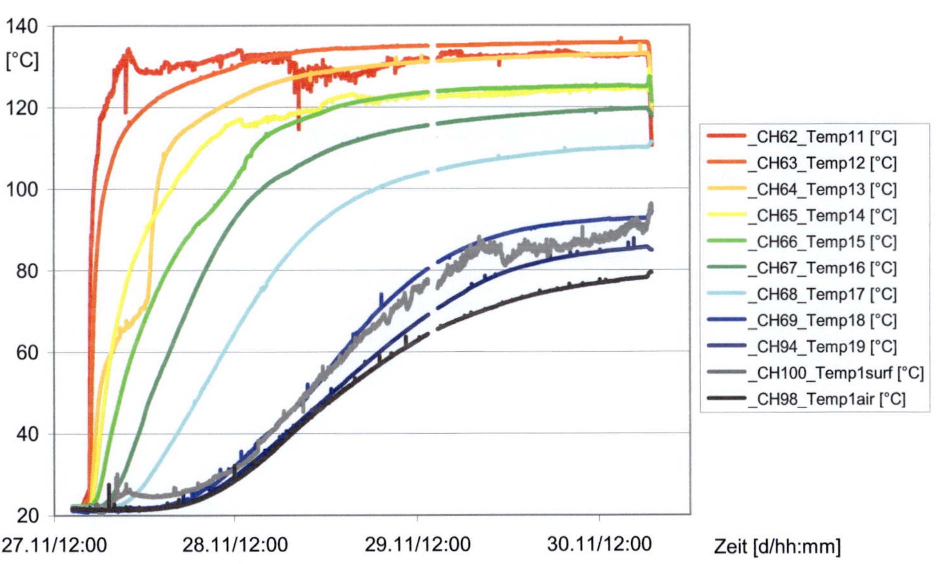

Abb. 5-94 Temperatur im Zentrum VK3 bei Durchführung des 2. Dampftests

Die Messwerte der Aufnehmer an der Oberseite werden nach der Voreinstellung auf
0,2 mm und durch die Temperaturbeaufschlagung um ca. 0,12 mm erneut reduziert.
Angesichts der gemessenen Restrissbreite werden die Risse nicht komplett geschlos-

sen. Die Risse an der Unterseite bleiben außer der anfänglichen Nachregelung auf der Zielrissbreite von 0,2 mm weitgehend konstant.

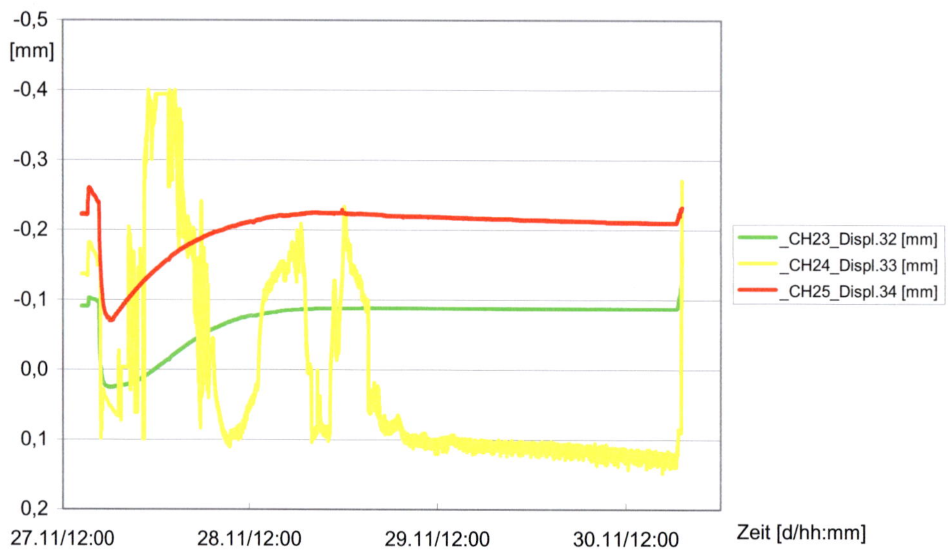

Abb. 5-95 Risse oben (Druckkammer) Durchführung des 2. Dampftests VK3

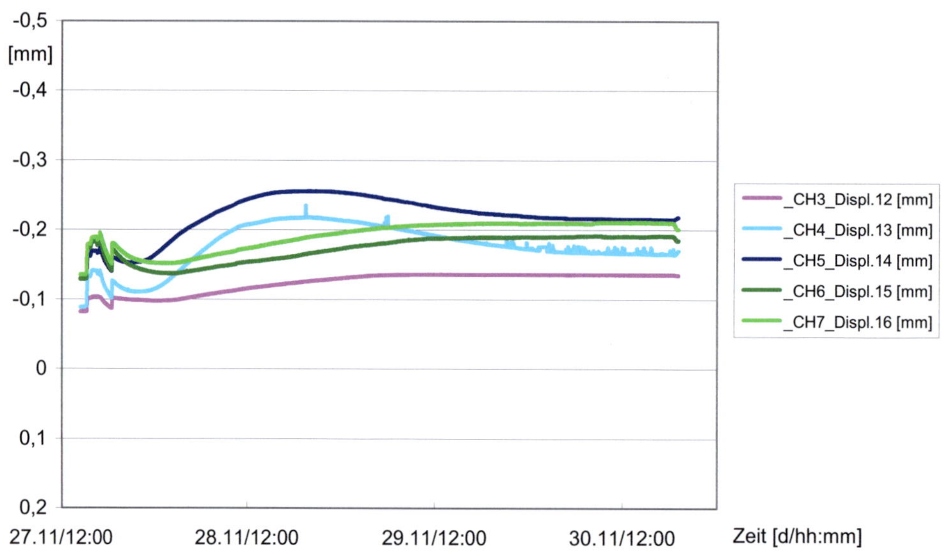

Abb. 5-96 Risse A, B und C unten bei Durchführung des 2. Dampftests VK3

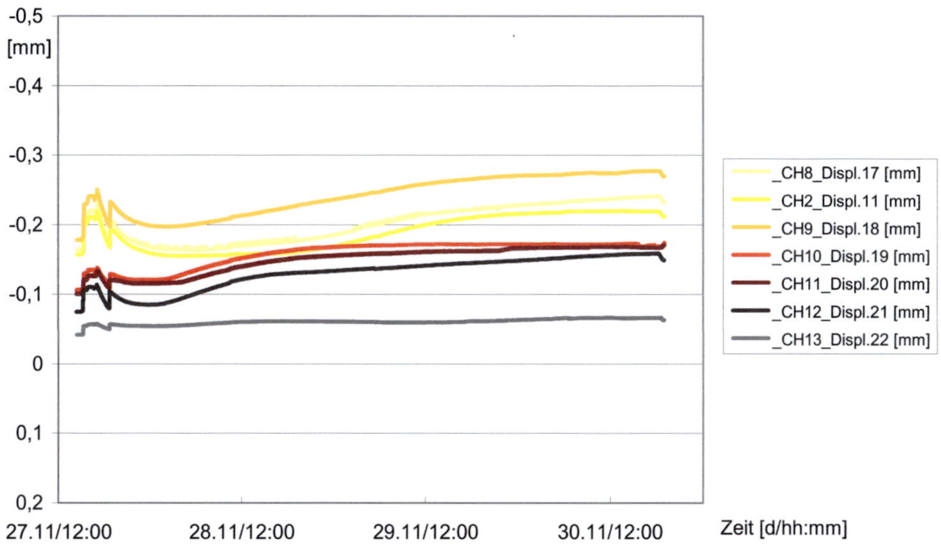

Abb. 5-97 Risse D, E und F unten bei Durchführung des 2. Dampftests VK3

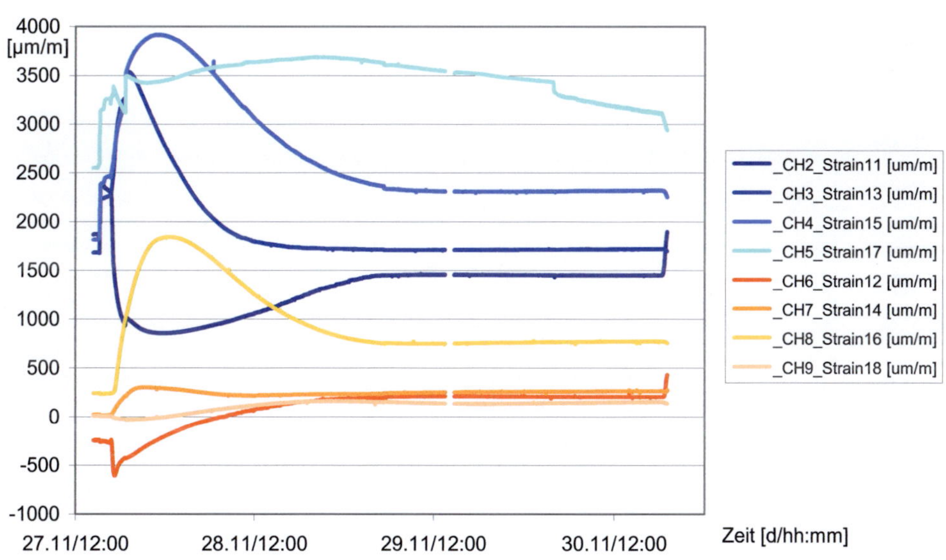

Abb. 5-98 Dehnungsmesser im Zentrum beim 2. Dampftest VK3 (Riss D)

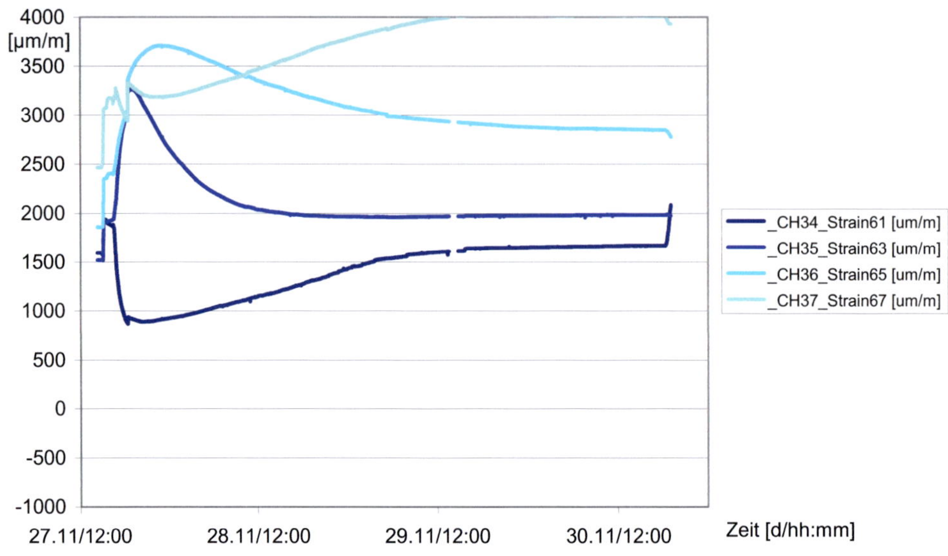

Abb. 5-99 Dehnungsmesser beim 2. Dampftest VK3 (Riss D)

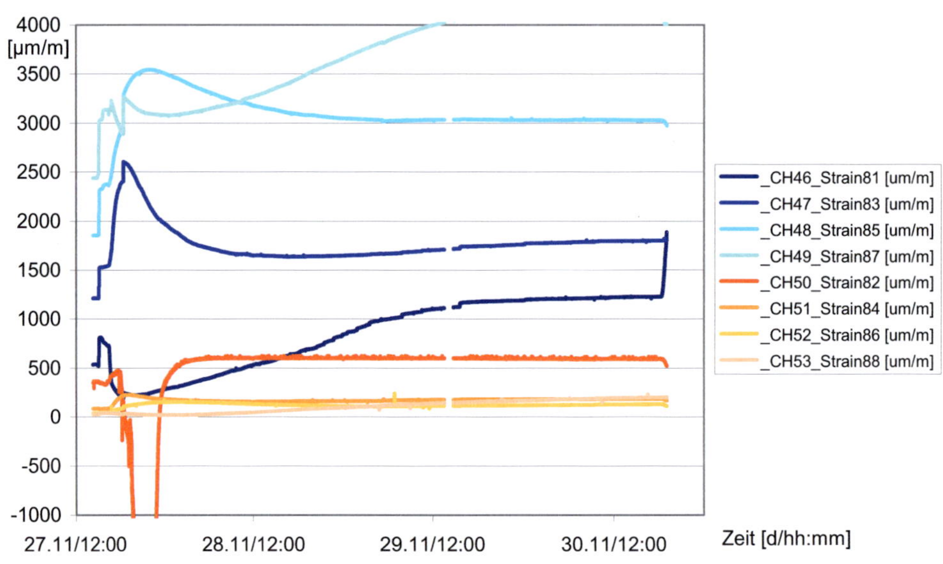

Abb. 5-100 Dehnungsmesser beim 2. Dampftest VK3 (Riss D)

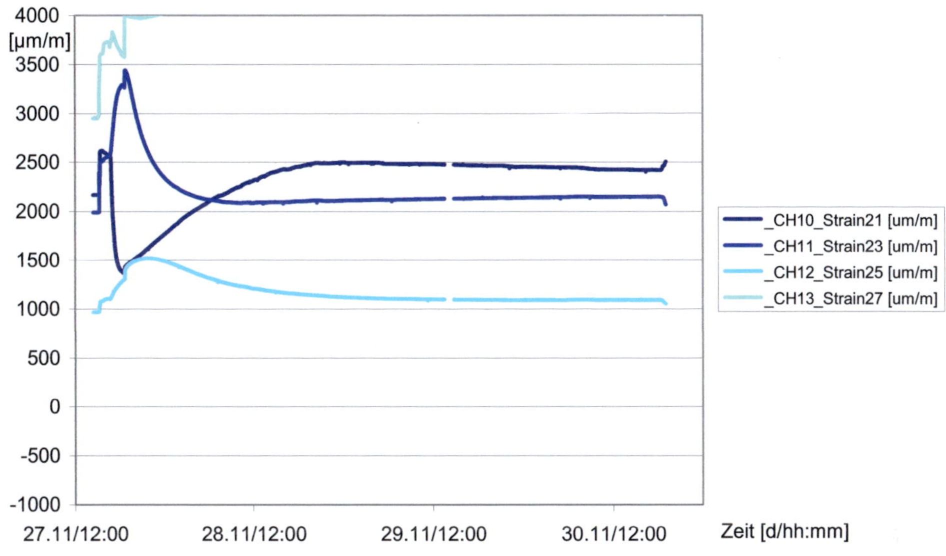

Abb. 5-101 Dehnungsmesser beim 2. Dampftest VK3 (Riss E)

Die Dehnungsmesser im Versuchskörper werden teilweise durch Risse erfasst. Dadurch wird wie oben beschrieben, nicht mehr die Betondehnung, sondern die Rissbreite gemessen. Während die Aufnehmer in Abb. 5-98, Abb. 5-99 und Abb. 5-100 von Riss D erfasst wurden, gaben die Aufnehmer in Abb. 5-101 den Verlauf in Riss E wieder. Die obersten Aufnehmer wurden komprimiert, es reichte jedoch nicht, um die Risse zu verschließen.

5.13 Messwerte Lufttests

In den untenstehenden Tabellen werden die wesentlichen Messwerte wiedergegeben:

Tab. 5-6 Durchfluss beim 1. Lufttest w=0,0 jeweils mit "neuem" Versuchskörper

Durchfluss [kg/h m]		1,2 [bar]	2,0 [bar]	2,8 [bar]	3,6 [bar]	4,4 [bar]	5,2 [bar]
	Vk1	0,00	0,03	0,05	0,09	0,13	0,19
w=0,0	Vk2	0,02	0,05	0,08	0,13	0,17	0,23
	Vk3	0,00	0,02	0,03	0,07	0,13	0,20
	Vk1	0,17	0,67	1,42	2,33	3,33	4,33
w=0,1	Vk2	0,05	0,23	0,50	0,92	1,42	2,08
	Vk3	0,10	0,70	1,67	2,67	4,00	6,00
	Vk1	0,48	2,78	5,67	8,33	10,83	13,00
w=0,2	Vk2	0,27	1,67	4,67	7,50	10,83	14,33
	Vk3	0,50	3,25	5,83	9,00	12,00	15,33

Tab. 5-7 Durchfluss beim 2. Lufttest w=0,1 zwischen den Dampftests

Durchfluss [kg/h m]		1,2 [bar]	2,0 [bar]	2,8 [bar]	3,6 [bar]	4,4 [bar]	5,2 [bar]
	Vk1	0,00	0,03	0,08	0,14	0,21	0,31
w=0,1	Vk2	0,00	0,03	0,07	0,12	0,17	0,27
	Vk3	0,02	0,08	0,20	0,32	0,45	0,58
	Vk1	0,03	0,10	0,32	0,52	0,72	0,97
w=0,2	Vk2	0,22	0,90	2,50	3,33	5,00	7,33
	Vk3	0,17	0,92	2,17	3,33	4,67	6,00

Tab. 5-8 Durchfluss beim 3. Lufttest w=0,2 nach den zwei Dampftests

Durchfluss [kg/h m]		1,2 [bar]	2,0 [bar]	2,8 [bar]	3,6 [bar]	4,4 [bar]	5,2 [bar]
	Vk1	0,02	0,07	0,15	0,23	0,35	0,47
w=0,1	Vk2	0,00	0,03	0,07	0,12	0,18	0,25
	Vk3	0,02	0,15	0,32	0,48	0,65	0,83
	Vk1	0,03	0,12	0,28	0,45	0,65	0,88
w=0,2	Vk2	0,00	0,22	0,50	1,08	1,50	2,08
	Vk3	0,12	0,75	1,83	2,83	4,00	5,17

Es ist ersichtlich, dass sich der Durchfluss exponentiell mit der Rissbreite erhöht. Bei Betrachtung des "neuen" Versuchskörpers VK3 zeigt sich zum Beispiel eine Zunahme von 0,2 kg/h bei geschlossenen Rissen, zu einem Fluss von 6 kg/h bei einer Rissbreite von 0,1 mm und bei einem maximalen Fluss von 15 kg/h bei einer Rissbreite von 0,2 mm.

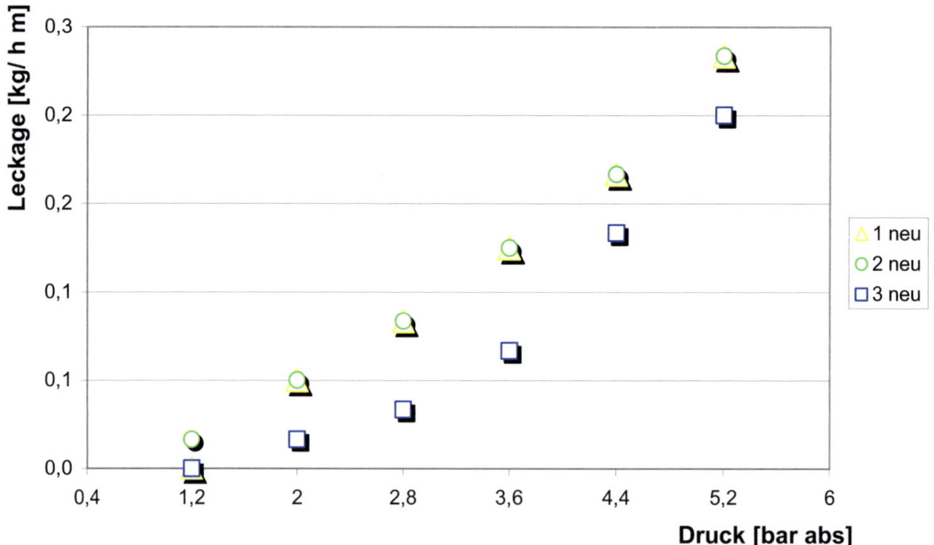

Abb. 5-102 Luft-Durchfluss bei wieder geschlossenen Rissen w=0,0 mm

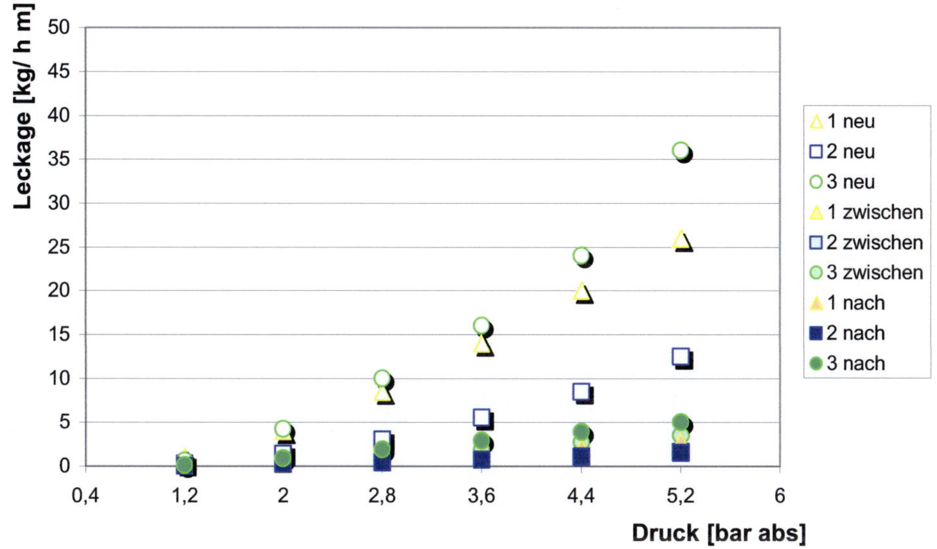

Abb. 5-103 Luft-Durchfluss bei einer Rissbreite w=0,1 mm

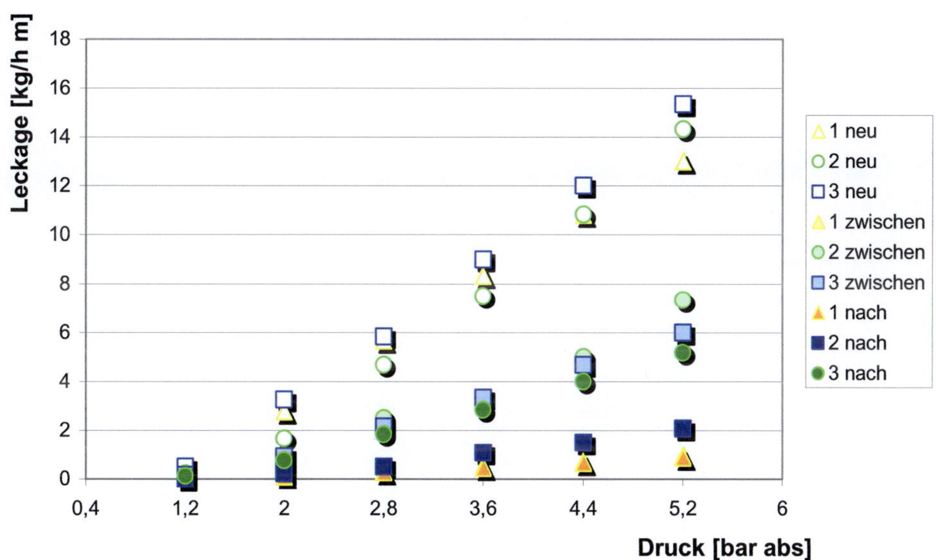

Abb. 5-104 Luft-Durchfluss bei einer Rissbreite w=0,2 mm

Das Verhältnis der Zunahme des Durchflusses zur Druckzunahme ist weitgehend linear. Die geringfügige Zunahme bei höherem Druck kann aus der Durchbiegung des Versuchskörpers resultieren. Bei den Dampftests wurden die Risse irreversibel geschädigt. Nach der Prüfung mit Dampf war es folglich unmöglich, einen Lufttest mit geschlossenen Rissen durchzuführen. Ebenso war eine Verringerung der Rissbreite von 0,2 mm auf 0,1 mm nach der Durchführung des zweiten Dampftests kaum noch möglich. Außerdem wurde der Durchfluss während der Lufttests zwischen, oder nach den Dampftests im Vergleich zum 1. Lufttest vor der Dampfbeaufschlagung drastisch verringert.

5.14 Messwerte Dampftests

Tab. 5-9 Durchfluss beim 1. Dampftest w=0,1

Druck [bar]	5,2		
VK 1	~1,17 kg Wasser /h	+	~0,50 kg Luft /h
VK 2	~0,17 kg Wasser /h	+	~0,27 kg Luft /h
VK 3	~0,93 kg Wasser /h	+	~0,48 kg Luft /h

Tab. 5.10 Durchfluss beim 2. Dampftest w=0,2

Druck [bar]	5,2		
VK 1	~0,42 kg Wasser /h	+	~0,47 kg Luft /h
VK 2	~0,78 kg Wasser /h	+	~0,63 kg Luft /h
VK 3	~1,67 kg Wasser /h	+	~0,67 kg Luft /h

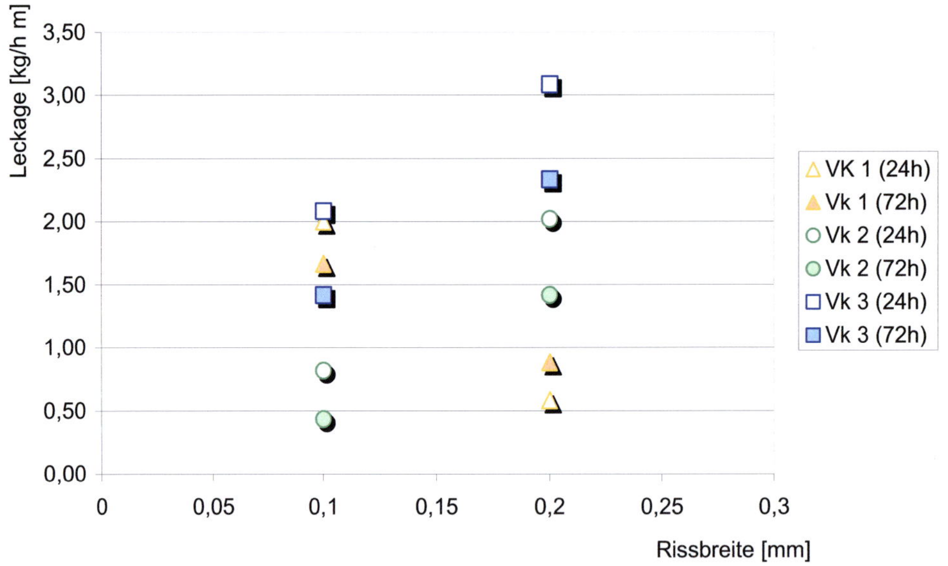

Abb. 5-105 Gesamtleckage nach 24 h und am Ende der Dampftests

Kapitel 6
Nachrechnung der Durchflussmengen

Für die gemessenen Luft-Leckagen am gerissenen Versuchskörper erfolgt die Nachrechnung mithilfe der aus der Literatur bekannten Formeln. Neben des Ansatz von Poiseuille werden die Ansätze von Rizkalla und Greiner-Ramm überprüft.

Vor der Nachrechnung sollen die Einflussfaktoren am Beispiel der Gleichung von Poiseuille betrachtet werden:

$$q_{poi,kom} = \xi \, (p_2^2 - p_1^2) \, w^3 \, \frac{l}{d} \, \frac{M}{24\eta \, RT} \left[\frac{kg}{h} \right] \tag{6.1}$$

Es ergibt sich eine lineare Proportionalität zur Länge des Risses und umgekehrt zur Dicke der Platte. Als weiterer geometrischer Faktor beeinflusst die Rissbreite den Durchfluss kubisch proportional. Des Weiteren gehen die Stoffeigenschaften und die Temperatur der Luft linear ein. Diese sind für die Lufttests wegen der gleich bleibenden Verwendung von trockener Luft bei 20°C quasi als Konstante zu betrachten. Die Risslänge und Dicke der Platte werden während der Tests ebenfalls nicht variiert. Der Druck konnte unabhängig von der Rissbreite eingestellt werden und wurde in sechs Druckstufen von 0,8 bar zwischen 1,2 bis 5,2 bar angefahren.

Da aufgrund des kubischen Einflusses der Rissbreite schon geringe Differenzen zu erheblichen Durchflussabweichungen führen, wurden die Berechnungen rückwärts durchgeführt und die Durchflussbeiwerte zur gemessenen Durchflussmenge zusammen mit der korrespondierenden Rissbreite ermittelt. Der Einfluss der Rissbreite lässt sich durch Tests mit wieder geschlossenen Rissen und mit den zwei kontrolliert eingestellten Rissbreiten w = 0,1 mm und w = 0,2 mm prüfen.

Die Ermittlung der entsprechenden Rissbreiten aus der gemessenen Leckage erfolgte mithilfe der jeweiligen Formeln unter Ansatz eines dimensionslosen Durchflussbeiwerts ξ. Dabei wurde der Durchflussbeiwert so gewählt, dass der Mittelwert (MW) der errechneten effektiven Rissbreite für die Druckstufen 2,0 bar bis 5,2 bar die am Versuchskörper eingestellte Rissbreite ergibt. Die Druckstufe mit 1,2 bar abs entspricht nur einem Differenzdruck von 0,2 bar und wurde daher nicht zur der Mittelwertbildung herangezogen. Die zur Nachrechnung verwendeten Rechenwerte sind aus Tab. **6-1** ersichtlich.

Tab. 6-1 Rechenwerte für Lufttests

l	Risslänge	~ 6	m
d	Dicke des Körpers	1,2	m
w	Rissbreite	0,0-0,2	mm
p_1	Innendruck	0,12-0,52	MPa
p_2	Atmosphärendruck	0,1	MPa
M	Molar Masse	28,8	g/mol
R	Gas Konstante	8,314	J/(mol K)
η	dynamische Viskosität	18,24	µPa s
T	Temperatur	293,15	K

Während die Einflüsse und Proportionalität am Beispiel der Formel von Poiseuille anschaulich nachzuvollziehen sind, werden die empirischen, teils dimensionsgebundenen Ansätze bei Greiner-Ramm und Rizkalla komplexer und verschachtelter.

6.1 Nachrechnung der Lufttests vor der Dampfbeaufschlagung

6.1.1 Rückrechnung nach Rizkalla

$$q_{Riz} = \xi \frac{l}{p_2} \, {}^{(2-n)}\!\sqrt{\frac{(p_2^2 - p_1^2)}{d} \, w^3 \, (RT)^{1-n} \left(\frac{2}{k^n}\right)\left(\frac{2}{\eta}\right)^n} \quad \left[\frac{ft^3}{s} \rightarrow \frac{kg}{h}\right] \qquad (6.2)$$

In der nachfolgenden Tab. **6-2** wurde mithilfe des Ansatzes von Rizkalla (6.2) die effektive Rissbreite für die gemessenen Durchflüsse aus Tab. **5-6** ermittelt. Die Eingangswerte und Ergebnisse der dimensionsgebundenen Formel wurden umgerechnet (siehe auch 2.4.1).

Wie der Tab. **6-2** und Abb. 6-1 zu entnehmen ist, lässt sich eine Abnahme der ermittelten effektiven Rissbreite bei ansteigendem Druck erkennen. Die abweichenden Werte bei 1,2 bar werden dabei aufgrund der geringen Druckdifferenz als nicht maßgebend betrachtet. Bei guter Übereinstimmung sollte die ermittelte Rissbreite bei allen Druckstufen konstant bleiben. Somit wird der Einfluss des Drucks hier nicht korrekt wiedergegeben Des Weiteren ist zu erkennen, dass der Verlauf mit zunehmender Rissbreite steiler abfällt, die Formel also auch bei größeren Rissbreiten abweicht.

Tab. 6-2 Rückrechnung der effektiven Rissbreite aus Leckagen des 1. Lufttest

Rissbreite [mm]		ξ	1,2	2,0	Druck abs. 2,8	[bar] 3,6	4,4	5,2	MW
				Rizkalla					
w=0,0	VK1	0,12	0,000	0,075	0,052	0,046	0,039	0,034	0,05
	VK2	0,16	0,136	0,079	0,058	0,046	0,038	0,033	0,05
	VK3	0,09	0,000	0,064	0,051	0,046	0,047	0,043	0,05
w=0,1	VK1	0,730	0,194	0,133	0,112	0,097	0,084	0,072	0,10
	VK2	0,284	0,172	0,126	0,107	0,097	0,088	0,082	0,10
	VK3	0,850	0,143	0,126	0,113	0,096	0,085	0,080	0,10
w=0,2	VK1	0,78	0,318	0,277	0,236	0,195	0,163	0,136	0,20
	VK2	0,66	0,256	0,229	0,232	0,202	0,180	0,161	0,20
	VK3	0,87	0,306	0,284	0,225	0,191	0,162	0,141	0,20

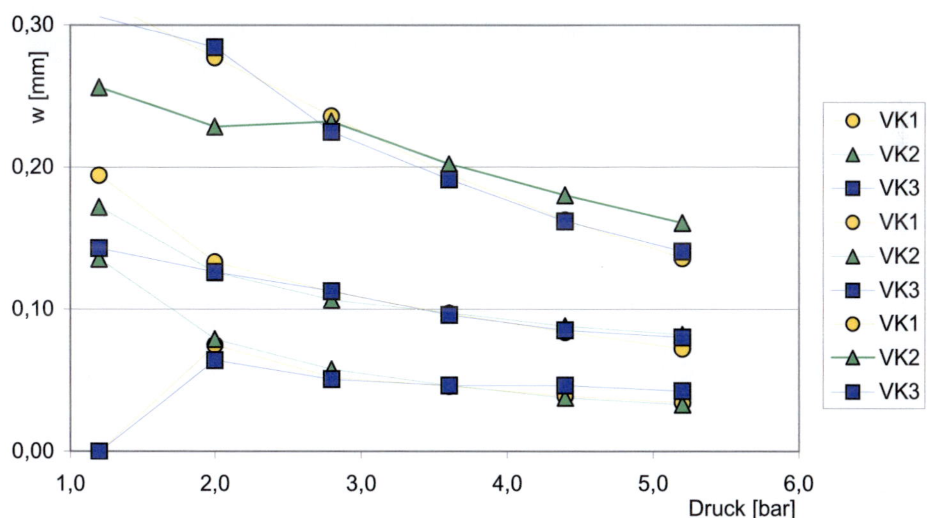

Abb. 6-1 w_{eff} aus gemessener Leckage bei VK 1-3 (Rizkalla)

Die Ursache der schlechten Übereinstimmung kann in den Randbedingungen bei seinen Versuchen gesucht werden. Rizkallas Versuchskörper waren mit 12,7 cm bis

25,4 cm dünner als die in dieser Arbeit getesteten Körper. Gleichzeitig lagen die getesteten Drücke mit maximal 2,1 bar Überdruck im unteren Bereich.

6.1.2 Rückrechnung nach Greiner-Ramm

$$q_{Greiner} = \xi \sqrt{\frac{1}{\lambda}(p_1^2 - p_2^2)\frac{l^2}{d}\, w^3\, \frac{2RT}{p_2^2}}\left[\frac{kg}{h}\right]$$ (6.3)

In der nachfolgenden Tab. **6-3** wurde mithilfe des Ansatzes von Greiner-Ramm (6.3) die effektive Rissbreite für die gemessenen Durchflüsse aus Tab. **5-6** ermittelt:

Tab. 6-3 Rückrechnung der effektiven Rissbreite aus Leckagen des 1. Lufttest

Rissbreite [mm]				Druck abs	[bar]			
	ξ	1,2	2	2,8	3,6	4,4	5,2	MW
Greiner Ramm								
w=0,0 VK1	0,26	0,00	0,04	0,04	0,04	0,05	0,06	0,04
w=0,0 VK2	0,95	0,04	0,04	0,04	0,05	0,05	0,05	0,05
w=0,0 VK3	0,50	0,00	0,02	0,03	0,04	0,05	0,06	0,04
w=0,1 VK1	2,8	0,05	0,07	0,09	0,10	0,11	0,12	0,10
w=0,1 VK2	0,9	0,04	0,06	0,08	0,10	0,12	0,13	0,10
w=0,1 VK3	8,0	0,03	0,06	0,09	0,10	0,11	0,13	0,10
w=0,2 VK1	1,0	0,09	0,16	0,19	0,21	0,21	0,22	0,20
w=0,2 VK2	1,3	0,07	0,12	0,18	0,21	0,23	0,25	0,20
w=0,2 VK3	2,0	0,09	0,16	0,18	0,20	0,21	0,22	0,20

Im Gegensatz zu Rizkalla ist der der Tab. **6-3** und auch der Abb. 6-2 eine Zunahme der effektiven Rissbreite bei ansteigendem Druck erkennen.

Um als Mittelwert im Ergebnis die eingestellten Rissbreiten zu erreichen, wurden teils unrealistisch große Durchflussbeiwerte ξ gewählt. Abgesehen davon, ob die hier angesetzten Durchflussbeiwerte ξ realistisch begründbar sind, wird der Einfluss bzw. Verlauf des Drucks also ebenfalls nicht korrekt wiedergegeben.

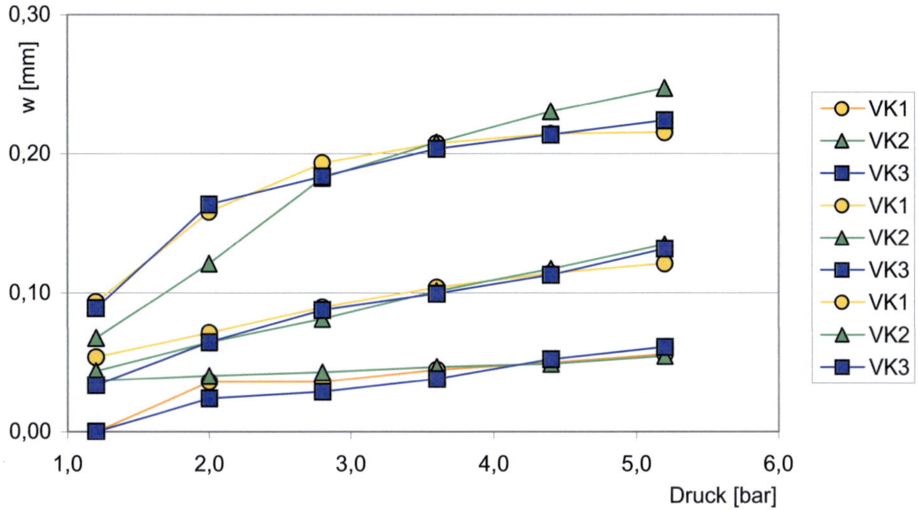

Abb. 6-2 w_{eff} aus gemessener Leckage bei VK 1-3 (Greiner-Ramm)

Die Verläufe sind nicht konstant sondern linear zum Überdruck zunehmend. Der lineare Zusammenhang wird mit zunehmender Rissbreite nicht flacher, so dass nicht davon auszugehen ist, dass die Übereinstimmung bei größeren Rissbreiten als 0,2 mm besser wird. Greiner-Ramm experimentierten vor allem bei größeren Rissbreiten oberhalb von 0,2 mm und bei geringeren Wanddicken. Wird im direkten Vergleich zum Beispiel von einem Viertel der Wanddicke d = 0,3 m statt 1,2 m und einer im Mittel sechsfachen Rissbreite von 0,6 statt 0,1 ausgegangen, wäre der Durchflussbereich , für den die Formel empirisch ermittelt wurde und in dem er gute Ergebnisse lieferte um den Faktor 30 höher.

$$Verhältnis\ w_{RG/KA}\ und\ d_{RG/KA} = \sqrt{\frac{w_{RG}^{3}}{w_{KA}^{3}}\frac{d_{KA}}{d_{RG}}} = \sqrt{\frac{0,6^3}{0,1^3}\frac{1,2}{0,3}} = 30 \qquad (6.4)$$

6.1.3 Rückrechnung nach Poiseuille

$$q_{poi,kom} = \xi\ (p_2^2 - p_1^2)\ w^3\ \frac{l}{d}\ \frac{M}{24\eta\,RT}\ \left[\frac{kg}{h}\right] \qquad (6.5)$$

In der nachfolgenden Tab. **6-4** wurden mithilfe des Ansatzes von Poiseuille (6.5) die effektiven Rissbreiten für die gemessenen Durchflüsse aus Tab. **5-6** ermittelt:

Wie aus Tab. **6-4** und Abb. 6-3 ersichtlich wird, erfasst allein Poiseuille den Druck korrekt, so dass in der Rückrechnung die gleiche Rissbreite für alle Druckstufen errechnet werden kann.

Die Druckstufe 1,2 bar, mit einem minimalen Überdruck von 0,2 bar weicht auch hier ab, woraus man schließen kann, dass die Druckdifferenz im Verhältnis zur Dicke des Versuchskörpers von 1,2 m zu gering ist.

Tab. 6-4 Rückrechnung der effektiven Rissbreite aus Leckagen des 1. Lufttest

Rissbreite [mm]	ξ	1,2	2	Druck abs 2,8	[bar] 3,6	4,4	5,2	MW
				Poiseuille Kompressibel				
w=0,0 VK1	0,08	0,000	0,056	0,048	0,049	0,048	0,048	0,05
w=0,0 VK2	0,11	0,075	0,057	0,052	0,049	0,047	0,047	0,05
VK3	0,06	0,000	0,049	0,046	0,049	0,053	0,054	0,05
w=0,1 VK1	0,24	0,125	0,105	0,102	0,100	0,098	0,095	0,10
w=0,1 VK2	0,10	0,114	0,100	0,098	0,100	0,100	0,101	0,10
VK3	0,28	0,100	0,101	0,102	0,099	0,099	0,101	0,10
w=0,2 VK1	0,11	0,232	0,220	0,212	0,200	0,189	0,179	0,20
w=0,2 VK2	0,09	0,200	0,195	0,208	0,203	0,199	0,194	0,20
VK3	0,12	0,227	0,223	0,206	0,198	0,189	0,182	0,20

Die beste Übereinstimmung erzielt somit die Poiseuille Formel für kompressible Medien unter Ansatz realistischer Durchflussbeiwerte zwischen ξ=0,06 und ξ=0,28.

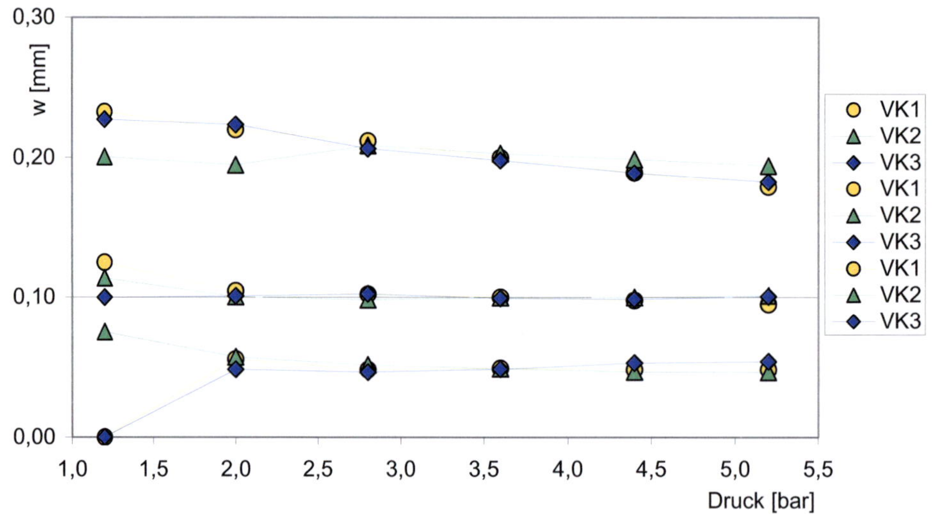

Abb. 6-3 w_{eff} aus gemessener Leckage bei VK 1-3 (Poiseuille)

Da es sich um empirische Formeln handelt sind die Randbedingungen hinsichtlich der geprüften Bereiche wichtig. Die Formeln nach Rizkalla und Greiner liefern vermutlich keine guten Werte, da die geometrischen Bedingungen im Vergleich zu den bei der Formel zugrunde liegenden Versuchen grenzwertig waren.

Der quadratische Einfluss des Drucks bei Luftversuchen wurde an kleineren Versuchskörpern auch schon von Suzuki (Kapitel 2.4.2) festgestellt, wobei er seine Formel in späteren Versuchen unter höheren Druckdifferenzen von einem linearen auf einen quadratischen Zusammenhang änderte.

Hierbei wird deutlich, dass Versuche im 1:1 Maßstab nicht einfach durch Skalierung eines kleineren Versuchskörpers zu ersetzen sind.

6.1.4 Rückrechnung zwischen und nach den Dampftests gem. Poiseuille

Die Luftleckage bei der Rückrechnung wurde mit mithilfe der Gleichung von Poiseuille am zutreffendsten ermittelt. Daher kam diese in der Folge für die Ermittlung der Durchflussbeiwerte, zur Abminderung der theoretischen Leckage gemäß der vorgegebenen Rissbreite an die real gemessene Leckage zur Anwendung. Die dabei ermittelten Durchflussbeiwerte berücksichtigen unter anderem die Reibung infolge von Rauheit, Ungleichmäßigkeiten, Verstopfungen etc. im Vergleich zum idealen glatten Spalt, für den die Formel eigentlich ermittelt wurde. Die Berechnung des Durchflussbeiwerts wird bei den drei Versuchskörpern jeweils für den ersten, zweiten und dritten Lufttest, welche vor, zwischen und nach den Dampftests erfolgten, durchgeführt.

Bei der Betrachtung der Abb. 6-4 fällt die Streuung der Durchflussbeiwerte $\xi 1$ beim ersten Lufttest am ersten Versuchskörper auf.

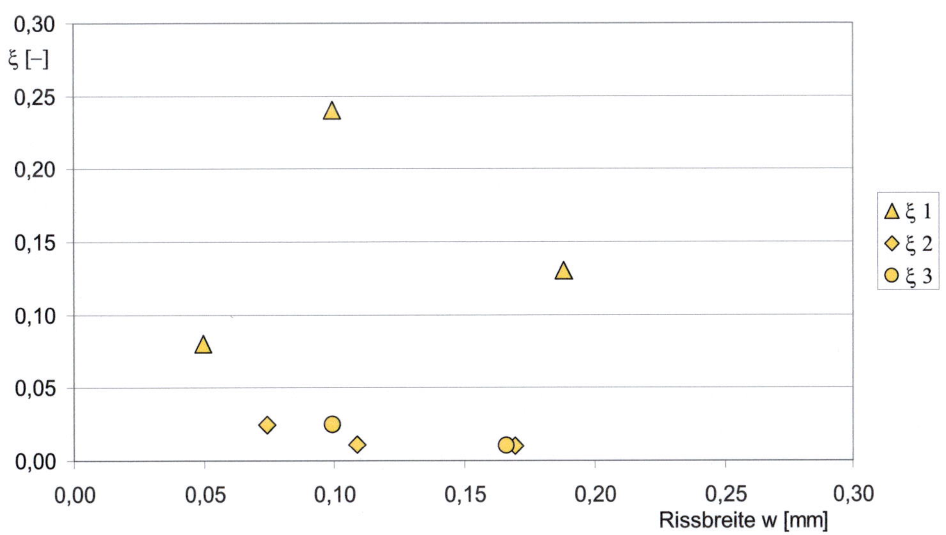

Abb. 6-4 Durchflussbeiwert ξ aus gemessener Leckage der drei Lufttests Vk 1

Nach einem Dampftest mit einer Rissbreite von w=0,1 mm wurde der zweite Luft-test durchgeführt, der zu erheblich geringeren Durchflüssen und entsprechend klei-nen Durchflussbeiwerten ξ_2 führte. Dabei ist die Verringerung des Durchflusses bei gleicher Rissbreite eine direkte Folge der Dampfdurchströmung der Risse. Die Durchflussbeiwerte ξ_3 der Leckage beim Lufttest nach dem zweiten Dampftest mit einer Rissbreite von w=0,2 mm lagen weiterhin auf niedrigem Niveau. Ein ver-gleichbar starker Rückgang wie beim zweiten Test fand nicht statt.

Beim zweiten Versuchskörper lagen die Durchflusswerte beim ersten Lufttest für alle Rissbreiten in etwa auf einem konstantem Niveau (siehe Abb. 6-5). Nach der Dampfdurchströmung der Risse wurden jedoch beim zweiten Lufttest erheblich niedrigere Werte gemessen. Eine weitere Verringerung trat nach dem zweiten Dampftests ein, diese war jedoch klein im Vergleich zum Rückgang nach dem ersten Dampftest.

Nach den Dampftests konnten die Rissbreiten nicht wieder auf das Ausgangsniveau zurückgestellt werden. Es blieb eine Restrissbreite als Anfangswert für die kleinste zu testende Rissbreite. Infolge dessen war beim letzten Lufttest Vk 2 kein Test mit w=0,1 mm mehr möglich. Die Justierung der Rissbreiten bei maximalem Druck bei den Versuchskörpern 2 und 3 und das Anfahren der Druckstufen bei abfallenden Rampen ermöglichte die Ermittlung zusätzlicher Zwischenwerte.

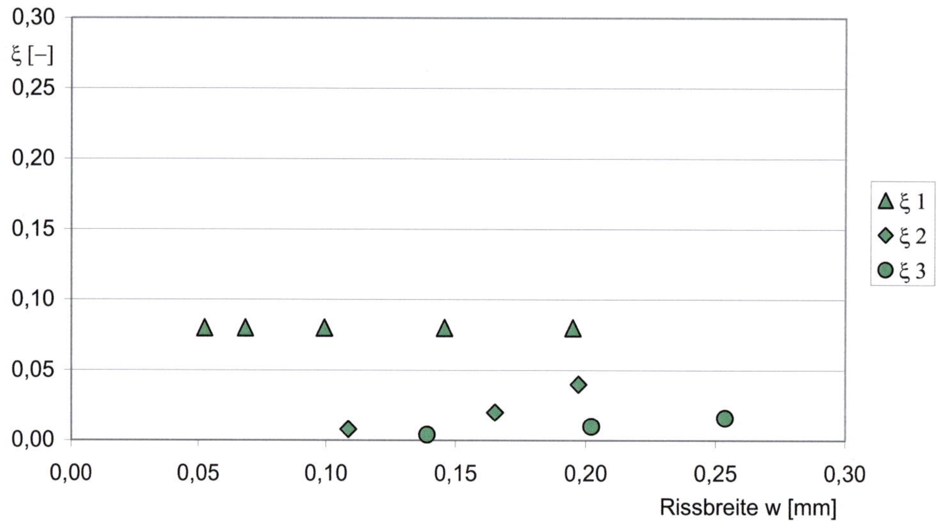

Abb. 6-5 Durchflussbeiwert ξ aus gemessener Leckage der drei Lufttests Vk 2

Beim dritten Versuchskörper war beim ersten Lufttest vor der Dampfbeaufschlagung wieder eine deutliche Streuung der Durchflussbeiwerte feststellbar (Abb. 6-6). Nach dem ersten Dampftest von w=0,1 mm gab es eine starke Reduzierung, während sich der Durchflussbeiwert nach dem zweiten Dampftest mit w=0,2 mm auf dem gleichen Niveau bewegte.

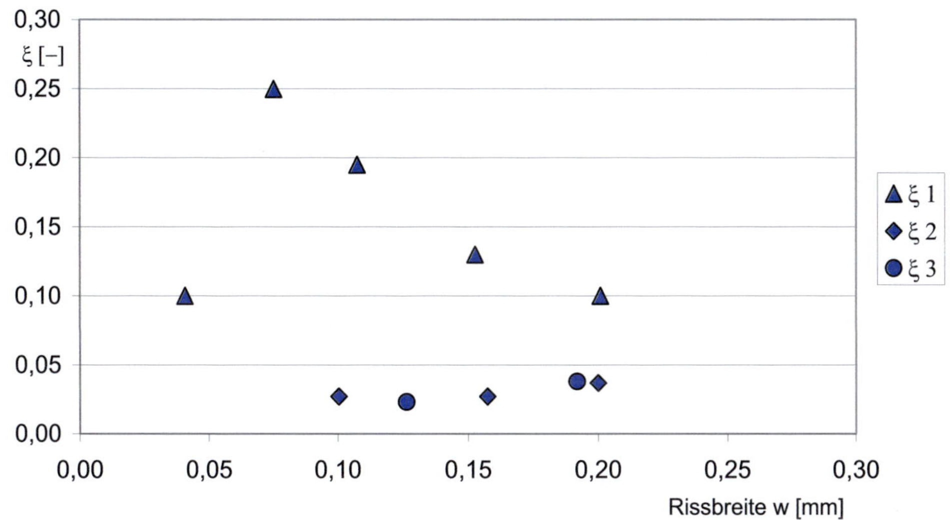

Abb. 6-6 Durchflussbeiwert ξ aus gemessener Leckage der drei Lufttests Vk 3

Wie schon bei VK 2 festgestellt, wurde die Restrissbreite nach den Tests zunehmend größer. Beim dritten Lufttest war die Reduzierung auf eine Rissbreite von 0,1 mm ebenfalls nicht mehr möglich.

Abb. 6-7 stellt alle Durchflussbeiwerte im Überblick dar. Vor der Dampfbeaufschlagung lagen die Durchflussbeiwerte im Bereich von ca. $\xi = 0,1$ bis $\xi = 0,25$ mit unterschiedlichen Streuungen.

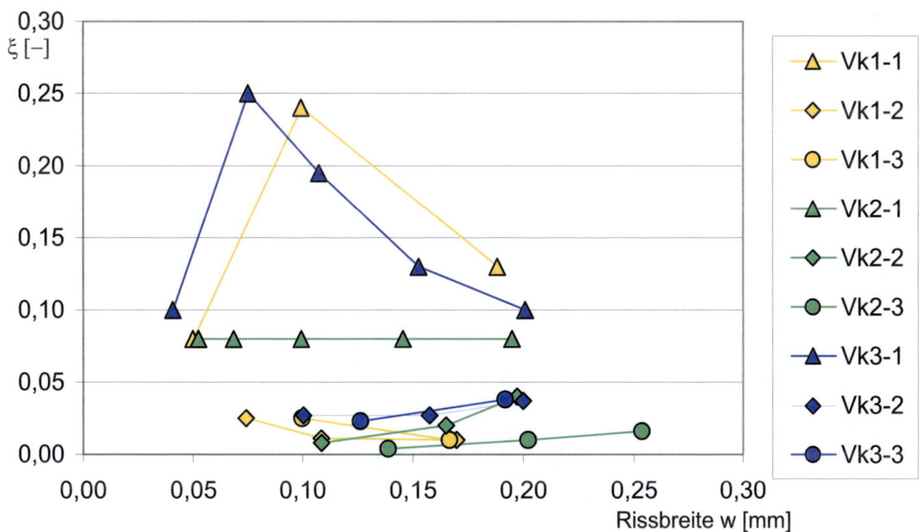

Abb. 6-7 Durchflussbeiwerte ξ aus allen Lufttests gemäß Poiseuille

Die große Streuung bei den Tests kommt von der Unregelmäßigkeit der Risse im Beton und wurde, wie in der Literatur nachlesbar, auch von anderen Forschern festgestellt. So schlug Edvardsen [10] (Kapitel 2.5.6) zur Abschätzung des Streubereichs ihrer Versuche mit Wasser für die untersuchten Rissbreiten einen einheitlichen Durchflussbeiwert von $\xi_{Edvardsen} = 0,25$ und eine obere Abgrenzung $\xi_{Edvardsen} = 0,40$ vor.

Bei allen hier untersuchten Versuchskörpern wurde ein starker Rückgang der Leckage nach dem ersten und gegebenenfalls ein leichter weiterer Rückgang nach dem zweiten Dampftest festgestellt. Die drastische Verringerung des Durchfluss muss von der Versinterung, bzw. Verstopfung der Risse während des Dampftests herrühren und wurde auch von Edvardsen [10] festgestellt.

Der Rückgang der Rissbreite nach den Dampftests war bei VK1 einfacher möglich als bei den Versuchskörpern 2 und 3. Die Ursache kann in der Betonzusammensetzung gesehen werden. Die Risse liefen beim VK1 quer durch die Zuschläge (Abb. 3-8), während die Risse bei Vk2 und VK3 um die Zuschläge (Abb. 3-9) herum verliefen. Dadurch entsteht eine stärkere Verzahnung, was dazu führt, dass die Risse schneller blockieren und sich dann nicht mehr verschließen.

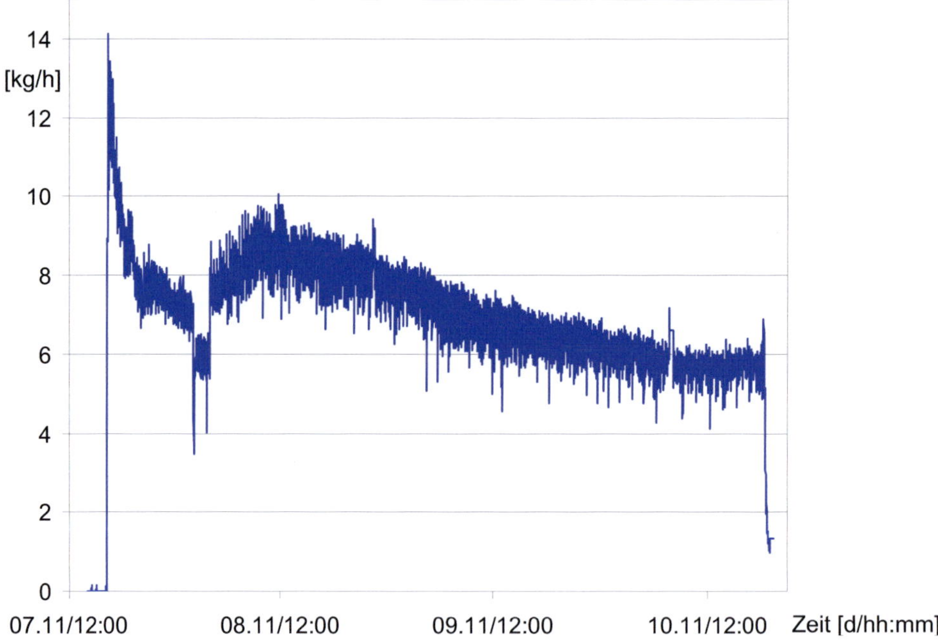

Abb. 6-8   Durchfluss VK3 bei Durchführung des 1. Dampftests

Der zeitliche Ablauf der Versinterung lässt sich exemplarisch am Beispiel des Durchfluss beim 1. Dampftest VK3 (**Abb. 6-8**) zeigen. Der Durchfluss ist bei den vorliegenden Versuchskörpern auf Grund der 1,2 m großen Wanddicken nicht kontinuierlich, da die Risse nicht wie bei Kleinversuchen zwischen Platten konstant vorgegeben sind. Zu Anfang werden die Risse typischerweise auf der heißen Seite überdrückt und der Durchfluss geht stark zurück. Nach ca. 24 Stunden hat sich der Temperaturgradient im der Körper soweit vergleichmäßigt, dass sich der Durchfluss erhöht und dann erst in der Folge der Verstopfungs- und Versinterungsprozesse langsam reduziert

6.2 Vergleich der gemessenen Dampf- und Luftleckage

Die globale Dichtheit von Containments wird in Frankreich mehrfach, in der Regel alle 10 Jahre, getestet. Hierfür erfolgt die Messung der Leckage durch Druckluftbeaufschlagung des Containments bis zum Auslegungsdruck. Für ein doppelwandiges Containment beträgt die erlaubte Leckage durch die innere Wand in den Zwischenraum 1,5 Vol% / Tag. Zur Berücksichtigung der Strukturalterung wird dieser Wert gegebenenfalls auf max. 1,0 Vol% / Tag reduziert.

Da die Lufttests am Containment bei normaler Umgebungstemperatur durchgeführt werden, spiegeln diese nicht die wirkliche Zusammensetzung und die Temperatur des Dampf-Luft Gemisches im Falle eines Störfalls wieder. Zur Abschätzung der Leckage im Störfall ist der Umrechnungsfaktor zwischen der Leckage von Luft und Dampf-Luft Gemischen durch reale Risse von entscheidender Bedeutung.

Da die Strömungsgegebenheiten in den Rissverläufen der 120 cm dicken Containmentwand nur sehr schwierig rechnerisch zu erfassen und zu modellieren sind, bietet sich der Vergleich mit den in dieser Arbeit im Maßstab 1:1 durchgeführten Lufttests mit den Dampftests an.

Der so ermittelte Zusammenhang ist dann auf das reale Containment zu übertragen.

Die zugrundeliegenden "Dampftests" erfolgten nicht mit Sattdampf sondern einem Dampf-Luftgemisch (vgl. Kapitel 5) im Massenverhältnis 1,7 kg : 1 kg bei 141°C und 5,2 bar absolut, welches im Falle eines Störfall zu erwarten ist. Der Vergleich erfolgt mit Druckluft bei Raumtemperatur.

Dazu vergleicht man die Leckage des jeweiligen Dampftests mit der Leckage des entsprechenden Lufttests bei gleichem Druck und gleicher Rissbreite von zum Beispiel w=0,1 mm und 5,2 bar. Daraus ergeben sich Umrechnungsfaktoren der Dampfleckage von ca. 20% und 40% zur jeweiligen Luftleckage.

Nach dem ersten Dampftest sind die Risse schon erheblich verstopft, so dass diese Umrechnung, bezogen auf die Luftleckage vor Durchführung des ersten Dampftests, nicht mehr möglich ist.

Vergleicht man die Leckage des zweiten Dampftests jedoch mit der Leckage beim zweiten Lufttest mit einer Rissbreite von w=0,2 mm und 5,2 bar, erhält man für den zweiten und dritten Versuchskörper wieder ein Verhältnis der Dampfleckage von ca. 20% und 40% zur jeweiligen Luftleckage. Beim ersten Versuchskörper ist so ein Vergleich aufgrund der starken Reduzierung der Leckage nach dem ersten Dampftest wiederum nicht mehr möglich.

Verhältnis der Leckage des Dampftests 1 zu Lufttest 1 für Rissbreite 0,1 mm:

    Vk1: $q_{dampf} = 0,39\ q_{luft}$

    Vk2: $q_{dampf} = 0,21\ q_{luft}$

    Vk3: $q_{dampf} = 0,24\ q_{luft}$

Verhältnis der Leckage des Dampftests 2 zu Lufttest 2 für Rissbreite 0,2 mm:

    Vk2: $q_{dampf} = 0,19\ q_{luft}$

    Vk3: $q_{dampf} = 0,39\ q_{luft}$

Als Abschätzung der maximalen Leckage wird von $q_{dampf} = 0,4\ q_{luft}$ ausgegangen.

Hauptunsicherheit bei der Berechnung der Leckage ist die exakte Beschreibung der Rissbreite im Querschnitt, die mit dritter Potenz den Durchfluss beeinflusst. Durch Vergleich der beiden Szenarien am gleichen, zufällig erzeugten Rissbild im Maßstab 1:1 unter beiden Lastszenarien wird die direkte Umrechnung möglich.

6.3 Abschätzung der maximalen Leckage eines Containments

Wie im vorangegangenen Abschnitt 6.2 erläutert, werden französische Kraftwerke alle 10 Jahre einem Dichtheitstest mit Druckluft unterzogen. Die bei einem doppelwandigen Containment in den Zwischenraum gelangende Luftleckage beträgt maximal 1 Vol % pro Tag (maximal zulässige Leckage). Um die maximale Dampfleckage für den Ernstfall abzuschätzen, kann die bei den Kontrollen ermittelte Luftleckage auf eine maximal zu erwartende Dampfleckage umgerechnet und auf das gesamte Containment hochgerechnet werden. Dadurch erhält man einen Anhaltswert für die durch die Filter zu bewältigende Leckagemenge.

Die Dicke des gerissenen Bauteils wird im Maßstab 1:1 erfasst. Das Rissbild und die Anzahl der Risse im Containment pro m^2 können vom Versuchskörper abweichen, da die Risse dort nicht durch Pressen gesteuert werden, sondern gekoppelt über den Innendruck entstehen. Die Umrechnung erfolgt allein über das Verhältnis er Dampf- zur Luftleckage.

Als grobe Abschätzung der möglichen Leckage wird die Leckage für ein reales Containments hochgerechnet. Als internes Volumen ist bei einem Containment von ca. 90.000 m^3 auszugehen. Als Abschätzung der maximalen Leckage wird vom ungünstigsten gemessenen Umrechnungsfaktors $q_{dampf} = 0,4\ q_{luft}$ ausgegangen.

Aufgrund mehrfacher konservativer Annahmen, wie dem Ansatz der maximal zulässigen Luftleckage, des ungünstigsten gemessenen Umrechnungsfaktors und der Vernachlässigung der Reduktion des Drucks mit der Zeit, handelt es sich um eine obere Abschätzung des Maximalwertes.

Volumen $\sim$ 90.000 m^3

Bauteildicke 1,2 m

w bei 5,2 bar = 0,05 - 0,1 mm

$q_{luft} < 1$ vol% / Tag

$q_{dampf} = 0,4\ q_{luft}$

Das entspricht bezogen auf das Containment einer Leckage von

$q_{luft} = 900$ m^3 Luft /Tag

$q_{dampf} = 360$ m^3 Dampf /Tag.

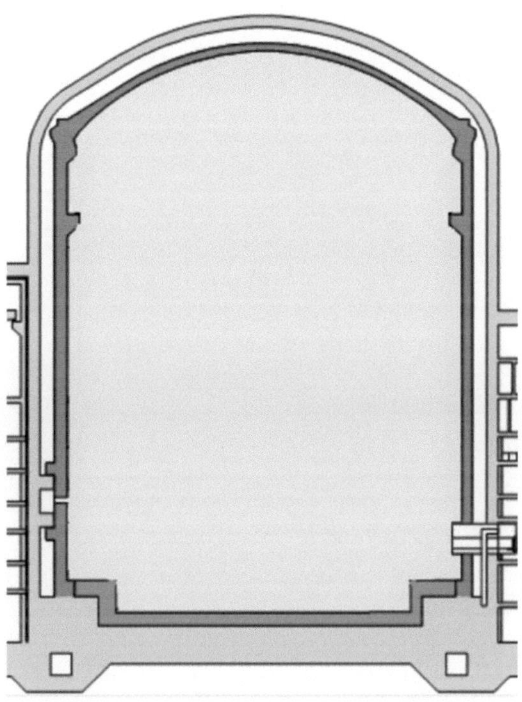

Abb. 6-9 Containment mit Innenvolumen von ca. 90.000 m^3

Dabei gilt zu beachten, dass das getestete Szenario nicht einem realen Störfall entspricht, da dort nach einer kurzen Spitzenlast der Druck und die Temperatur wieder abfällt. Im Gegensatz zum Versuchsaufbau steht nicht endlos Dampf zur Verfügung, so dass die Belastung zurückgeht. Dadurch nimmt auch die Leckage ab.

Kapitel 7
Zusammenfassung und Ausblick

Das Containment bildet bei Kernkraftwerken die letzte äußere Barriere und verhindert den Austritt radioaktiver Substanzen, so dass selbst schwere Unfälle beherrscht werden sollen. Im Falle einer doppelwandigen Konstruktion ohne Liner soll das innere Containment die Leckage soweit zurückhalten, dass der in den Zwischenraum austretende Durchfluss aufgefangen und gefiltert werden kann. Das Kernanliegen dieser Arbeit bestand darin, Erkenntnisse über die möglichen Luft- bzw. Dampfdurchtrittsmengen einer gerissenen Containmentwand zu erlangen.

Um Ansätze zur Handrechnung und Bestimmung von Durchflussbeiwerten zu gewinnen, wurde eine Sichtung relevanter Versuchsreihen durchgeführt. Dies mündete in einem Überblick zu Durchflussversuchen mit Luft, Wasser oder Dampf mit unterschiedlichen Maßstäben vom Kleinversuch an Einzelrissen, bis zum Großversuch am Containmentmodell. Dabei ist festzuhalten, dass kleinere kostengünstige Versuche einen Einstieg mit großer Versuchsanzahl bieten, jedoch auf der anderen Seite ggf. wenig repräsentativ sind. Ausschlaggebend für die wenigen Großversuche ist der Aufwand für die Bereitstellung entsprechender Versuchsmodelle und Anlagen zur Herstellung der Luft-Dampfgemische. So wurde zum Beispiel für die MAEVA Versuche zur Dampfversorgung eine eigene Pipeline vom Kraftwerk Civaux gelegt.

Untersuchungsergebnisse bezüglich der Leckage von Dampf-Luft-Gemischen fehlen, vor allem bei größeren Versuchskörpern mit realen Rissen, da die mit großem Aufwand zur Durchführung der Versuche bereitgestellten Versuchskörper beim Dampftest zerstörend geprüft werden.

Aus diesem Grund war es Ziel dieser Forschungsarbeit, einen natürlich gerissenen Wandausschnitt eines Containments 1:1 in Originalwandstärke zu modellieren und an diesem Tests mit Luft und Luft-Dampfgemischen zur Erfassung der Leckage durch vorgegebene Risse durchzuführen.

Dazu wurden drei Versuchskörper mit einer Originalwandstärke von 1,20 m, einer Breite von 1,80 m und 2,70 m Länge bei zwei unterschiedlichen Betonrezepturen mit Rissbreiten bis 0,2 mm in sechs Druckstufen untersucht.

Die Versuche zur Leckage konnten in einen mechanischen und in einen thermohydraulischen Prozess unterteilt werden. Der Vorteil lag darin, dass sich die Rissbreite unabhängig von der thermohydraulischen Belastung steuern und auf konkrete Werte einstellen ließ. Dadurch ergaben sich mehr Versuchsszenarien, da für jede Rissbreite verschiedene Druckstufen angefahren werden konnten. Im Gegensatz zu bisherigen Großversuchen wie MAEVA war es hier nicht das Ziel das integrale Verhalten des Containments zu untersuchen.

Um realitätsnahe Rissmuster zu erhalten, wurden die Risse nicht vorgegeben, sondern nur die nötige Bewehrung zur Erzeugung mehrerer Trennrisse eingebaut. Das realitätsnahe Rissbild ergab sich durch zentrischen Zug an der gleichmäßig verteilten Bewehrung. Für die Versuchskörper kamen zwei verschiedene Betonrezepturen zur Anwendung: Einerseits ein Normalbeton mit Rheinkies bei dem die Risse um die Zuschläge herum verliefen. Andererseits einen HPC mit Zuschlägen aus gebrochenem Kalkstein. Dieser ist vergleichbar mit dem Zuschlag beim MAEVA Containment. Dadurch wurden Risse quer durch den Zuschlag generiert.

Zur Umsetzung der für die vorliegende Forschungsarbeit angestrebten Versuche wurde eine schon vorhandene Anlage umgerüstet und mit entsprechender Steuerungs- und Anlagentechnik versehen. In der Möglichkeit, beliebige Luft-Dampf-Szenarien anzufahren, lag die besondere Schwierigkeit bei der Auslegung und dem Umbau der Anlage. Ziel der Anlagenauslegung war es, stabile Luft-Dampfgemische für komplexe, stark zeitabhängige Szenarien anfahren zu können. Die Gemischerzeugung erfolgte durch Mischen trockener Druckluft mit Dampf. Der gewünschte Zustand wurde über das Mischungsverhältnis von Luft zu Dampf und durch Überhitzung der Komponenten unter Einhaltung des Zieldrucks geregelt.

Neben der reinen Messung der Leckage sollten durch die Vielzahl der Messaufnehmer genaue Grundlagen und Daten für numerische Untersuchungen und Nachrechnungen bzw. zur Entwicklung und Kalibrierung entsprechender Programme gewonnen werden. Daher wurde statt eines reinen Störfallszenarios die Dampfbeaufschlagung nicht nach kurzer Zeit reduziert, sondern für mindestens 72 Stunden gehalten, um die Durchwärmung des Körpers bis zur Erreichung stationärer Verhältnisse zu studieren. Entsprechende Computersimulationen wurden sowohl von Niklasch [45] als auch vom Projektgeber EDF selbst durchgeführt.

Zur besseren Vergleichbarkeit der Ergebnisse wurde das Leckageverhalten des gerissenen Versuchskörpers nicht nur mit Dampf, sondern auch bei ausgiebigen Lufttests studiert. Das Verhalten bei normaler Druckluft ist insofern interessant, da am Kraftwerk Dichtheitsprüfungen durchgeführt werden und die Luftleckagemengen der realen Containments daher bekannt sind. Die Dampftests dienen der Untersuchung des Leckageverhaltens bei Beaufschlagung mit Dampf- Luftgemischen, wie sie bei einem Störfall auftreten könnten. Der Störfall kann am realen Containment nicht zerstörungsfrei simuliert werden. Insofern ist ein Vergleich der Luft- und Dampfleckage sowie der Umrechnungsfaktor von besonderem Interesse.

Es zeigte sich eine starke Verringerung der Luftleckage im Laufe der Tests. Beim zweiten Dampftest war der Durchfluss trotz leichter Zunahme unerwartet niedrig, da eine exponentielle Zunahme erwartet werden konnte, wenn man die Rissbreite verdoppelt. Nach dem Dampftest waren die Risse unwiederbringlich geschädigt. Beim Vergleich der Lufttests vor und nach dem Dampftest konnte eine signifikante Reduzierung des Durchflusses festgestellt werden. Statt einer Vergrößerung der Leckage durch Auswaschung der Risse, war eine Selbstheilung durch Versinterung feststellbar. Der zweite Dampftest war diesbezüglich weniger aussagekräftig, da die Risse schon vorgeschädigt waren. Die weitergehende Selbstheilung war jedoch bemerkenswert.

Die Auswertung der Leckagemessungen erfolgte mittels der Formeln aus der Literatur. Es wurden Berechnungen der Lufttests mithilfe der Gleichungen von Greiner-

Ramm, Rizkalla und Poiseuille geprüft. Die Poiseuille Formel für kompressible Medien erwies sich als am besten geeignet. Durch Rückrechnung der gemessen Leckagen nach Poiseuille wurden die Durchflussbeiwerte vor und nach Dampftests ermittelt, wodurch sich die Verschlechterung der Risse direkt ablesen lässt.

Bisher wurde in der Forschung die Luftleckage nach der Durchführung längerer Dampftests nicht hinreichend untersucht. Durch das neu gewonnene Datenmaterial lässt sich neben der Umrechnung der Luft zur Dampfleckage zudem auch der Umfang der Selbstheilung abschätzen. Der Umrechnungsfaktor des Anfangsdurchflusses für die Luft und Dampfleckage konnte aus dem ersten Dampftest 0,1 mm und der zuvor gemessenen zugehörigen Luftleckage bei 0,1 mm zu $q_{Dampf}=0{,}4\,q_{Luft}$ ermittelt werden.

Auf Basis des in dieser Arbeit gewonnen Datenmaterials können nun Aussagen bezüglich der maximal möglichen Dampfleckage bei bekannter Luftleckage getroffen werden.

Um die Versuchsergebnisse auf eine breitere Basis zu stellen, sollten weitere Untersuchungen sowohl mit Luft als auch Dampf stattfinden.

Literatur

[1]   BILLARD, Y.: *Contribution à l'étude des transferts de fluides au sein d'une paroi en béton, Application aux enceintes de confinement en conditions d'épreuve et accidentelle* ; Thèse de doctorat de l'Insa de Lyon ; Mai 2003

[2]   BOUSSA, H: *Structures en béton soumises à des sollications*

[3]   *thermomécanique sévères*; Thèse de doctorat de l'Ecole Normale Supérieure de Cachan ; janvier 2000

[4]   CAROLI, C.; COULON, N.; MORTON, D.A.V.; WILLIAMS, M.M.R.: *Theoretical and Experimental Investigations on the Leakage of Steam, Gas and Aerosols through narrow Cracks and Capillaries*, FISA 95 Symposium on EU Research on Severe Accidents, Luxembourg, 1995

[5]   COULON, N: State of the art review on the leakage in concrete cracks; Note d'étude CEA/DRN/DEMT/SEMT/TTMF, Ref. DMT 97/402 indice 0

[6]   COETZEE B.; MONCARZ P.; NOAKOWSKI P.; STEGEMANN M.: *Stabilisation of cracked chimney flues at Matimba Power Station, RSA*, CICIND REPORT Vol. 15, No. 2, Chicago 1999

[7]   CLEAR, C.A. Leakage of cracks in concrete – summary of work to date, Cement and Concrete Association; internal publication, 1982

[8]   CLEAR, C.A. The effects of autogenous healing upon the leakage of water through cracks; C&CA Technical Report Nr. 559, 1985

[9]   DANISCH, R.; L'HUBY, Y.: Containment design of the European Pressurized Water Reactor (EPR), ANS Meeting, Orlando, 1997

[10]   EDVARDSEN, C.K.: Wasserdurchlässigkeit und Selbstheilung von Trennrissen im Beton, DAfStb Heft 455, Beuth, Berlin, 1996

[11]   EIBL, J.: Zur bautechnischen Machbarkeit eines alternativen Containments für Druckwasserreaktoren, Bericht KfK 5366, Kernforschungszentrum Karlsruhe, 1994

[12]   EIBL, J.; BÜHLER, A.: Grenztragfähigkeit von Stahlbetonumschließungen im Kernkraftwerksbau, Teilbericht 2b: Selbstentlastung, Schlussbericht zum Forschungsvorhaben BMU SR 413, 1993

[13]   EIBL, J; RAMM, W.; TÖLLNER, M.; AKKERMANN, J.; HERRMANN, N.; RUTTE, R.; ELZ, S.: *Investigations of the leakage behaviour of reinforced concrete walls*, Abschlussbericht, 2001

[14]   FIP State of the Art report – Concrete Containments – (06/1978)

[15]   FIP State of the Art report – Nuclear Containments – (06/2001)

[16]   GREINER, U.; RAMM, W.: A*ir leackage characteristics in cracked concrete*, Transactions SMIRT-11,Tokyo, Japan, Vol. H, 1991

[17]   GREINER, U.; RAMM, W.: *Grenztragfähigkeit von Stahlbetonumschließungen im Kernkraftwerksbau*, Teilbericht 2a; Schlußbericht BMU SR 413; 1992

[18]   GREINER, U.; RAMM, W.: A*ir leackage characteristics in cracked concrete*, Transactions SMIRT-12, Vol. H, 1993

[19]   GREINER, U.; RAMM, W.: A*ir leackage characteristics in cracked concrete*, Nuclear Engineering and Design, Vol. 156, 1995

[20]   GRANGER, L.; GUINET, P.; TOURET, J.-P.;VALFORT, J.-L.: *Experimental and Numerical Studies on Concrete Containments under Accidental Conditions,* Transactions SMIRT-16, Washington , DC, USA, 2001 Paper #1779

[21]   GRANGER, L.; LABBE, P.: Mechanical and leaktightness behaviour of a containment mock-up under severe accident, Transactions SMIRT-14, Lyon, France, 1997, Vol. 5, 441-448

[22]   GROTE K.-P.: Durchlässigkeitsgesetze für Flüssigkeiten mit Feinstoffanteilen bei Betonbunkern von Abfallbehandlungsanlagen, DAfStb Heft 483, Beuth, Berlin, 1997

[23]   GUINET, P.; DECELLE, A.; LANCIA, B.; BARRE, F.: Design and erection of a large mock-up of containment under severe accidental conditions, Transactions, SMIRT-14, Lyon, France, 1997

[24]   HELLMANN, Martin: Fuzzy Logic Introduction, TU-Berlin, 2001

[25]   HERRMANN, N., NIKLASCH, C., STEGEMANN, M., STEMPNIEWSKI, L.: Investigation of the leakage behaviour of reinforced concrete walls. In: The Evaluation of Defects, Repair Criteria & Methods of Repair for Concrete Structures on Nuclear Power Plants. OECD Nuclear Energy Agency. 2002

[26]   IMHOF-ZEITLER, C.: Fließverhalten von Flüssigkeiten in durchgehend gerissenen Beton-konstruktionen, DAfStb Heft 460, Beuth, Berlin, 1996

[27]   JOHNSON, RICHARD W. (ed).. *The Handbook of Fluid Dynamics*. CRC Press. 1998

[28]   KÖNIG, G.; FEHLING, E.: Zur Rissbreitenbeschränkung im Stahlbetonbau, Beton- und Stahlbetonbau 6/1988, 161-167

[29]   KÖNIG, G.; TUE, N.V.: Grundlagen und Bemessungshilfen für die Riss-breiten-beschränkung im Stahlbeton und Spannbeton, DAfStb Heft 466, Beuth, Berlin, 1996

[30]   LEJEWSKI, C.: "Jan Lukasiewicz" Encycloppedia of Philosophy, Vol. 5, MacMillan, NY:1967, pp.104-107

[31]   LIEBAU, H.: *Rissbreiten und Rissabstandsprognose für einen wandartigen Stahlbetonversuchskörper,* Diplomarbeit am Lehrstuhl für Massivbau der Universität Karlsruhe (TH), unveröffentlicht, 1997

[32]   LOHMEYER, G.; Wasserundurchlässige Betonbauwerke; Gegenmaßnahmen bei Durchfeuchtungen.; Beton 34 Nr. 2. S.57-60, 1984

[33]   LOMIZE, G. M.: „Water flow in jointed rocks" (orig. russ.) In: Gosener-goisdat 1951

[34]   LOUIS, C., LEUSSING, H.: „Strömungsvorgänge in Klüftigen Medien und Ihre Wirkung auf die Standsicherheit von Bauwerken und Böschungen im Fels" Institut für Bodenmechanik und Felsmechanik der Universität Karlsruhe (1967) Dissertation an der Uni-Karlsruhe

[35]   MARTIN, H.; SCHIESSL, P.; SCHWARZKOPF, M.: Ableitung eines allgemeingültigen Berechnungsverfahren für Rißbreiten aus Lastbeanspruchung auf der Grundlage von theoretischen Erkenntnissen und Versuchsergebnissen; Institut für Betonstahl und Stahlbetonbau, München, 1979

[36]   MECHTCHERINE, V.: *Bruchmechanische und fraktologische Untersuchungen zur Rissausbreitung in Beton.* Dissertation, Schriftenreihe des Instituts für Massivbau und Baustofftechnologie, Heft 40, 2000

[37]   MEICHSNER H. *Selbstdichtung von Rissen in Betonkonstruktionen.* FE-Bericht zur FE Aufgabe Nr 7422.2 6.1990

[38]   MEICHSNER, H.; WÜNSCHIG, R.: *Die Selbstdichtung von Rissen in Beton- und Stahlbetonbauteilen* Institut für Ingenieur und Tiefbau; IRB-Verlag, Stuttgart, 1991

[39]   MEICHSNER, H: *Über die Selbstdichtung von Trennrissen in Beton;* I Beton- und Stahlbetonbau 87, H.4 S. 95-99, 1992

[40]   MIVELAZ, P. : Etancheité des structures en béton armé- fuites au travers d'un élément. fissuré. Ph. D. Thesis EPF Lausanne n° 1539. 19

[41]   MIVELAZ, P. : Essais de traction sur de grands tirants en béton - Banc d'essais, 1995 ; http://is-beton.epfl.ch/photos/ListeRepertoire.asp?L

[42]   MIVELAZ, P.; JACCOUD, J.-P.; Favre, R.: *Experimental study of air and water flow through cracked reinforced concrete tension members.* 4th International Symposium on Utilization of high performance concrete, Paris, 1996

[43]   NATIONAL INSTRUMENTS[TM], LabVIEW[TM] Benutzerhandbuch, Artikel 321200C-01, www.ni.com, 2000

[44]   NIKLASCH, C.; COUDERT, L.; HEINFLING, G.; HERVOUET, C.; MASSON, B.; HERRMANN, N.; STEMPNIEWSKI, L.: *Numerical investigation of the leakage behaviour of reinforced concrete walls,* Transactions SMIRT18 Vol H, Beijing, China, 2005

[45]   NIKLASCH, C: *Numerische Untersuchungen zum Leckageverhalten gerissener Stahlbetonwände,* Dissertation, Schriftenreihe des Instituts für Massivbau und Baustofftechnologie, Heft 61, 2007

[46]   NOAKOWSKI, P.: Nachweisverfahren für Verankerung, Verformung, Zwangsbeanspruchung und Rißbreite, DAfStb Heft 394, Beuth, Berlin, 1988

[47]   NOAKOWSKI, P., SCHÄFER, H. G.: Steifigkeitsorientierte Statik im Stahlbetonbau: Stahlbetontragwerke einfach richtig berechnen; Ernst & Sohn, Berlin 2003

[48]   NOAKOWSKI, P., STEGEMANN M. et al: Assurance of the availability of two chimneys, 250m and 300m tall, in Secunda, RSA, CICIND Report Vol. 14 No. 1, Köln, 1998

[49]   POISEUILLE, J.L.M.: Recherché expérimentale sur le mouvement des liquides dans les tubes de très petit diamètres; C.R. Acad. Sci. 11, Paris, 1840

[50]   REHM, G; MARTIN, H.: *Zur Frage der Rißbegrenzung im Stahlbetonbau*; Beton und Stahlbetonbau; 8/1968

[51]   REINHARDT, H. W.; JOOSS, M.: *Permeability and diffusivity of concrete as function of temperature;* Cement and Concrete Research 32 (2002) 1497-1504

[52]   REINHARDT, H. W.; JOOSS, M.: Permeability and self-healing of cracked concrete as a function of temperature and crack width; Cement and Concrete Research 33 (2003) 981-985

[53]   RIPPHAUSEN, B.: Untersuchungen zur Wasserdurchlässigkeit und Sanierung von Stahlbetonbauteilen mit Trennrissen; Dissertation, RWTH-Aachen 6/1989

[54]   RIVA, P.; BRUSA, L.; CONTRI, P.; IMPERATO, L.: *Prediktion of Air steam leak rate through cracked reinforced concrete panels*; Nuclear Engineering and Design 192; pp13-30; 1999

[55]   RIZKALLA, S. H.; ASCE, M.; LAU, B. L; SIMMONDS, S. H.: *Air Leakage Characteristics in Reinforced Concrete*, Journal of Structural Engineering, Vol. 110, No. 5, May, 1984

[56]   SCHIESSL, P.: Grundlagen der Neuregelung zur Beschränkung der Rißbreite; DAfStb Heft 400, Beuth, Berlin, 1988

[57]   STEGEMANN, M.: Bemessung beliebiger Turmquerschnitte mit Öffnungen bei beliebigen Windrichtungen, Entwicklung eines Rechenverfahrens, Diplomarbeit, Universität Dortmund, September 1995

[58]   STEGEMANN, M.; Coudert, L.; Touret, J.-P.; Masson, B.; Herrmann, N.; Stempniewski, L.: *Experimental investigation of the leakage behaviour of reinforced concrete walls,* Transactions SMIRT18 Vol H, Beijing, China, 2005

[59]   STEGEMANN, M.; HERRMANN, N.; STEMPNIEWSKI, L.: *Leakage in Reinforced Concrete Walls, Report Specimen I,* Karlsruhe, April 2004

[60]   STEGEMANN, M.; HERRMANN, N.; STEMPNIEWSKI, L.: *Leakage in Reinforced Concrete Walls, Report Specimen II,* Karlsruhe, June 2004

[61]   STEGEMANN, M.; HERRMANN, N.; STEMPNIEWSKI, L.: *Leakage in Reinforced Concrete Walls, Report Specimen III,* Karlsruhe, Sept. 2004

[62]   STEGEMANN, M.; HERRMANN, N.; STEMPNIEWSKI, L.: *Leakage in Reinforced Concrete Walls, Final Report,* Karlsruhe, September 2004

[63]   SUZUKI et al. Leakage of gas through cracked concrete walls, Transactions of the 9th SMIRT, Vol.H, pp.181-186, 1987

[64]   SUZUKI et al. Leakage of gas through cracked concrete walls, IABSE Symposium Paris-Versailles 1987 Report, pp.175-180, 1987

[65]   SUZUKI et al. Leakage of gas through concrete cracks, Transactions of the 11th SMIRT, Vol. H, pp.187-192, 1991

[66]   TINKLER, J; DEL FRATE, R; RIZKALLA, S. H.: The prediction of Air Leakage Rate Through cracks in pressurized reinforced concrete containment vessels Transactions of 8th SmiRT, Vol.J, pp.25-30, 1985

[67]   TSUKAMOTO, M.: Untersuchung zur Durchlässigkeit von faserfreien und faserverstärkten Betonbauteilen mit Trennrissen, Dissertation TH Darmstadt, DAfStb Heft 440, Beuth, Berlin, 1991

[68]   TRUCKENBRODT, E.: „Fluidmechanik Band 1: Grundlagen und elementare Strömungsvorgänge dichtebeständiger Fluide". - /4., überarb. Aufl. Springer Verlag- 1996

[69]   WAGNER, WOLFGANG, et al.: Release on the IAPWS Industrial Formulation 1997 for the Thermodynamic Properties of Water and Steam. The International Association for the Properties of Water and Steam. 1997

[70]   WAGNER, WOLFGANG: Properties of Water and Steam; The Industrial Standard IAPWS-IF97 for the Thermodynamic Properties and Supplementary Equations for other Properties. Springer-Verlag. 1998

[71]   WIKIPEDIA, „*Fuzzy-Logik*" Version 11017987, Bearbeitungsstand: 23.11.2005

[72]   WIKIPEDIA, „*Fuzzy-Regler*" Version 9161305 , Bearbeitungsstand: 09.09.2005

[73]   WITTKE, W.: „Felsmechanik – Grundlagen für wirtschaftliches bauen im Fels", Berlin, Springer, 1984

[74]   WITTKE, W; Louis, C.: Zur Berechnung des Einflusses der Bergwasser-strömung auf die Standsicherheit von Böschungen und Bauwerken in zer-klüftetem Fels, Proc. of the 1st Int. Soc. of Rock Mechanics, Lisbon 1966, Vol. II (S. 201-206)

[75]   ZADEH, L.A.: Fuzzy Sets, Information and Control, 1965

[76]   ZADEH, L.A.: Outline of a new Approach to the Analisys of Complex Systems and decision Processes, 1973

[77]   ZADEH, L.A.: "Fuzzy algorithms, " Info. & Ctl., Vol. 12, 1968, pp.94-102

[78]   ZADEH, L.A.: "Making Computers think like people," *IEEE Spectrum, 8/1984, pp.26-32*

Anhang

ANHANG 1.1: Übersicht

ANHANG 1.2: Übersichtszeichnung

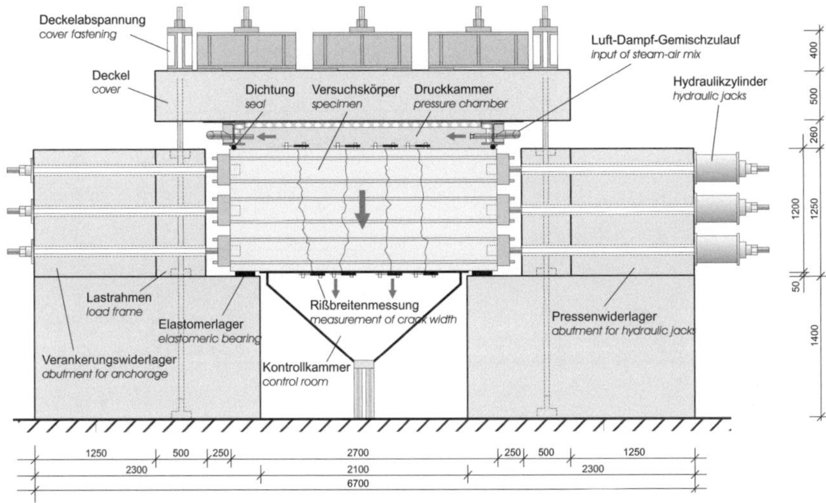

Vertical cross section

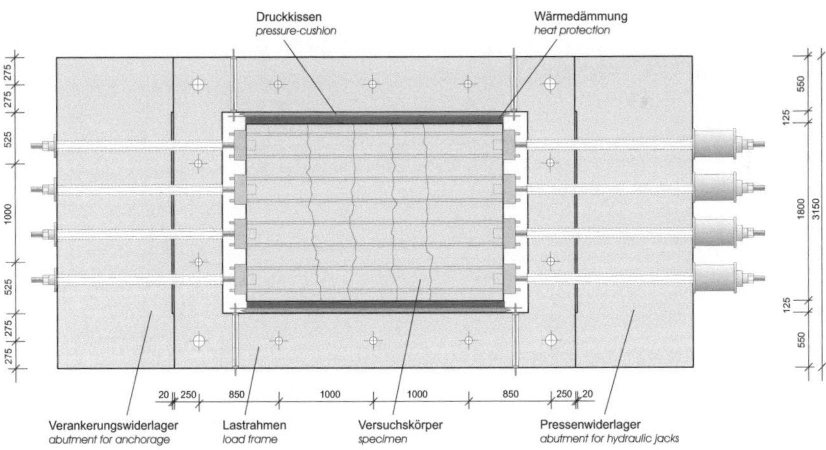

Horizontal cross section

ANHANG 1.3: Zeichnungen, Versiegelung der Druckkammer

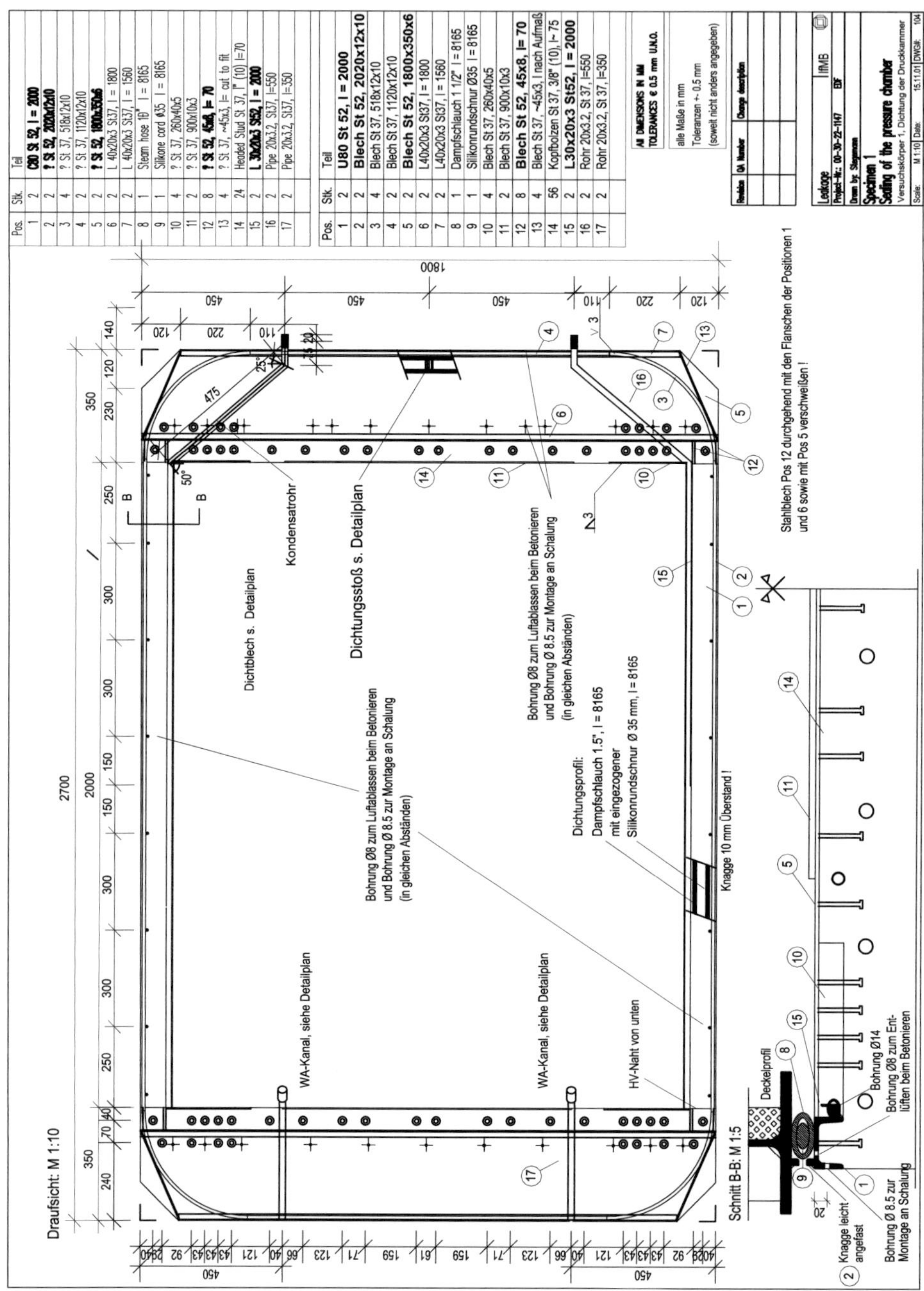

ANHANG 1.4: Zeichnungen, Bewehrung

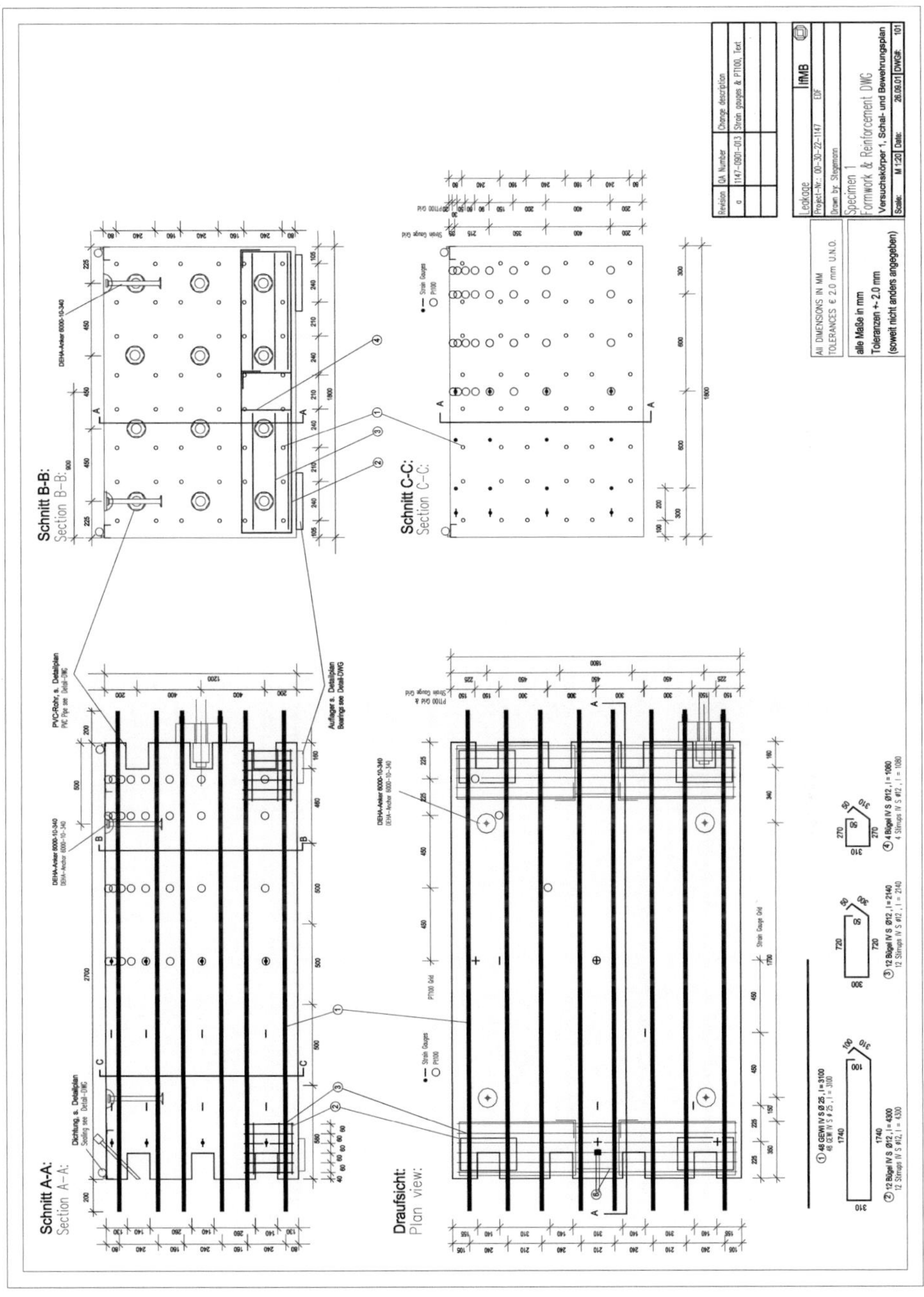

ANHANG 1.5: Zeichnungen, Temperatur und Dehnungsaufnehmer Aufsicht

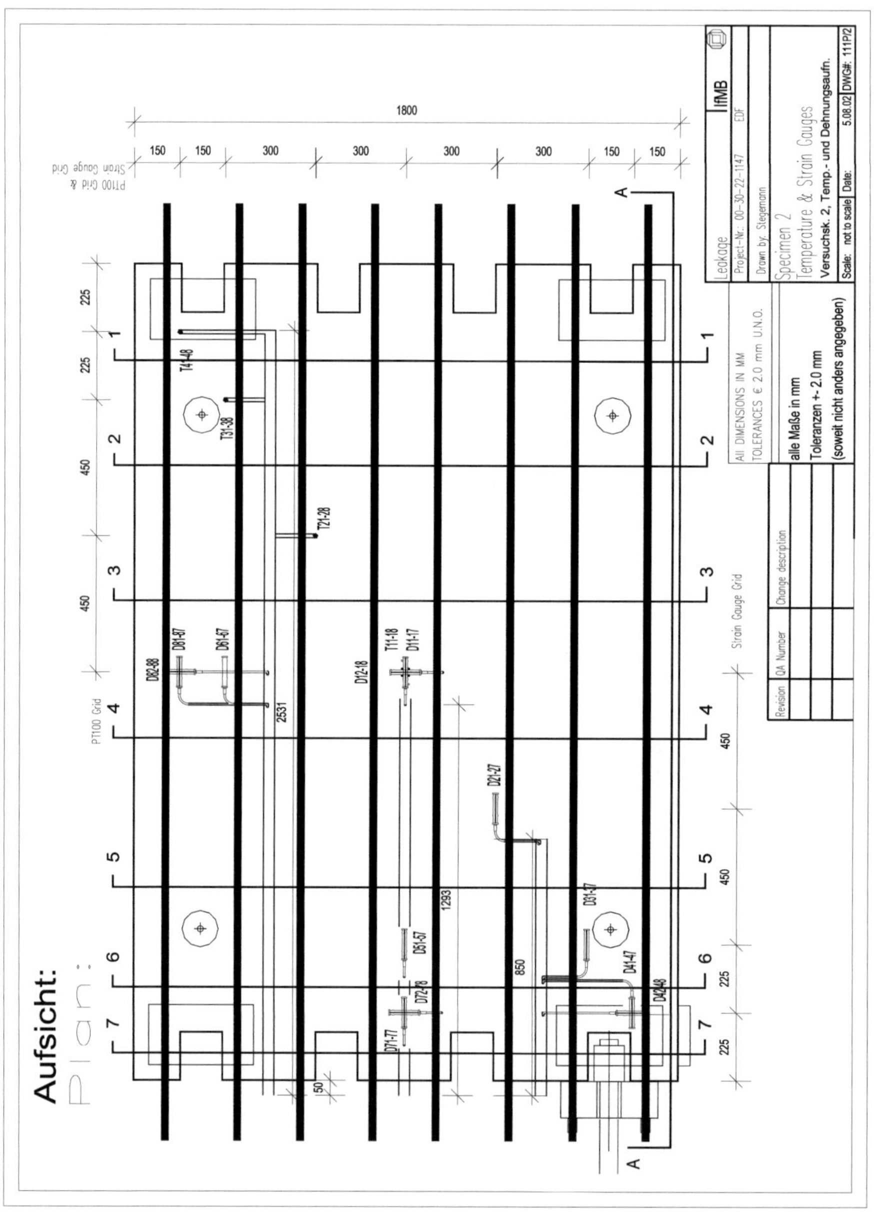

ANHANG 1.6: Zeichnungen, Temperatur und Dehnungsaufnehmer Längsschnitt

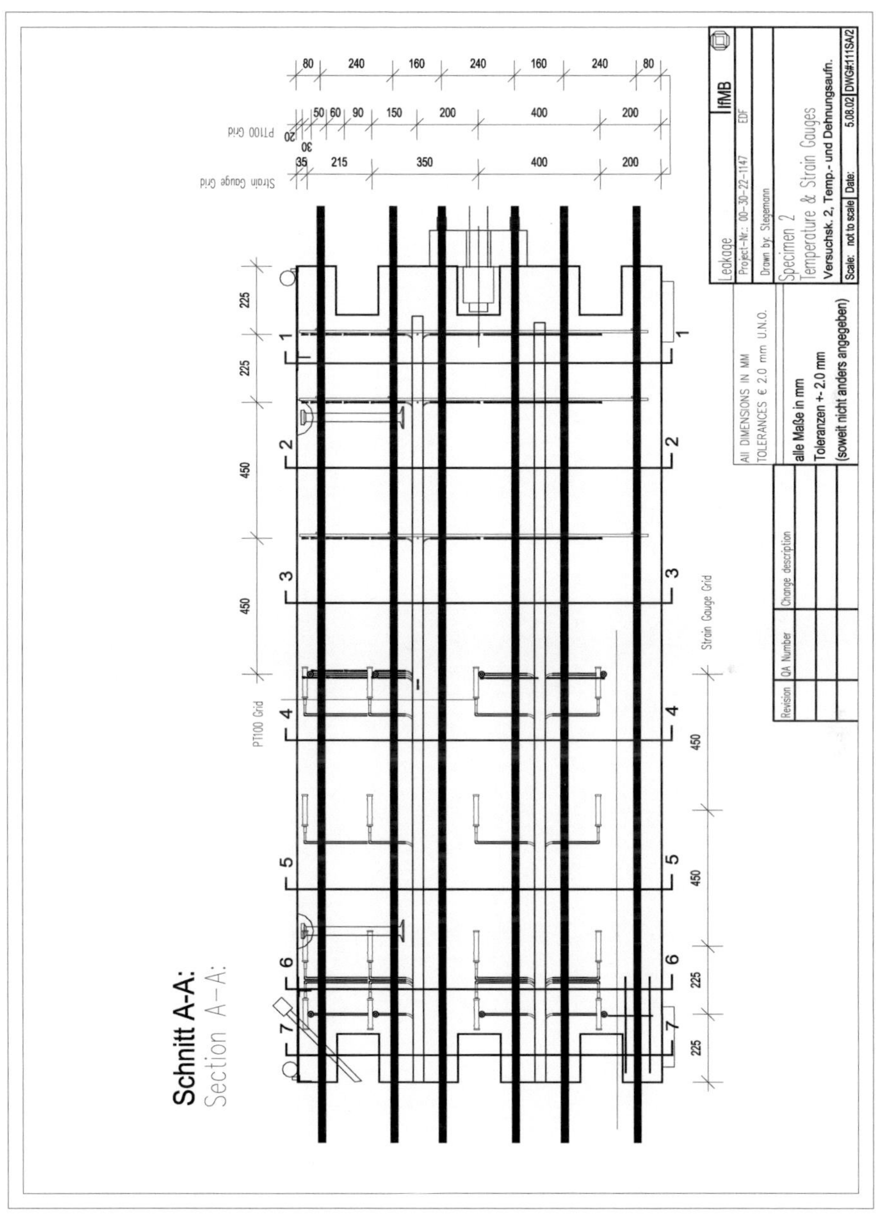

ANHANG 1.7: Zeichnungen, Temperatur und Dehnungsaufnehmer Schnitt 1 & 2

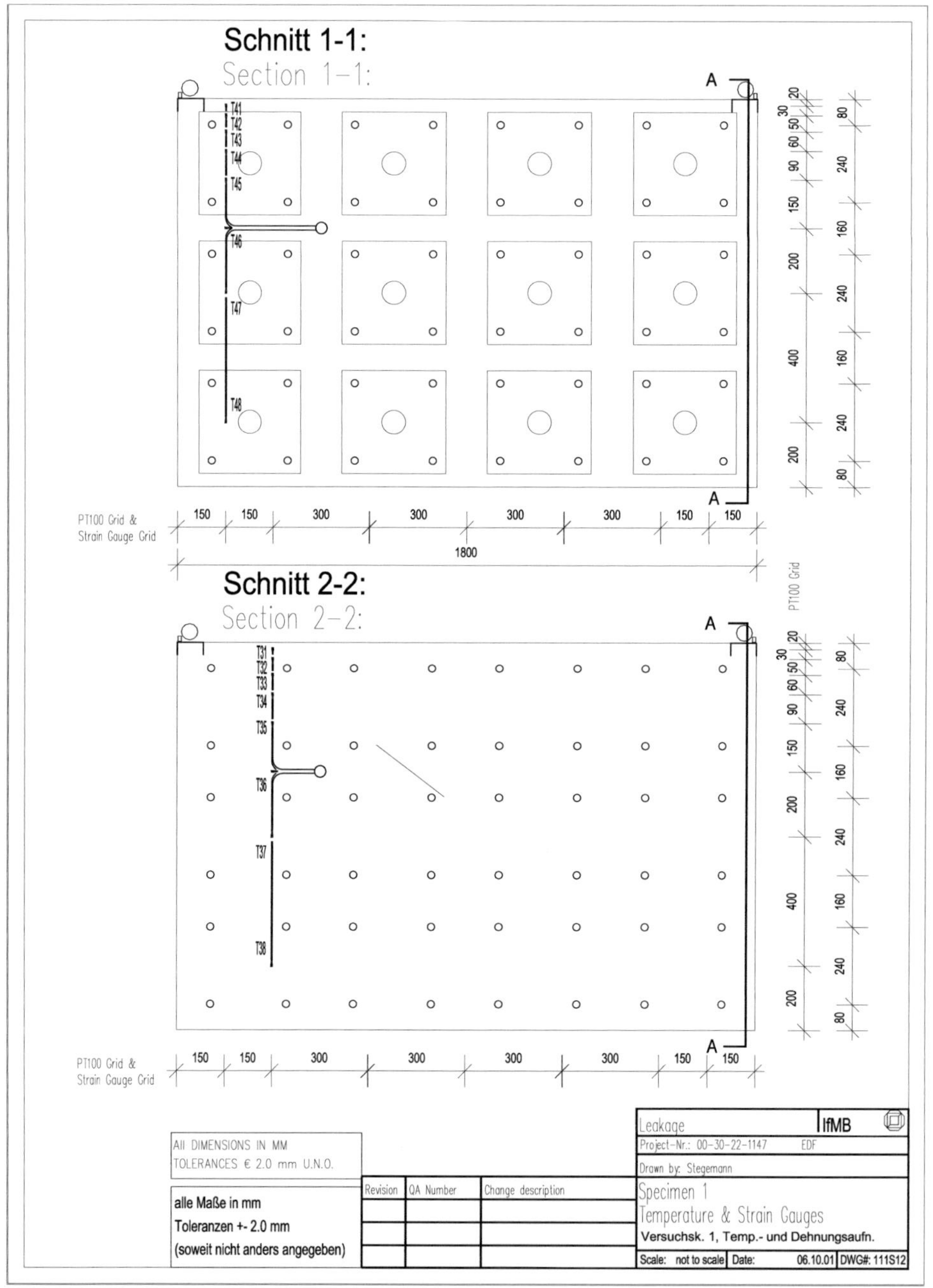

ANHANG 1.8: Zeichnungen, Temperatur und Dehnungsaufnehmer Schnitt 3 & 4

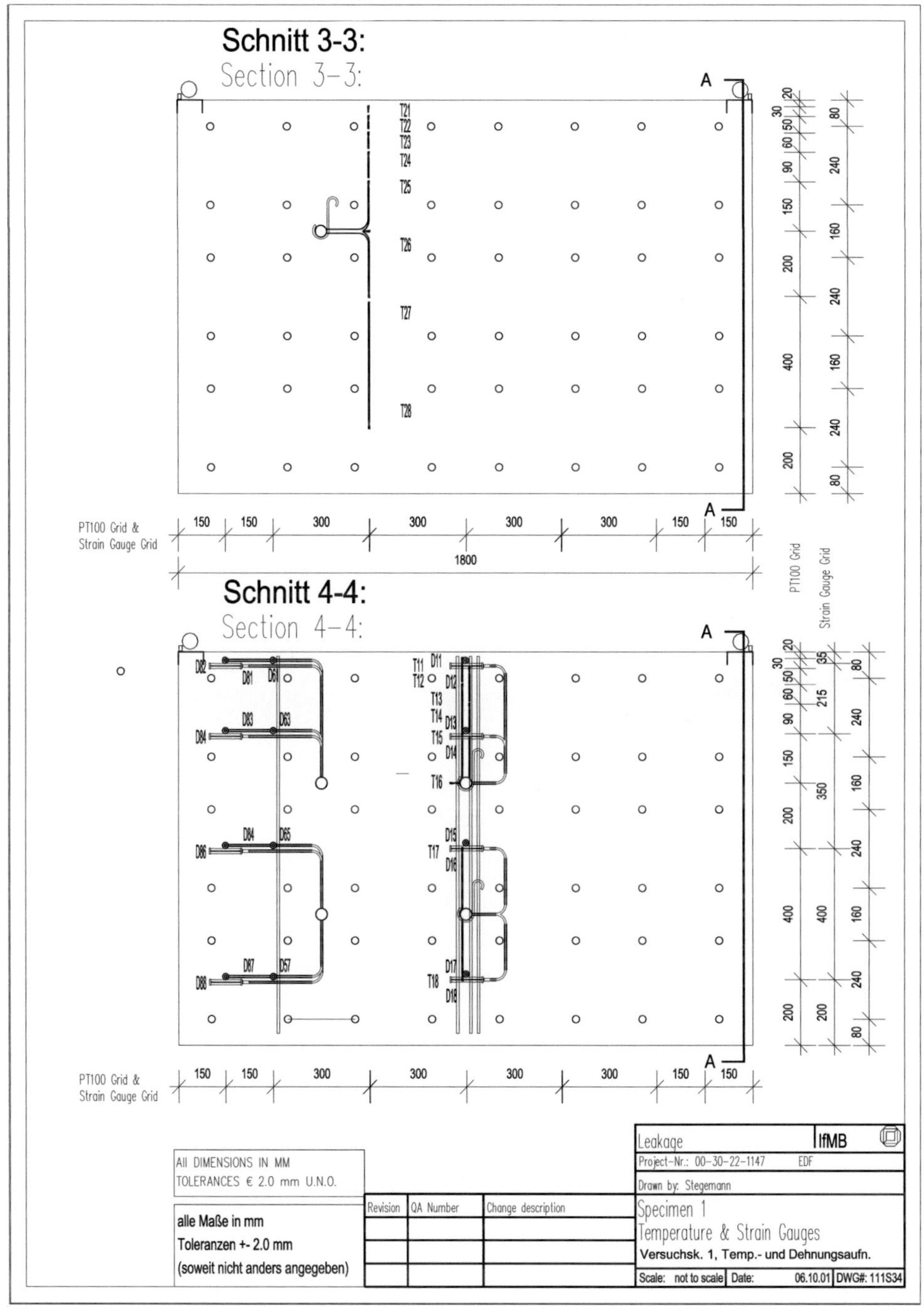

ANHANG 1.9: Auffangwanne

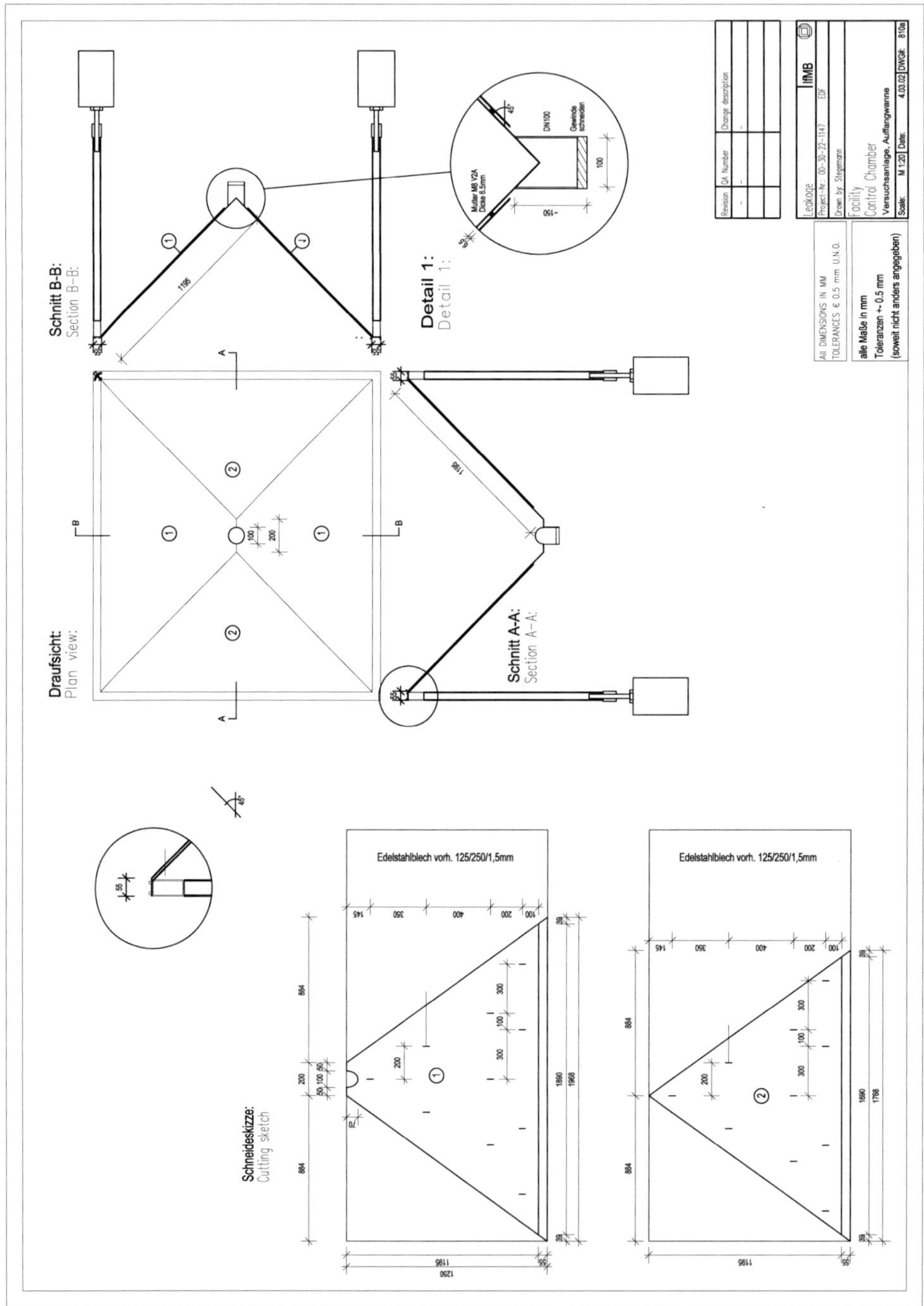

ANHANG 1.10: Messwanne

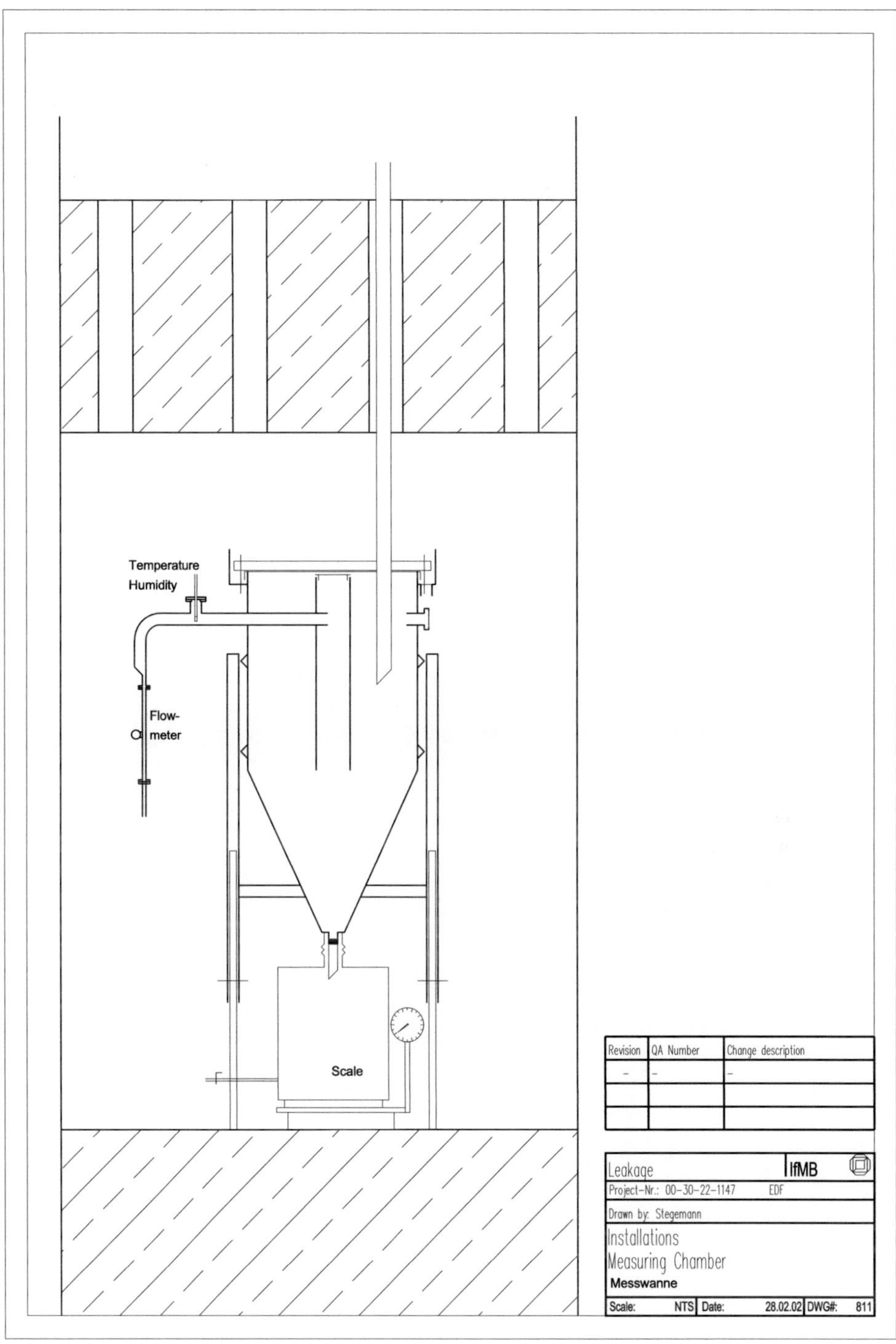

ANHANG 2.1: Betonproben VK 1, Protokoll Druckfestigkeit an Zylindern

Compressive strength

Test day		10.04.02 2.day			12.04.02 4.day				15.04.02 7.day			06.05.02 28.day				03.06.02 56.day		
Cylinder No.		12	32	16	34	35	17	23	24	5	13	3	19	26	29	6	7	43
Form full	[kg]																	
Form empty	[kg]																	
Δm	[kg]																	
ρfresh	[kg/dm³]																	
Cylinder-ϕ d	[mm]	150	150	150	150	150	150	150	150	150	150	150	150	150	150	150	150	150
Height h	[mm]	296	295	295	296	295	296	296	295	295	296	296	296	295	296	297	296	297
m	[kg]	12,69	12,59	12,71	12,67	12,68	12,70	12,66	12,65	12,63	13	12,67	12,68	12,63	12,7	12,74	12,65	12,76
Volume	[dm³]	5,23	5,21	5,21	5,23	5,21	5,23	5,23	5,21	5,21	5,23	5,23	5,23	5,21	5,23	5,25	5,23	5,25
ρ	[kg/dm³]	2,426	2,415	2,438	2,42	2,43	2,43	2,42	2,43	2,42	2,42	2,42	2,42	2,42	2,43	2,427	2,418	2,43
Ultimate Force Fu	[kN]	590	549	540	708	706	674	718	765	746	792	861	881	951	804	954	933	966
Compression area	[mm²]	17671	17671	17671	17671	17671	17671	17671	17671	17671	17671	17671	17671	17671	17671	17671	17671	17671
Compressive strength fcm	[N/mm²]	33,39	31,07	30,56	40,06	39,95	38,14	40,63	43,29	42,21	44,82	48,72	49,85	53,82	45,50	53,99	52,80	54,66
Serial strength fcm	[N/mm²]	31,67			39,70				43,44			49,47				53,82		

ANHANG 2.2: Betonproben VK 1, Protokoll E-Modul

Test day		12.04.02	4.day		06.05.02	28.day	
Cylinder No.		35	17	23	19	26	29
Form full	[kg]						
Form empty	[kg]						
Δm	[kg]						
ρfresh	$[kg/dm^3]$						
Cylinder-ϕ d	[mm]	150	150	150	150	150	150
Height h	[mm]	295	296	296	296	295	296
m	[kg]	12,57	12,75	12,70	12,68	12,63	12,70
Volume	$[dm^3]$	5,21	5,23	5,23	5,23	5,21	5,23
ρ	$[kg/dm^3]$	2,41	2,44	2,43	2,42	2,42	2,43
Ultimate Force Fu	[kN]	706	674	718	881	951	804
Average Ultimate Force	[kN]		699			879	
Compression Area	$[mm^2]$	17671	17671	17671	17671	17671	17671
Compressive Strength	$[N/mm^2]$	39,95	38,14	40,63	49,85	53,82	45,50
Serial Strength	$[N/mm^2]$		39,57			49,72	
Height h	[mm]	295	296	296	296	295	296
Meas. distance L [mm]			150			150	
Peak Load $F_o = 1/3\ F_M$ [kN]			235			290	
Base Load F_u $(0,5 N/mm^2)$ [kN]			10			10	
$\Delta F = F_o - F_u$ [kN]			225			280	
	w_o bei F_o	-729	-657	-642	-794	-787	-744
Displace-ment [Digit]	w_u bei F_u	-59	-10,00	-9,00	-19	-51,00	17,00
$\Delta w = w_o - w_u$ [Digit]		670	647	633	775	736	761
$E = (\Delta F^*L)/(A^*\Delta w)$ $[N/mm^2]$		28505	29519	30172	30667	32292	31231
Average E	$[N/mm^2]$		29399			31397	

ANHANG 2.3: Betonproben VK 1, Protokoll Spaltzugfestigkeit

Split tensile strength

Test day		12.04.02					4.day	06.05.02					28.day
Cylinder No.		2	4	8	27	28	33	1	10	11	22	23	25
Form full	[kg]												
Form empty	[kg]												
Δm	[kg]												
ρfresh	[kg/dm^3]												
Cylinder-ϕ d	[mm]	150	150	150	150	150	150	150	150	150	150	150	150
Height h	[mm]	301	301	300	301	301	301	301	300	299	300	300	299
m	[kg]	12,84	12,74	12,79	12,81	12,89	12,87	12,83	12,83	12,73	12,86	12,67	12,77
Volume	[dm^3]	5,32	5,32	5,30	5,32	5,32	5,32	5,32	5,30	5,28	5,30	5,30	5,28
ρ	[kg/dm^3]	2,41	2,40	2,41	2,41	2,42	2,42	2,41	2,42	2,41	2,43	2,39	2,42
Ultimate Force Fu	[kN]	229	229	205	258	272	280	281	256	292	311	286	273
Split tensile strength $\beta_{sz} = (2 \cdot Fu)/(\pi \cdot d \cdot h)$	[N/mm^2]	3,23	3,23	2,90	3,64	3,84	3,95	3,96	3,62	4,14	4,40	4,05	3,88
Serial strength	[N/mm^2]	3,46						4,01					

ANHANG 2.4: Betonproben VK 1, Protokoll Zugfestigkeit

Test day		12.04.02		4.day	06.05.02		28.day
Sample No.		1	2	3	4	5	6
Form full	[kg]						
Form empty	[kg]						
Δm	[kg]						
ρfresh	[kg/dm^3]						
			Cracking				
Width of crack area	[mm]	60,0	61,0	61,0	60,0	101,0	60,0
Depth of crack area	[mm]	102,0	101,0	101,0	101,0	101,0	102,0
Tension area	[mm^2]	6120	6161	6161	6060	bond failure	6120
Ultimate Force Fu	[kN]	27,400	25,900	24,000	19,488	23,190	21,550
Average Ultimate Force	[kN]		26			21	
Tensile Strength	[N/mm^2]	4,48	4,20	3,90	3,22		3,52
Serial Strength	[N/mm^2]		4,19			3,37	

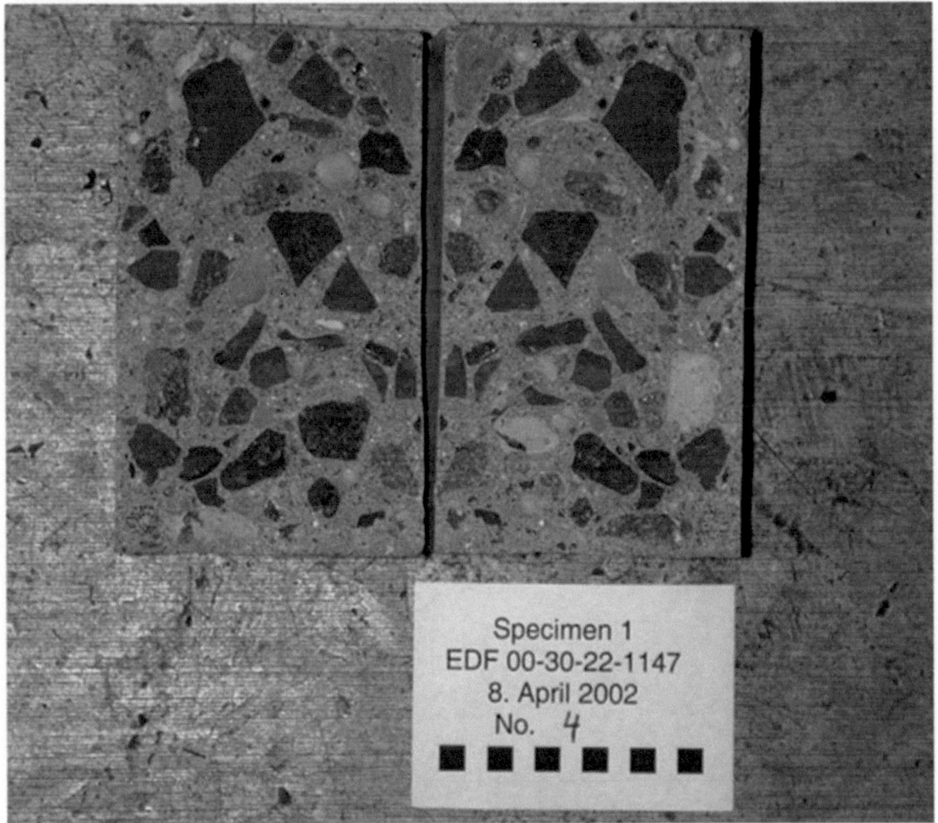

ANHANG 2.5a: Betonproben VK 1, Protokoll Bruchenergie

Test day		6.5				βc...28.day	
Beam No.		1	2	3	5	6	4
Area length	[mm]	1190	1190	1190	1190	1190	1190
width (filling height)	[mm]	100	100	100	100	100	100
Height h	[mm]	200	200	200	200	200	200
Notch depth	[mm]	100	100	100	100	100	100
Notch width	[mm]	5	5	5	5	5	5
Span	[mm]	1130	1130	1130	1130	1130	1130
$m0$		58	58	58	58	58	58
$m2$		0,00	0,00	0,00	0,00	0,00	0,00
$m = m_0 \cdot l/L + 2 \cdot m_2$	[kg]	55,08	55,08	55,08	55,08	55,08	55,08
Volume	[dm^3]	23,80	23,80	23,80	23,80	23,80	23,80
ρ	[kg/dm^3]	2,44	2,44	2,44	2,44	2,44	2,44
Crack area A_{lig}	[mm^2]	0,010	0,010	0,010	0,010	0,010	0,010
max load Fu	[N]	2637	3026	2812	2273	2440	Failed
δo	[mm]	0,784	1,089	0,995	0,701	1,319	Failed
W_0	[N/m]	0,574	0,778	0,766	0,614	0,816	
G_F	[N/m (J/m2)]	99,8	136,6	130,4	99,3	152,9	
Serial G_F	[N/m (J/m2)]			123,8			

ANHANG 2.5b: Betonproben VK 1, Bruchenergie, Kraft-Weg Diagramm

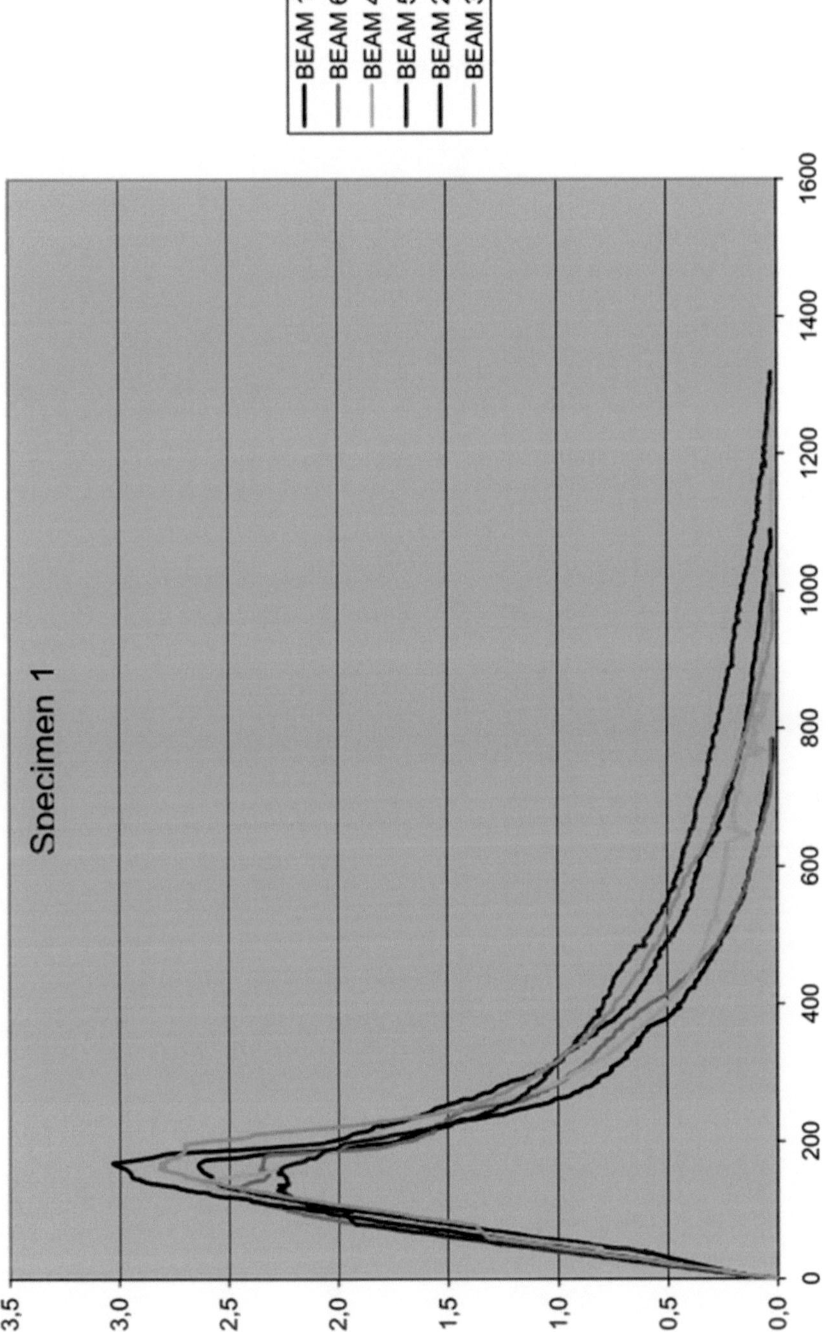

ANHANG 3.1a: Betonproben VK 2, Protokoll Druckfestigkeit an Zylindern

Test day		12.2.03 7. day			5.3.03 28. day				20.3.03			
Cylinder No.		22	23	24	9	10	14	15	17	18	19	21
Form full	[kg]											
Form empty	[kg]											
Δm	[kg]											
ρfresh	[kg/dm³]											
Cylinder-ϕ d	[mm]	150	150	150	150	150	150	150	150	150	150	150
Height h	[mm]	297	297	297	298	296	298	296	297	297	295	297
m	[kg]	12,61	12,60	12,59	12,71	12,57	12,66	12,56	12,61	12,69	12,67	12,68
Volume	[dm³]	5,25	5,25	5,25	5,27	5,23	5,27	5,23	5,25	5,25	5,21	5,25
ρ	[kg/dm³]	2,40	2,40	2,40	2,41	2,40	2,40	2,40	2,40	2,42	2,43	2,42
Ultimate Force Fu	[kN]	396	400	476	589	606	534	585	640	640	604	651
Compression area	[mm²]	17671	17671	17671	17671	17671	17671	17671	17671	17671	17671	17671
Compressive strength fcm	[N/mm²]	22,41	22,64	26,94	33,33	34,29	30,22	33,10	36,22	36,22	34,18	36,84
Serial strength fcm	[N/mm²]	23,99			32,74				35,86			

ANHANG 3.1b: Betonproben VK 2, Protokoll Druckfestigkeit an Würfeln

Test day		5.2	2. day		12.2	7. day		5.3	28. day		2.4	56. day		10.2	1 year	
Cube No.		1	2	3	6	7	8	9	10	11	21	22	23	4	13	14
Form full	[kg]															
Form empty	[kg]															
Δm	[kg]															
ρfresh	[kg/dm^3]															
Length	[mm]	150	150	150	150	150	150	150	150	150	150	150	150	150	150	150
Width	[mm]	152	150	150	151	151	151	151	153	150	151	151	150	150	151	152
Height h	[mm]	150	150	150	150	150	150	150	150	150	150	150	150	150	150	150
m	[kg]	8,16	8,03	8,04	8,12	8,04	8,11	7,97	7,99	7,93	7,86	7,85	7,78	7,80	7,88	7,91
Volume	[dm^3]	3,42	3,38	3,38	3,40	3,40	3,40	3,40	3,44	3,38	3,40	3,40	3,38	3,38	3,40	3,42
ρ	[kg/dm^3]	2,39	2,38	2,38	2,39	2,37	2,39	2,35	2,32	2,35	2,31	2,31	2,31	2,31	2,32	2,31
Ultimate Force Fu	[kN]	297	321	325	607	602	600	908	974	979	1057	1143	1163	1231	1323	1195
Compression area	[mm^2]	22800	22500	22500	22650	22650	22650	22650	22950	22500	22650	22650	22500	22500	22650	22800
Compressive strength fcube	[N/mm^2]	13,0	14,2	14,5	26,8	26,6	26,5	40,1	42,4	43,5	46,7	50,5	51,7	54,7	58,4	52,4
Compressive strength fcm (calculated for cylinder)	[N/mm^2]	10,5	11,5	11,7	21,6	21,5	21,4	32,4	34,3	35,1	37,7	40,7	41,7	44,2	47,2	42,3
Serial strength fcm (calculated for cylinder)	[N/mm^2]	11,01			21,50			33,32			40,06			44,56		

ANHANG 3.2: Betonproben VK 2, Protokoll E-Modul

Test day		5.3.03		28.day	20.3.03		43. day
Cylinder No.		10	14	15	18	19	21
Form full	[kg]						
Form empty	[kg]						
Δm	[kg]						
ρfresh	[kg/dm^3]						
Cylinder-ϕ d	[mm]	150	150	150	150	150	150
Height h	[mm]	296	298	296	297	295	297
m	[kg]	12,57	12,66	12,56	12,69	12,67	12,68
Volume	[dm^3]	5,23	5,27	5,23	5,25	5,21	5,25
ρ	[kg/dm^3]	2,40	2,40	2,40	2,42	2,43	2,42
Ultimate Force Fu	[kN]	606	534	585	640	604	651
Average Ultimate Force	[kN]		575			632	
Compression Area	[mm^2]	17671	17671	17671	17671	17671	17671
Compressive Strength	[N/mm^2]	34,29	30,22	33,10	36,22	34,18	36,84
Serial Strength	[N/mm^2]		32,54			35,75	
Height h	[mm]	296	298	296	297	295	297
Meas. distance L [mm]			150			150	
Peak Load $F_o = 1/3\ F_M$ [kN]			195			205	
Base Load F_u (0,5N/mm^2) [kN]			10			10	
$\Delta F = F_o - F_u$ [kN]			185			195	
Displace-ment [Digit] w_o bei F_o		-0571	-0753	-0665	-0715	-0655	-0685
Displace-ment [Digit] w_u bei F_u		0013	-0150	-0075	-0108	-0020	-0083
$\Delta w = w_o - w_u$ [Digit]		0584	0603	0590	0607	0635	0602
$E = (\Delta F \cdot L)/(A \cdot \Delta w)$ [N/mm^2]		26889	26042	26616	27269	26066	27495
Average E	[N/mm^2]		26516			26943	

ANHANG 3.3: Betonproben VK 2, Protokoll Spaltzugfestigkeit

Test day		12.2.03	7.day		5.3.03	28.day		20.3.03	43.day		9.7.03		
Cylinder No.		25	26	27	2	7	8	1	2	3	5	28	29
Form full	[kg]												
Form empty	[kg]												
Δm	[kg]												
ρfresh	[kg/dm^3]												
Cylinder-ϕ d	[mm]	150	150	150	150	150	150	150	150	150	150	150	150
Height h	[mm]	301	302	297	300	300	300	298	301	299	300	300	298
m	[kg]	12,78	12,78	12,63	12,80	12,85	12,80	12,65	12,81	12,60	12,85	12,65	12,67
Volume	[dm^3]	5,32	5,34	5,25	5,30	5,30	5,30	5,27	5,32	5,28	5,30	5,30	5,27
ρ	[kg/dm^3]	2,40	2,39	2,41	2,41	2,42	2,41	2,40	2,41	2,38	2,42	2,39	2,41
Ultimate Force Fu	[kN]	180	182	175	232	198	231	265	271	248	305	291	295
Split tensile strength $\beta_{SZ} = (2*Fu)/(\pi*d*h)$	[N/mm^2]	2,54	2,56	2,50	3,28	2,80	3,27	3,77	3,82	3,52	4,31	4,12	4,20
Serial strength	[N/mm^2]	2,53			3,12			3,71			4,21		

ANHANG 3.4: Betonproben VK 2, Protokoll Zugfestigkeit

Test day		05.03.03		28.day	19.03.03		42.day
Sample No.		4	2	3	1	5	6
Form full	[kg]						
Form empty	[kg]						
Δm	[kg]						
ρfresh	[kg/dm^3]						
					Cracking		
Width of crack area	[mm]	60,0	60	60	60	60	60
Depth of crack area	[mm]	101,0	101	102	101	101	102
Tension area	[mm^2]	6060	6120	6060	6060	6120	6222
Ultimate Force Fu	[kN]	19,745	20,390	19,615	19,930	21,970	22,770
Average Ultimate Force	[kN]	19,917			21,557		
Tensile Strength	[N/mm^2]	3,26	3,33	3,24	3,29	3,59	3,66
Serial Strength	[N/mm^2]	3,28			3,51		

ANHANG 3.5a: Betonproben VK 2, Protokoll Bruchenergie

Test day		5.3				βc...28.day	
Beam No.		1	2	3	4	5	6
Area length	[mm]	1190	1190	1190	1190	1190	1190
width (filling height)	[mm]	100	100	100	100	100	100
Height h	[mm]	200	200	200	200	200	200
Notch depth	[mm]	100	100	100	100	100	100
Notch width	[mm]	5	5	5	5	5	5
Span	[mm]	1130	1130	1130	1130	1130	1130
m0		60	60	60	60	60	60
m2		0,00	0,00	0,00	0,00	0,00	0,00
$m = m_0{}^*l/L+2^*m_2$	[kg]	56,97	56,97	56,97	56,97	56,97	56,97
Volume	[dm^3]	23,80	23,80	23,80	23,80	23,80	23,80
ρ	[kg/dm^3]	2,52	2,52	2,52	2,52	2,52	2,52
Crack area A_{lig}	[mm^2]	0,010	0,010	0,010	0,010	0,010	0,010
max load Fu	[N]	2377	2719	2205	2490	2688	2270
δo	[mm]	1,006	1,297	1,219	1,356	1,623	1,090
W_0	[N/m]	0,664	0,818	0,577	0,983	0,865	0,654
G_F	[N/m (J/m2)]	122,6	154,3	125,8	174,1	177,2	126,3
Serial G_F	[N/m (J/m2)]	146,7					

ANHANG 3.5b: Betonproben VK 2, Bruchenergie, Kraft-Weg Diagramm

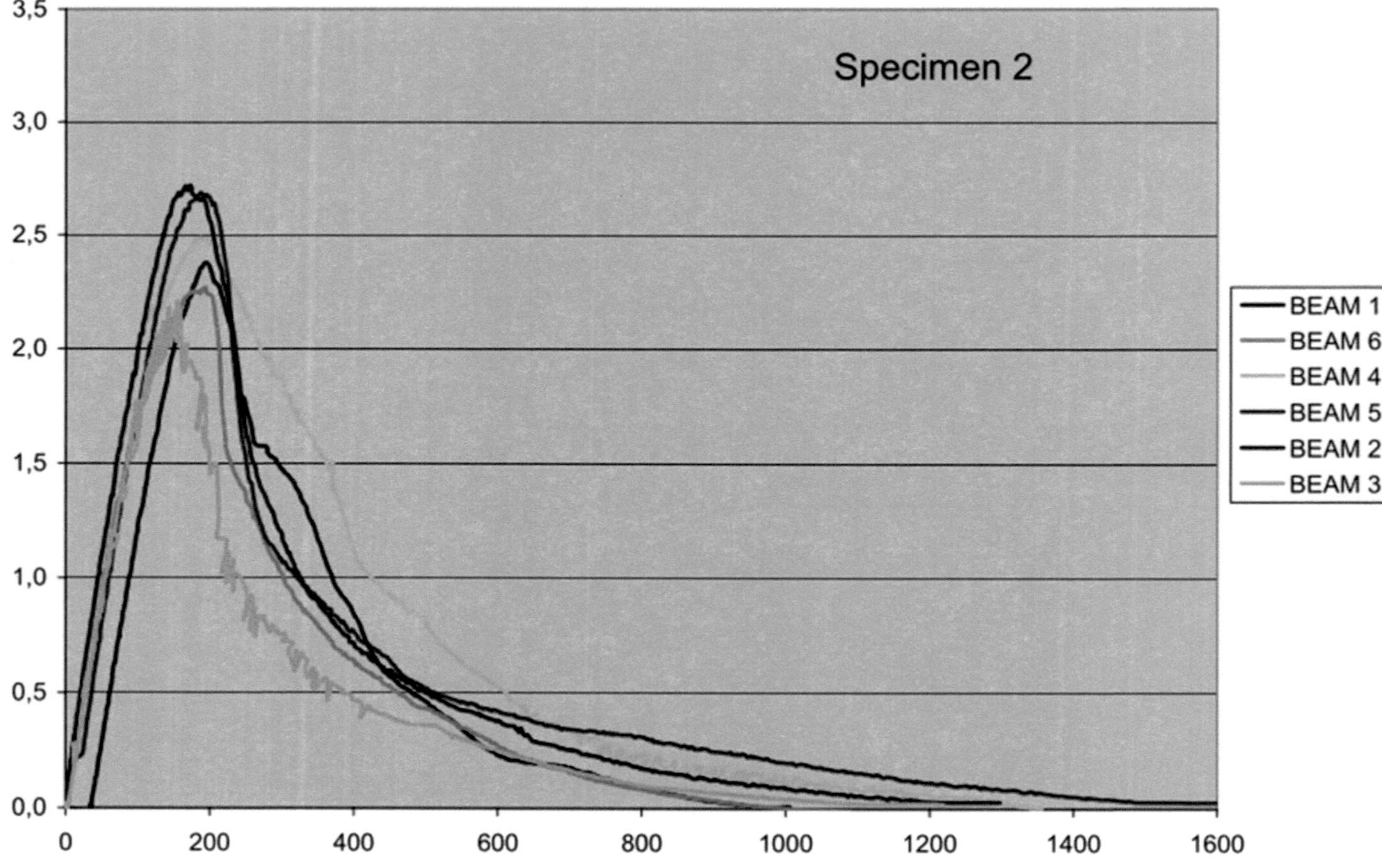

ANHANG 4.1a: Betonproben VK 3, Protokoll Druckfestigkeit an Zylindern

Test day		10.10.03	2. day		15.10.03	7. day		30.10.03	22. day		5.11.03	28. day		3.12.03	56. day	
Cylinder No.		1	2	3	4	5	6	8	9	10	12	13	14	15	16	17
Form full	[kg]															
Form empty	[kg]															
Δm	[kg]															
ρfresh	[kg/dm^3]															
Cylinder-ϕ d	[mm]	150	150	150	150	150	150	150	150	150	150	150	150	150	150	150
Height h	[mm]	292	292	292	292	292	292	294	294	294	294	295	295	294	293	293
m	[kg]	12,32	12,30	12,40	12,31	12,40	12,33	12,41	12,45	12,45	12,47	12,48	12,47	12,45	12,40	12,40
Volume	[dm^3]	5,16	5,16	5,16	5,16	5,16	5,16	5,20	5,20	5,20	5,20	5,21	5,21	5,20	5,18	5,18
ρ	[kg/dm^3]	2,388	2,384	2,403	2,386	2,403	2,390	2,389	2,396	2,396	2,400	2,394	2,392	2,396	2,395	2,395
Ultimate Force Fu	[kN]	209	203	200	381	369	382	512	503	505	527	526	532	627	637	659
Compression area	[mm^2]	17671	17671	17671	17671	17671	17671	17671	17671	17671	17671	17671	17671	17671	17671	17671
Compressive strength fcm	[N/mm^2]	11,83	11,49	11,32	21,56	20,88	21,62	28,97	28,46	28,58	29,82	29,77	30,11	35,48	36,05	37,29
Serial strength fcm	[N/mm^2]	11,54			21,35			28,67			29,90			36,27		

ANHANG 4.1b: Betonproben VK 3, Protokoll Druckfestigkeit an Würfeln

Test day		10.10	2. day		15.10	7. day		5.11	28. day		3.12	56 day	
Cube No.		1	2	3	4	5	6	10	11	12	7	8	9
Form full	[kg]												
Form empty	[kg]												
Δm	[kg]												
ρfresh	[kg/dm³]												
Length	[mm]	150	150	150	150	150	150	150	150	150	150	150	150
Width	[mm]	150	150	149	150	148	149	150	150	150	150	150	150
Height h	[mm]	150	150	150	150	150	150	150	150	150	150	150	150
m	[kg]	7,93	7,93	7,90	7,93	7,93	7,90	7,80	7,82	7,79	7,70	7,63	7,70
Volume	[dm³]	3,38	3,38	3,35	3,38	3,31	3,35	3,38	3,38	3,38	3,38	3,38	3,38
ρ	[kg/dm³]	2,35	2,35	2,36	2,35	2,40	2,36	2,31	2,32	2,31	2,28	2,26	2,28
Ultimate Force Fu	[kN]	332	317	306	643	665	656	944	954	939	944	1020	1001
Compression area	[mm²]	22500	22500	22350	22500	22200	22350	22500	22500	22500	22500	22500	22500
Compressive strength fcube	[N/mm²]	14,8	14,1	13,7	28,6	30,0	29,4	42,0	42,4	41,7	42,0	45,3	44,5
Compressive strength fcm (calculated for cylinder)	[N/mm²]	11,9	11,4	11,1	23,1	24,2	23,7	33,9	34,2	33,7	33,9	36,6	35,9
Serial strength fcm (calculated for cylinder)	[N/mm²]	11,65			23,66			34,06			35,47		

ANHANG 4.2: Betonproben VK 3, Protokoll E-Modul

,

Test day		30.10.03 22.day			5.11.03 28. day		
Cylinder No.		8	9	10	18	19	21
Form full	[kg]						
Form empty	[kg]						
Δm	[kg]						
ρfresh	[kg/dm^3]						
Cylinder-ϕ d	[mm]	150	150	150	150	150	150
Height h	[mm]	294	294	294	294	295	295
m	[kg]	12,41	12,45	12,45	12,47	12,48	12,47
Volume	[dm^3]	5,20	5,20	5,20	5,20	5,21	5,21
ρ	[kg/dm^3]	2,39	2,40	2,40	2,40	2,39	2,39
Ultimate Force Fu	[kN]	512	503	505	527	526	532
Average Ultimate Force	[kN]	**507**			**528**		
Compression Area	[mm^2]	17671	17671	17671	17671	17671	17671
Compressive Strength	[N/mm^2]	28,97	28,46	28,58	29,82	29,77	30,11
Serial Strength	[N/mm^2]	**28,67**			**29,90**		
Height h	[mm]	294	294	294	294	295	295
Meas. distance L [mm]		150			150		
Peak Load F_o = 1/3 F_M [kN]		170			187		
Base Load F_u (0,5N/mm^2) [kN]		10			10		
$\Delta F = F_o - F_u$ [kN]		160			177		
Displace-ment [Digit]	w_o bei F_o	-0569	-0462	-0498	-0657	-0667	-0656
	w_u bei F_u	-0065	0060	0018	-0067	-0055	-0053
$\Delta w = w_o - w_u$ [Digit]		0504	0522	0516	0590	0612	0603
E = (ΔF*L)/(A*Δw) [N/mm^2]		26947	26018	26320	25465	24549	24916
Average E	[N/mm^2]	**26428**			**24977**		

ANHANG 4.3: Betonproben VK 3, Protokoll Spaltzugfestigkeit

Test day		30.10	22. day		5.11	28. day	
Cylinder No.		21	22	23	24	25	26
Form full	[kg]						
Form empty	[kg]						
Δm	[kg]						
ρfresh	[kg/dm^3]						
Cylinder-ϕ d	[mm]	150	150	150	150	150	150
Height h	[mm]	300	300	300	299	300	301
m	[kg]	12,52	12,55	12,64	12,69	12,69	12,63
Volume	[dm^3]	5,30	5,30	5,30	5,28	5,30	5,32
ρ	[kg/dm^3]	2,36	2,37	2,38	2,40	2,39	2,37
Ultimate Force Fu	[kN]	179	202	189	197	180	190
Split tensile strength $\beta_{sz} = (2*Fu)/(\pi*d*h)$	[N/mm^2]	2,53	2,86	2,67	2,80	2,55	2,68
Serial strength	[N/mm^2]	**2,7**			**2,7**		

ANHANG 4.4: Betonproben VK 3, Protokoll Zugfestigkeit

Test day		30.10.03	22.day		5.11.03	28.day	
Sample No.		1	2	3	4	5	6
Form full	[kg]						
Form empty	[kg]						
Δm	[kg]						
ρfresh	[kg/dm^3]						
		Cracking					
Width of crack area	[mm]	61,8	60,0	60,2	60,0	60,2	63,5
Depth of crack area	[mm]	100,4	99,5	100,9	101,1	100,2	100,5
Tension area	[mm^2]	6205	5970	6074	6066	6032	6382
Ultimate Force Fu	[kN]	17,875	18,945	19,550	17,340	20,700	20,855
Average Ultimate Force	[kN]	18,790			19,632		
Tensile Strength	[N/mm^2]	2,88	3,17	3,22	2,86	3,43	3,27
Serial Strength	[N/mm^2]	3,1			3,2		

ANHANG 4.5a: Betonproben VK 3, Protokoll Bruchenergie

Test day		5.11				βc…28.day	
Beam No.		1	2	3	4	5	6
Area length	[mm]	1190	1190	1190	1190	1190	1190
width (filling height)	[mm]	100	100	100	100	100	100
Height h	[mm]	200	200	200	200	200	200
Notch depth	[mm]	100	100	100	100	100	100
Notch width	[mm]	5	5	5	5	5	5
Span	[mm]	1130	1130	1130	1130	1130	1130
m0		60	60	60	60	60	60
m2		0,00	0,00	0,00	0,00	0,00	0,00
$m = m_0 * l/L + 2 * m_2$	[kg]	56,97	56,97	56,97	56,97	56,97	56,97
Volume	[dm^3]	23,80	23,80	23,80	23,80	23,80	23,80
ρ	[kg/dm^3]	2,52	2,52	2,52	2,52	2,52	2,52
Crack area A_{lig}	[mm^2]	0,010	0,010	0,010	0,010	0,010	0,010
max load Fu	[N]	2213	2238	2622	1946	2266	2223
δo	[mm]	1,053	1,118	1,042	1,075	1,092	1,121
W_0	[N/m]	0,818	0,649	0,754	0,731	0,524	1,096
G_F	[N/m (J/m2)]	140,7	127,4	133,7	133,2	113,4	172,3
Serial G_F	[N/m (J/m2)]	136,8					

ANHANG 4.5b: Betonproben VK 3, Bruchenergie, Kraft-Weg Diagramm

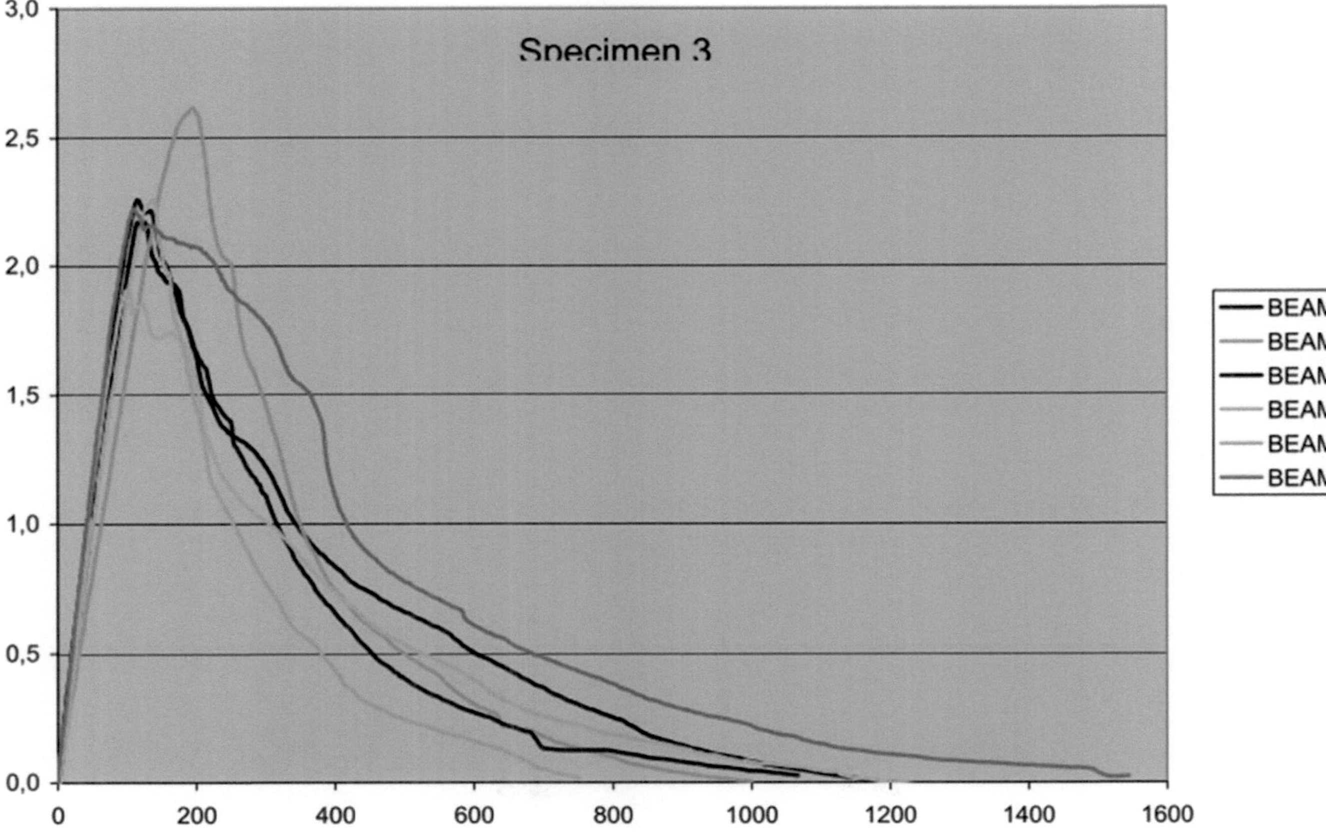

Schriftenreihe des
Instituts für Massivbau und Baustofftechnologie

Herausgeber: Univ.-Prof. Dr.-Ing. Harald S. Müller
Univ.-Prof. Dr.-Ing. Lothar Stempniewski

Institut für Massivbau und Baustofftechnologie
Universität Karlsruhe (TH)
ISSN 0933-0461

Heft 25   Frank Dahlhaus:
Stochastische Untersuchungen von Silobeanspruchungen. 1995

Heft 26   Cornelius Ruckenbrod:
Statische und dynamische Phänomene bei der Entleerung von Silozellen. 1995

Heft 27   Shishan Zheng:
Beton bei variierender Dehngeschwindigkeit, untersucht mit einer neuen modifizierten Split-Hopkinson-Bar-Technik. 1996

Heft 28   Yong-zhi Lin:
Tragverhalten von Stahlfaserbeton. 1996

Heft 29   DFG:
Korrosion nichtmetallischer anorganischer Werkstoffe im Bauwesen. 1996

Heft 30   Jürgen Ockert:
Ein Stoffgesetz für die Schockwellenausbreitung in Beton. 1997

Heft 31   Andreas Braun:
Schüttgutbeanspruchungen von Silozellen unter Erdbebeneinwirkung. 1997

Heft 32   Martin Günter:
Beanspruchung und Beanspruchbarkeit des Verbundes zwischen Polymerbeschichtungen und Beton. 1997

Heft 33   Gerhard Lohrmann:
Faserbeton unter hoher Dehngeschwindigkeit. 1998

Heft 34   Klaus Idda:
Verbundverhalten von Betonrippenstäben bei Querzug. 1999

Heft 35   Stephan Kranz:
Lokale Schwind- und Temperaturgradienten in bewehrten, oberflächennahen Zonen von Betonstrukturen. 1999

Heft 36   Gunther Herold:
Korrosion zementgebundener Werkstoffe in mineralsauren Wässern. 1999

Heft 37   Mostafa Mehrafza:
Entleerungsdrücke in Massefluss-Silos - Einflüsse der Geometrie und Randbedingungen. 2000

Heft 38   Tarek Nasr:
Druckentlastung bei Staubexplosionen in Siloanlagen. 2000

Heft 39   Jan Akkermann:
Rotationsverhalten von Stahlbeton-Rahmenecken. 2000

Karlsruher Reihe
Massivbau
Baustofftechnologie
Materialprüfung

Herausgeber: **Univ.-Prof. Dr.-Ing. Harald S. Müller**
Univ.-Prof. Dr.-Ing. Lothar Stempniewski

Institut für Massivbau und Baustofftechnologie
Materialprüfungs- und Forschungsanstalt,
MPA Karlsruhe
Karlsruher Institut für Technologie (KIT)

KIT Scientific Publishing
ISSN 1869-912X

Heft 66   Michael Haist:
**Zur Rheologie und den physikalischen
Wechselwirkungen bei Zementsuspensionen.** 2009
ISBN 978-3-86644-475-1

Heft 67   Stephan Steiner:
**Beton unter Kontaktdetonation -
neue experimentelle Methoden.** 2009
(noch erschienen in der Schriftenreihe des Instituts für
Massivbau und Baustofftechnologie, ISSN 0933-0461)

Heft 68   Christian Münich:
**Hybride Multidirektionaltextilien zur Erdbeben-
verstärkung von Mauerwerk - Experimente und
numerische Untersuchungen mittels eines
erweiterten Makromodells.** 2011
ISBN 978-3-86644-734-9

Heft 69   Viktória Maláries:
**Ermittlung der Betonzugfestigkeit aus dem Spalt-
zugversuch an zylindrischen Betonproben.** 2011
ISBN 978-3-86644-735-6

Heft 70   Daniela Ruch:
**Bestimmung der Last-Zeit-Funktion beim Aufprall
flüssigkeitsgefüllter Stoßkörper.** 2011
ISBN 978-3-86644-736-3

Heft 71   Marc Beitzel:
**Frischbetondruck unter Berücksichtigung der
rheologischen Eigenschaften.** 2012
ISBN 978-3-86644-783-7

Heft 72 Michael Stegemann:
Großversuche zum Leckageverhalten von gerissenen Stahlbetonwänden. 2012
ISBN 978-3-86644-860-5

Bezug der Hefte:

Hefte 1 bis 65 und 67: Institut für Massivbau und Baustofftechnologie, Karlsruher Institut für Technologie (KIT), Gotthard-Franz-Str. 3, 76131 Karlsruhe, **www.betoninstitut.de**

ab Heft 66: KIT Scientific Publishing, Straße am Forum 2, 76131 Karlsruhe, **www.ksp.kit.edu**